园艺高等教育理论与实践

Higher Education in Horticulture: Theories and Practice

胡 瑞 著

高等教育出版社·北京

内容简介

本书从园艺、园艺产业、园艺文化和园艺高等教育的本质入手，探讨了我国园艺高等教育发展的动力和主要过程。从生源质量、课程设置、核心知识与技能、教育教学过程以及实习实践等角度，总结了我国园艺本科人才培养的基本状况、问题、成因及发展趋势。分析了我国涉农高校园艺学科设置、园艺研究生培养的核心环节及其发展状况，专题探讨了我国园艺研究生课程建设问题。选取我国园艺学科领域11位院士为主要研究对象，剖析了园艺高层次人才成长的共性特征与基本规律。比较了美国和俄罗斯的园艺教育体系差异、国内外园艺科学研究的关键性指标差别，分析了瓦赫宁根大学、康奈尔大学等世界一流涉农高校的园艺学科发展及课程建设特点，提炼了国内外园艺学科发展共性特征等。

本书分析了未来我国园艺学科的发展机遇、问题与挑战，尝试提出可行的解决思路，力求战略性、系统性地归纳园艺学科发展经验和基本规律，为改进园艺高等教育提供参考。

图书在版编目（CIP）数据

园艺高等教育理论与实践 / 胡瑞著 . -- 北京 ：高等教育出版社，2021.7

ISBN 978-7-04-055641-4

Ⅰ. ①园… Ⅱ. ①胡… Ⅲ. ①园艺－教学研究－高等学校 Ⅳ. ① S6

中国版本图书馆 CIP 数据核字（2021）第 026723 号

YUANYI GAODENG JIAOYU LILUN YU SHIJIAN

策划编辑 李光跃　　责任编辑 李光跃　　封面设计 张 楠　　责任印制 存 怡

出版发行	高等教育出版社	网　　址	http://www.hep.edu.cn
社　　址	北京市西城区德外大街4号		http://www.hep.com.cn
邮政编码	100120	网上订购	http://www.hepmall.com.cn
印　　刷	北京市大天乐投资管理有限公司		http://www.hepmall.com
开　　本	787mm×1092mm 1/16		http://www.hepmall.cn
印　　张	15.25		
字　　数	330 千字	版　　次	2021 年 7 月第 1 版
购书热线	010-58581118	印　　次	2021 年 7 月第 1 次印刷
咨询电话	400-810-0598	定　　价	46.00 元

本书如有缺页、倒页、脱页等质量问题，请到所购图书销售部门联系调换

物 料 号 55641-00

序

我国是农业大国，农耕文化底蕴深厚，重农是历代的基本国策。园艺是农业生产的重要组成部分，《周礼》所述“二曰园圃，毓草木”中的“园圃”和“草木”均指园艺生产。园艺产业的发展见证了人类社会的文明和进步。园艺产品一方面满足人们生活和健康之必需，另一方面丰富人们的生活，提升人们的文化品位。日常生活中，人们习惯于每逢节假日庆典等重要场合，借助园艺产品如水果、花卉或茶叶作为载体进行交流，传情达意；文人骚客将各种情感、思想通过赋诗作词寓于园艺作物和作品中，如大家熟悉的伟大爱国诗人屈原的《橘颂》。从某种程度上说，园艺产业的发展，园艺产品的消费水平代表着一个国家和一个民族的发展程度和生活水平。

我国是园艺大国，果树、蔬菜、茶叶等园艺植物种植面积和总产量均居世界首位。园艺产业是我国现代农业和农村经济发展的支柱性产业，特别是在中西部以及广大贫困地区，园艺产业是农民增收致富奔小康的主要依靠。园艺产业的发展为保障国民健康、改善和美化环境、建设美丽中国提供支撑，有助于推进“一带一路”倡议、乡村振兴、精准扶贫等国家战略的实施。

产业发展离不开人才的支撑。比较而言，我国园艺教育特别是园艺高等教育起步较晚，长期以来，园艺人才主要通过师徒传承的方式来培养，技术上靠经验积累。我国园艺高等教育始于 1927 年。新中国成立后，特别是改革开放以来，园艺高等教育得到迅猛发展，如今已形成了完整的园艺高等教育学科和人才培养体系。拥有园艺学博士、硕士学位授权单位 47 个，其中园艺学一级学科硕士学位授权点 17 个，园艺学一级学科博士学位授权点 19 个，博士、硕士学位二级授权点 11 个，博士后科研流动站 12 个。截至 2018 年上半年，我国高校园艺专业硕士生在读人数 3 550 人，园艺专业博士生在读人数 1 031 人，博士后科研流动站在站人数 99 人。完整的学科和人才培养体系支撑了我国园艺产业的快速和健康发展。

本书作者胡瑞是教育学博士，主要从事高等教育领域的研究工作。大约在 2013 年，她受邀开展园艺本科人才培养标准的研究，并开始逐步了解、投身于这一研究领域。当时我担任教育部高等学校植物生产类专业教学指导委员会主任委员，希望有专业的教育研究者对园艺教育问题展开系统研究，以期为园艺教育发展改革提供科学依据。此后，胡瑞博士受第七届国务院学位委员会园艺学科评议组的委托，带领团队对园艺高等教育开展了实证研究，他们走访了许多国内园艺人才培养单位、用人单位，收集了一手资料；围绕园艺研究生课程建设对世界一流涉农高校开展了比较研究；针对我国园艺高等教育的发展脉络展开了历史研究等。胡瑞博士先后完成了多项园艺学科评议组委托课题，在园艺本科教育、研究生教育以及园艺学科宏观发展战略等方面进行了较系统的梳理和总结，力图通过不同的视角，战略性、系统性地归纳园艺学科发展经验和基本规律，旨在为园艺高等教育发展提供参考。

目前，我国鲜有针对园艺高等教育问题进行专题研究的著作，本书无疑是一项具有开创性意义的工作。书中关于中外园艺发展主要历程、我国园艺高等教育发展阶段及基本情况等论述，将为后续研究提供较为翔实的资料；关于中外园艺学科比较研究以及发展战略的探索，对于园艺教育改革有借鉴意义。我相信本书的出版对于园艺学科建设和人才培养将具有重要的意义，乐于作序。

邓秀新

2019 年 7 月

目录

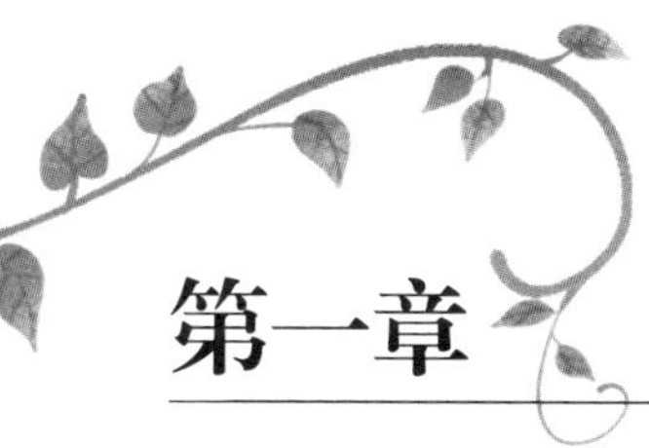

第一章

绪 论

一、园艺及园艺产业

（一）园艺

园艺（horticulture）来自拉丁语“hortus”，意为花园。园艺的发展在历史长河中经历了萌芽、繁盛、衰退和再发展的曲折历程。早在石器时代园艺作物便广为栽种，文艺复兴时期，园艺在意大利兴盛并传至欧洲各地。时至今日，园艺已成为农业现代化的主要内容，并赋予丰富的历史、文化及艺术内涵，园艺学科成为现代高等教育体系的重要构成。

1. 世界园艺的起源与发展

世界园艺业的起源可追溯到农业发展的早期阶段。据考古发掘材料，石器时代已开始栽培海枣、无花果、油橄榄、葡萄和洋葱。古埃及文明极盛时期，园艺业也趋于发达，如香蕉、柠檬、石榴、黄瓜、扁豆、大蒜、莴苣、蔷薇等都有栽培。古罗马时期的农业著作中已提到果树嫁接和水果贮藏等，且当时已有用云母片覆盖的原始型温室进行蔬菜促成栽培。贵族庄园除栽有各种果树，如苹果、梨、无花果、石榴等外，还栽培各种观赏植物，如百合、玫瑰、紫罗兰、鸢尾、万寿菊等。园艺的发展在埃及文明和古罗马时期经历了繁荣时期，然而，到了中世纪，由于封建割据带来频繁的战争，造成科技和生产力发展停滞，多种社会矛盾的加深，基于奴隶制的生产关系迅速走向解体，当时的主要经济发展形式——“庄园式自然经济”[1]开始瓦解，园艺业赖以生存的生产和经济形态发生巨变，园艺业一度衰落。[2]直至14—16世纪的文艺复兴（Renaissance）时期带来了科学与艺术的革命，在思想和文化上重视人性、肯定人的价值[3]，在新兴资产阶级思想文化运动的影响下，促进了近代自然科学和社会科学的发展，由此资产阶级的财富得以积累，园艺业获得了难得的发展契机并在欧洲广为传

[1] 霍利斯特. 欧洲中世纪史：第10版. 杨宁，李韵，译. 上海：上海社会科学院出版社，2016.

[2] 徐智本. 欧洲中世纪艺术衰落的原因及其表现. 安徽文学（下半月），2009（7）：213-214.

[3] 金. 欧洲文艺复兴. 李平，译. 上海：上海人民出版社，2015.

播，这成为园艺业蓬勃发展的近代起源。

早在古埃及时期，人们就开展了有关园艺植物的研究，推动植物学研究进入了分门别类的阶段，对植物的研究有了显著的进步。由公元前2400年古埃及墓道壁画上的羊踏播种图，可以推测，从那时就产生了园艺耕作技术，但较为粗放。古希腊的历史学家海罗多特斯在公元前450年曾目睹过这种播种方式，他写道“斯人所获田中之收获耗工极少，因其免受他人耕作中必为所累的耕、犁、锄、芟之苦。灌溉之水由尼罗河中溢出，侯墒情适宜，农夫即行播种，而后便驱其猪、羊进入田间踏蹋，将粒粒种子踏入土中，待其拔苗、抽穗……再行收获。”整形修剪、病虫害防治、采收技术均为最为古老的园艺操作技术。古埃及人还学会了用弹弓驱赶园中鸟类，并开始了葡萄栽培和酿酒工艺的尝试。

公元前400年，人们学会采集百合花的花朵制作香精油。这个时期被认为是以植物为原料加工化妆品的开始。巴洛克时期（16—18世纪），园艺上的集约化栽培有了突飞猛进的发展，有成效的嫁接技术及保护地栽培均开始于这个时期。最初的割草机是1830年英国人埃德温·布丁（Edwin B. Budding）参考当时裁剪业中使用的剪绒机的设计制造而成。割草机的使用，标志着人类园艺事业已摆脱了完全由手工操作的古老方式，开始向机械化时代迈进。20世纪60年代以来，在发达国家兴起了都市园艺、观光园艺、休闲园艺、社区园艺、家庭园艺等多种园艺形式，随着我国工业化、城市化迅速发展，我国的都市园艺产业也迅速发展起来。

2. 我国园艺的起源与发展

园艺在中国具有悠久的历史记载，在古汉语辞书《辞源》中对于“园”的释义为“植蔬果花木之地，而有藩者”，《论语》中称“学问技术皆谓之艺”。因此，栽培蔬果花木之技艺，可称之为“园艺”。在古代，果树、蔬菜和花卉的种植常局限于小范围的园地之内，与大田农业生产有别。因此，园艺是指种植蔬菜、果树、花卉等的生产技艺，是农业生产和城乡绿化的一个重要组成部分。在现代社会中，园艺既是一门生产技术，又是一门形象艺术。《园艺大辞典》将“园艺”解释为在园圃或温室等场所从事果树、蔬菜和花卉的集约化农业生产活动，并对其产品进行加工处理，或者是以花卉为主要素材创造新的综合美的艺术活动；后者包括花卉装饰、盆栽和造园[1]。

中国是世界上最早兴起农业和园艺业的国家之一。相传我国农业始于神农时期，古代先人为生存而学会了选择和栽培野生植物。最早被利用的野生植物可能是叶菜类蔬菜，如芸苔属的白菜、甘蓝等，其可食时间长、采集方便。汉语“菜”有采集之意，“蔬菜”在远古时期被理解为“被采集的植物”。我国黄河流域的先民们已尝过百草，并开始多方面地驯化和利用部分野生植物。浙江河姆渡新石器时期遗址中，发现有花卉图案的盆栽陶片。在西安半坡村新石器时期遗址中，发现有菜子（芸苔属）等

[1] 朱立新，李光晨. 园艺通论. 北京：中国农业大学出版社，2015.

残留物；说明距今7 000年前的远古先民已开始利用芸薹属蔬菜和花卉植物[1]。中国周代园圃开始作为独立经营部门出现。在公元前11世纪至公元前6世纪的《诗经》中，记载有包括葵（冬寒菜）、葫芦、芹菜、山药、韭菜、菱和菽（豆）等蔬菜，枣、郁李、山葡萄、桃、橙、枳、李、梅、榛、猕猴桃和杜梨等果树，以及梅、兰、竹、菊、杜鹃、山茶和芍药等观赏植物。《诗经》的记述反映出，有些园艺技术可能已相当普及，如播种前的选种、播种时的株行距选择和牲畜的作用等[2]。

公元前770年至公元前221年的春秋战国时期，已经有大规模的梨、橘、枣和韭菜等园艺产业的发展。大约在2 000年前，原始温室和嫁接技术（葫芦）已开始使用。公元5世纪的《西京杂记》描述的果树和观赏植物多达2 000余种。公元6—9世纪是国力强盛、经济文化发达的唐朝，有不少园艺学著作传世，如《本草搭遗》《平泉草木记》等。宋、明时代的园艺学著作有《荔枝谱》《橘录》《芍药谱》《群芳谱》和《花镜》等，这些著作代表了当时世界园艺学相关领域的最高水准[3]。我国历代在温室培养、果树繁殖和栽培技术、名贵花卉品种的培育以及在园艺事业上与各国进行广泛交流等方面卓有成就。

20世纪以后，园艺生产日益向企业经营发展。现代园艺已成为综合应用各种科学技术成果以促进生产的重要领域，其内涵已远远超出了人们传统所认为的“种果种菜”的范畴，涵盖了生态、营养、花卉、草坪、旅游、商贸、绿色环保等诸多内容。园艺产品是完善人类食物营养及美化、净化生活环境的必需品。这一背景下，不仅给现代园艺人才培养规模和培养质量提出了更高的要求，同时也为现代园艺专业人才培养提供了更加广阔的平台。据人力资源和社会保障部统计，随着城市品位的提升和人们生活水平的提高，以及国内对绿色景观生态的逐渐重视和深度开发，园艺产业成为世界性朝阳产业，人才市场对园艺专业的技术型、应用型人才需求若渴，岗位众多，专业发展自主性强，在21世纪将需要数百万计的各类园艺业科技人才。

（二）园艺产业

园艺作物包括果树、蔬菜、观赏植物三大类经济作物。我国是园艺大国，园艺业是我国农业的重要组成部分，包括蔬菜、水果、花卉、茶叶、干坚果等产业。园艺产业的快速发展不仅具有良好的经济功能，更彰显了突出的社会、生态文化功能。发展现代园艺业，不仅是发展农村经济、富裕农民的有效途径之一，而且在改善和美化环境、保护生态平衡、建设美丽中国方面发挥着重要作用，是解决“三农”问题和社会主义新农村建设的重要途径。

[1] 朱立新，李光晨.园艺通论.北京：中国农业大学出版社，2015.

[2] 同[1].

[3] 同[1].

1. 园艺产业的基本认识

园艺产业（horticultural industry）是以园艺植物为中心的农业生产，是农业三要素之一，是优势农业、绿色农业和“21 世纪的朝阳产业”。园艺植物（horticultural plant）通常包括果树（fruit tree）、蔬菜（vegetable）和观赏植物（ornamental plant）。果树是指能生产人类食用的果实、种子及其衍生物的木本或多年生草本植物的总称。蔬菜是指可供人类佐餐的草本植物的总称，也包括少数木本植物的嫩茎、嫩芽及花球，还有新鲜的种子、果实、膨大的肉质根或变态茎。观赏植物是指具有一定观赏价值，适用于室内布置、以美化环境并丰富人类生活的植物的总称，通常包括木本和草本的观花、观叶、观果、观姿植物[1]。

随着人类生活条件的改善，蔬菜和水果在食物构成中的比例越来越大，并逐步超出其他食物而成为主食，在补充人类营养、增进人类健康中发挥重要作用。蔬菜和瓜果不仅营养丰富，而且大多是低热量食品，具有一定的保健功能。水果、蔬菜生产与消费量已经成为一个国家和地区社会、经济发展状况和人民生活水平的标志[2]。20 世纪以后，园艺生产日益向企业经营发展，现代园艺已成为综合应用各种科学技术成果以促进生产的重要领域。园艺产品已成为完善人类食物营养及美化、净化生活环境的必需品。

2. 我国园艺产业发展的经济效益突出

我国是世界园艺生产大国，园艺产业发展取得了许多突破性成果，逐渐成为我国现代农业发展和社会主义新农村建设的重要支柱产业，是增加农民收入的重要渠道。改革开放 40 多年以来，我国园艺产业和科学研究发展进一步加快，果树、蔬菜、茶叶、观赏植物等主要园艺作物栽培面积和产量持续稳定增长，园艺作物种植面积仅次于粮食作物位列第二，在农业经济总产值中位列第一，园艺产业包含许多农业结构调整中具有发展前途的新业态。园艺产业的可持续发展是保障我国国民健康的基础，带动农民致富的手段，平衡农产品进出口贸易的工具和社会进步的标志[3]。

我国园艺作物栽培面积居世界第一位，产量约占世界的 40%[4]。其中，以蔬菜栽培为主体的设施园艺面积居世界第一位；花卉种植面积居世界第一位，我国已成为世界上最大的花卉生产中心，我国花卉品种多样，是世界上公认的“花卉宝库”。果树产业是我国农业的一个重要组成部分，果品提供了大量人们日常生活以及维持健康所需的各种维生素、类胡萝卜素、黄酮等物质，是提高人们生活质量不可替代的农产品[5]。

2004 年，我国园艺作物栽培面积约占全国耕地面积的 14%，全国园艺产品产值达 7 000 多亿元，占农林牧渔总产值的近 20%，仅次于粮食作物。同时，园艺产业的发

[1] 朱立新，李光晨 . 园艺通论 . 北京：中国农业大学出版社，2015.

[2] 同 [1].

[3] 国家发展和改革委员会，中华人民共和国农业部 . 全国蔬菜产业发展规划（2011—2020 年）. 中国蔬菜，2012（5）：1-12.

[4] 方智远 . 庆祝《园艺学报》创刊 50 周年 . 园艺学报，2012，39（9）：1633.

[5] 中国科学院文献情报中心课题组 . 农业科学十年：中国与世界 .2018：60.

展，使得园艺产品成为了我国农民现金收入的主要来源，2004 年，全国农民人均蔬菜收入达 376 元，占农民人均纯收入的 13%。2007 年全国果园面积 1 047.1 万 hm^2，产量 18 136.3 万 t；蔬菜播种面积 1 732.9 万 hm^2，占农作物总播种面积的 12.76%。园艺产品对农民增收的贡献率高达 90% 以上。

《中国农村统计年鉴》显示，2013 年我国蔬菜（鲜菜）播种面积为 2 035.26 万 hm^2，产量为 73 512 万 t；果园面积为 1 237.14 万 hm^2，产量为 15 771.3 万 t；茶叶种植面积达 246.88 万 hm^2，产量达到 192.45 万 t。海关总署数据显示，我国园艺产品的贸易顺差从 1992 年的 26.16 亿美元，扩大到 2000 年的 32.60 亿美元，到 2012 年达到 131.57 亿美元，平衡了约五分之一的农产品贸易逆差[1]。然而，与发达国家相比，我国在园艺产业技术推广、生态绿色园艺、园艺作物栽培技术标准化和现代化等方面还存在明显差距，需要更多的园艺高层次人才推动园艺发展，缩小与发达国家的差距，推动园艺优势产业和园艺农产品的品牌发展，打造世界一流的园艺大国。

3. 园艺产业发展服务于乡村振兴战略

园艺产业的蓬勃发展提高了我国农业发展的质量和效益，推动了社会主义新农村建设，切实增加了农民的生产性收入。

首先，园艺产业有利于统筹城乡发展。发展园艺产业对我国国民经济建设和农业产业结构调整的作用巨大，不仅是保障城镇居民对副食品的需要，也是发展农村经济、增加农民收入的有效途径，对增加城乡居民就业、维护社会稳定、增强我国农产品的国际竞争力贡献巨大，是推进社会主义新农村和现代农业建设的重要支柱产业。由于园艺产业及产品市场大、经济价值高，已成为新的经济增长点，不但是发展农村经济、富裕农民的有效途径之一，而且在改善和美化环境、保护生态平衡，建设美丽中国方面发挥着不可或缺的作用，对解决“三农”问题和社会主义新农村建设至关重要。现代园艺的发展，可以有效地缓解城市化过程中由于人口、建筑物、交通尤其是工业加速集中等所导致的城市生态环境质量不断下降的趋势，最大限度满足城市居民对旅游观光、休闲度假、体验自然田园生活等绿色消费的需求[2]。

其次，园艺产业发展凸显社会和生态效应。园艺产品是重要的绿色资源，其蕴含的社会及生态等外部效应已高于其带动的经济效益。不同类型的园艺产品都能够彰显出独特的生态价值。在环境欠佳地区，园艺活动成为保护耕地和生态修复建设的重要手段之一。以果树为例，其突出特点表现在较强的环境适应性，不仅能种植在平原、河流两岸、路边、农村园前屋后，还可以在沙荒、丘陵、海涂等地选栽适宜的果树。果树栽种不仅增加人们的经济收入，而且防止水土流失、增加绿色覆盖面积、调节气候，从而绿化、美化、净化环境。当今逐步发展起来的庭院园艺能够较好地提升环境的观赏性，有效改善人们的生活环境，缓解都市人群因繁重工作带来的紧张情绪。庭

[1] 邓秀新，项朝阳，李崇光．我国园艺产业可持续发展战略研究．中国工程科学，2016，18（1）：34–41.

[2] 朱立新，李光晨．园艺通论．北京：中国农业大学出版社，2015.

院园艺的生态效应表现在能够吸收空气中的有害物质，从而大大提升空气质量；在庭院内种植果树还可以调节小气候，起到调节温度与空气湿度的作用，对区域内降水量也有着一定的影响[1]。此外，花卉、林木、草坪，甚至果树和蔬菜等园艺植物，均有增加地面覆盖、保持水土和绿化、美化环境的作用。

最后，园艺产业促进农村发展。园艺产业是我国农业和农村经济发展的支柱产业。自20世纪80年代改革开放以来，我国园艺生产业发展迅速，为我国农村种植结构调整、农村劳动力就业、农民脱贫和增收致富、农产品出口创汇以及农村经济的振兴做出了重要贡献。2004年全国农民人均收入中仅蔬菜收入就达到376元，占农民人均纯收入的13%。在许多区域，园艺产品对农民增收的贡献率甚至高达90%以上。园艺产业是典型的劳动密集型产业，约有1.7亿农民直接从事园艺产业生产和销售，这为城乡劳动力提供了大量的就业机会。同时，园艺产业的发展还带动了农村二、三产业的发展，园艺产品的加工、贮运和贸易又为社会提供了1亿多个就业岗位。在出口贸易中，园艺产业是我国目前最具有国际竞争优势的农业产业之一。

4. 我国园艺产业呈现的新动态

现代园艺业是改善人们生存环境，提高人们生活质量的物质文明和精神文明的一种形式，是人们休闲娱乐、文化素养、精神享受的一部分。现代园艺内涵外延不断拓宽延伸，逐步呈现出一系列新的发展态势。

首先，园艺产业从生产导向型向消费导向型转变。园艺产业的发展导向呈现出从质量、品牌、规模、特色上提高的现代园艺业；加快“标准化、信息化、国际化”步伐，将现代园艺定位在高效、外向、生态、观光的方向上发展；从“农、土、野、新、奇、特”下工夫，突出功能开发，重点探索体验型、展示型、休闲型、观光园艺业发展；大力发展产业化经营，产、供、销结合，贸、工、农结合，科、文、教结合，打造现代化园艺业。现代园艺业中的名、特、优产品发展势头看好，园艺产业向质量型方向发展，从生产导向型向消费导向型转变。

其次，现代园艺产业正朝着生态农业、休闲农业、高效农业和数字农业等方向发展。随着社会主义新农村建设事业的发展，城乡差别呈逐步减小趋势，园艺产业已成为农林业的经济支柱，农民增收的重要途径。特别是观赏园艺正逐渐向产业化经营方向推进，并带动了运输业、旅游业等产业的发展。园艺产品具有明显的价格优势，是增加进出口贸易顺差最主要的农产品，在国民经济中占有举足轻重的作用。都市园艺产业不仅强调园艺的生产功能和经济效益，而且更加重视园艺的生态和旅游等社会功能，是将园艺生产、生活、生态功能结合为一体的产业，这就突破了传统园艺远离城市、城乡界限明显的局限性，实现城乡社会经济的和谐发展，城乡结合、城乡互助、城乡互补。

最后，新兴园艺产业展现生机。伴随着园艺产业新科研成果的出现以及新兴技术

[1] 王芳. 庭院果树园艺的价值及栽培技术特点探讨. 北京农业，2015（20）：45-46.

的发明，一些新的园艺产业逐步出现。随着社会的发展和城市化的不断推进，环境使人们的精神变得越来越紧张，并引发了各种各样的身心健康问题，人们开始追求更加宜居的环境，希望能将更多自然元素带入城市生活中。因此，以园艺体验为代表的园艺新业态获得重要的发展机遇，园艺体验作为一种心理调适和精神康复的方法，正逐渐成为公众关注的焦点。

近年来，园艺体验逐步发展成为受到普遍关注的新兴园艺产业，它通过调动个体的“五感”，即视觉、听觉、嗅觉、味觉、触觉五种感觉器官，达到治疗的目的。研究发现“园艺体验”能够起到减缓心率，改善情绪，减轻疼痛等功效，对患者康复具有很大的帮助作用。美国园艺治疗协会（American Horticultural Therapy Association，AHTA）提出，园艺体验是对于有必要在其身体以及精神方面进行改善的人们，利用植物栽培与园艺操作活动从其社会、教育、心理以及身体诸方面进行调整更新的一种有效的方法。美国、英国、日本等国家越来越多的卫生医疗机构，如医院、老年护理院及精神病院等都在青睐“园艺体验”，用园艺活动作为患者的一种辅助治疗手段。美国芝加哥植物园园艺疗养园秉承自然疗愈力的积极效果，进一步将疗养院细分为不同的功能区以多角度达到治愈效果，其功能区包括了触摸床（tactile bed）、抬升的花床（raised bed）、立体花墙（vertical wall garden）和抬升的水池和水墙（raised pool & water wall）等。20 世纪末，在日本成立了“日本园艺福祉普及协会”并定期召开全国性会议，“园艺福祉”（horticultural well-being）被诠释为人们享受由园艺带来的福利，具体从人与植物的共生关系出发，有效利用园艺的各种功效，提高生活质量，促进所有人的幸福感。“日本园艺福祉普及协会”开设了园艺疗法讲座从而加大相关宣传力度并增加受众群体，同时在制度上继续推进了“园艺疗法师”资格认定制度[1]，促进全社会在园艺疗法师的指导和帮助下保持身心健康发展。园艺新业态的出现为传统园艺产业发展带了新动力，且逐步成为全球园艺产业发展的趋势。

二、园艺的文化价值

关于文化，《易经》有“人文化成”之说：“观乎天文，以察时变；观乎人文，以化成天下[2]。“文化”蕴含全人类的精神活动及其产品，同时具有物质层面和精神层面。文化能够反映群体的社会性，往往表现为个体之间联系过程中产生的共同认识。文化的独特性具有区分不同群体或组织的作用，同一群体内部具有文化一致性，文化能够“将共同的思维方式和集体的行为方式联系起来”。

[1] MATSUO E，CHOI J Y，ASANO F . Developmental Features of Engei Fukushi（horticultural well-being）in Japan [J]. Acta Horticulturae，2012（954）：151-154.

[2] 易经 . 周鹏鹏，译 . 北京：北京联合出版公司，2015.

（一）园艺文化价值要义

《礼记·乐记》中有“礼减而进，以进为文”之说，郑玄注“文犹美也，善也”，在古代汉语体系当中“文化”被解读为“以文教化”，重点强调了文化精神层面的价值。从本质上看，文化价值是一种关系，它包含两个方面的规定性。一方面存在着能够满足一种文化需要的客体；另一方面存在着某种具有文化需要的主体，当一定的主体发现了能够满足自己文化需要的对象，并通过某种方式占有这种对象时，就出现了文化价值关系。

园艺的文化价值是一定社会历史积淀的产物，它既凝结在果、蔬、花、茶等园艺产品之中又超越于这些产品之外。园艺文化价值表现为能够被传承的特定国家或民族的历史、地理、风土人情、生活方式、文学艺术、行为规范、思维方式、价值观念等，是人类在进行园艺生产实践及消费等活动时被普遍认可的一种能够传承的共同认知，是人类在历史发展过程中所创造的以园艺植物为载体的一切物质财富和精神财富的总和[1]。

据此，园艺文化包含两个方面。一是园艺物质文化。园艺是种植观赏与食用植物的科学与艺术的结晶，其蕴含的物质文化是指为了满足人类生存和发展需要所创造的园艺物质产品及其所表现的文化，包括园艺植物栽培、繁殖、生长发育、采收、贮藏、加工、食用，以及园艺产品搭配、园林配置等各方面内容，是园艺文化的基础和直接表现。二是园艺精神文化。园艺的发展伴随并见证了人类社会文明和进步，园艺精神文化是从园艺物质文化基础上衍生出来的审美价值、道德规范、心理素质、精神面貌、行为准则、经营哲学，主要包括园艺作物观赏价值、著作、诗词歌赋、成语典故、神话传说、绘画、戏曲、艺术雕刻、艺术造型、舞蹈、影视等，属文学层面与艺术层面的文化[2]，蕴含着人们对美好生活的愿望与寄托。园艺植物因其独特的形态、色彩、风韵、芳香等，能愉悦人们的身心、成为精神食粮，如兰花使人幽静，菊花体现品格，松柏象征长寿等。根据园艺文化表现特征，可将不同园艺产品文化价值分为园艺植物文化、园艺文学文化、园艺艺术文化[3]，以下将围绕这一线索探讨园艺的不同文化价值形式。

（二）园艺的植物文化

一种植物在不同文化中的意象不同，即便在同一种文化中，植物的象征意义也会随着历史变迁而改变。人类如何认识植物、如何赋予属于不同植物特征的文化意义，以及认识植物在不同地区、文化中传播的历程和规律等均属于文化现象及植物文化学

[1] 成善汉. 园艺文化. 北京：中国林业出版社，2013.

[2] 同[1].

[3] 姚和金. 论新时代中国园艺文化的概念和价值. 现代园艺，2018（13）：117.

范畴[1]。探索不同的园艺植物由于其生物独特性而孕育的文化，既是植物文化的探究行动，也是园艺产品分类的重要依据。

1. 蔬菜的植物文化价值

蔬菜具有外在自然美的观赏价值，观花、观果、观叶、观姿态、赏香味、品味等，文化可以提升蔬菜的价值和品质。蔬菜还具有美食文化，形成了多种多样、营养丰富且具有医疗保健效果的蔬菜菜谱，并根据地方特色形成了不同的地方菜系。在蔬菜搭配以及与其他食物搭配方面，中国人提出了“食物相克”的理论[2]。蔬菜是中国人食物的主要来源，事关百姓一日三餐，甚至还和中国人的精神生活、宗教信仰联系在一起，在中国人的日常饮食生活中占有举足轻重的地位，特别是在主粮歉收的年月，富裕并不会使蔬菜变得相对次要，而贫困则会使蔬菜变得绝对必要[3]。元代农学家王祯说：“夫养生必以谷食，配谷必以蔬茹，此日用之常理，而贫富所不可阙者[4]。”中国自古以农立国，重农是历代的基本国策，作为农业生产的重要组成部分的蔬菜生产和供应也受到政府高度的重视。

蔬菜因其丰富的营养价值在我国古代受到达官显贵的推崇，南朝梁武帝时，“太官常膳，唯以菜蔬”；唐朝更有“司农寺”作为一个专业化部门负责给朝廷、官府等输送农产品及蔬菜等[5]。蔬菜的植物价值还蕴含在中华民族独特的传统习俗之中，《左传》记载“涧溪沼沚之毛，苹蘩蕴藻之菜，筐筥錡釜之器，潢污行潦之水，可荐于鬼神，可羞于王公”[6]，记载了古代祭祀常用的蔬菜，也反映了食物代祭的传统。佛教素有不杀生、不食肉的清规戒律，笋、菌等蔬菜受到信众的广泛欢迎。佛教史学家、北宋僧人赞宁著作《笋谱》是中国最早的一部竹笋专书，该作品讲解了98种笋的别名，记述笋的栽培方法、形态特征、生长特性等，更是对性味、补益及调治等进行分析和探讨，富含我国传统养生的价值意蕴。

2. 水果的植物文化价值

水果的植物文化泛指把物质实体上升到精神活动，换言之，特指水果引发的思维方式、哲学理念、价值观、道德规范、审美情趣、文学艺术等。柑橘、荔枝、桃、等都蕴含丰富的植物文化内涵。柑橘营养成分十分丰富，橘络、枳壳、枳实、青皮、陈皮是传统中药材，有药用文化价值。荔枝因果皮颜色鲜艳、果皮龟裂、果肉鲜美、果林火红，因而成为地方官员进贡的贡品、古代文人墨客笔下的常客，也成为现代荔枝果园乡村游的热点，具有观赏价值和美食价值[7]。桃是长寿的象征，古代被誉为馈赠

[1] 周文翰. 花与树的人文之旅. 北京：商务印书馆，2016.

[2] 成善汉. 园艺文化. 北京：中国林业出版社，2013.

[3] 曾雄生. 史学视野中的蔬菜与中国人的生活. 古今农业，2011（3）：51-62.

[4] 王祯. 东鲁王氏农书译注. 缪启愉，译. 上海：上海古籍出版社，1994：474.

[5] 宋敏求. 唐大诏令集. 北京：商务印书馆，1959：107.

[6] 熊梦祥. 析津志辑佚. 北京：北京古籍出版社，1983：225.

[7] 同[2].

佳品，其木、花、果各自具有不同的喻义和象征、桃全株可入药，桃花有美容的作用。桃蕴含着桃木的虬曲、桃花的美丽、桃子的美味，还会使人联想起鬼怪、春联、祝寿、世外仙境甚至孙悟空、林黛玉，故而桃在中国几千年博大精深的文化中形成了独树一帜的“桃文化”[1]。古代神话将桃和生命、女性联系一起，桃树枝繁叶茂，累累硕果，被隐喻为对于生殖崇拜的象征[2]。

3. 花卉的植物文化价值

花文化的发展是人类文明发展的一部分，花文化的历史性、民族性本身与形成文化的自然因子有密切的关系[3]。中国花文化的符号正是中国人在对花卉各种不同的生物学特性和生态习性认识的基础上，将花卉的各种自然属性与人的品格、人的情操来进行类比，逐步形成花卉自然属性与人性的种种关联，进而形成一种社会普遍认同的观念[4]。

花卉向人们展示了千姿百态、多元化的自然界，不仅有复色、多色，而且还有单瓣、半瓣、重瓣之分，大的如向日葵、小的如绣线菊，形状如兜兰，姿态如文心兰，可谓吸天地之精华、造人间之美物。花卉具有食用、药用、观赏价值等植物文化特性。花卉不仅能怡情养性，而且具有治疗疾病的功效，含有多种营养元素，如维生素、矿物质、氨基酸等能预防疾病，花卉的色、香等具有陶冶情操、净化环境的功能，具有药用文化功能[5]。人类社会种花赏花的过程中积累了诗词、故事、传说、绘画、戏剧、音乐、雕塑、民俗、宗教等方面的文化。例如，对于梅花描述有傲雪斗霜的玉骨、谦逊无私的品格等，这无形中将梅花人格化，与民族精神相融合。花的不同生长环境、生长特点赋予了花不同的人文气质与品格，然后再以人比花，把自然界中的某种物或花卉作为君子修身立德处世的坐标与参照，并从这一参照中感悟出多种人生的哲理与行为准则[6]。菊花展在传播传统花卉文化中具有重要作用，菊花生长在秋季，期间有一重要的传统节日——重阳节，所以饮菊花酒、观赏菊花便成为主要的传统活动。菊花生长在深秋时节，有着傲然不屈、不畏强暴的品格，同时在百花凋谢以后，其彰显出自强不息、不媚权贵的气节，使得隐逸君子、文人墨客都推崇、赏识菊花。菊花属于多年生草本植物，是重要的草药之一，性微寒、味甘苦，能祛毒散热、清肝明目，所以是中医常用的草药，在《神农本草经》《日华子本草》《本草纲目》等著名的中医著作中，详细描述了菊花的药用价值[7]。

[1] 李中岳 . 追溯中国的桃文化 . 安徽林业，2003（1）：37.

[2] 刘菲 . 桃文化与女性关系的探究 . 天津职业院校联合学报，2008（4）：90–92.

[3] 张启翔 . 中国花文化起源与形成研究（一）——人类关于花卉审美意识的形成与发展 . 中国园林，2001（1）：73–76.

[4] 张启翔 . 中国花文化起源与形成研究（二）——中国花文化形成与中华悠久文明历史及数千年花卉栽培历史的关系 . 北京林业大学学报，2007（增刊 1）：75–79.

[5] 成善汉 . 园艺文化 . 北京：中国林业出版社，2013.

[6] 魏明果 . 梅文化与梅花艺术欣赏 . 武汉：武汉大学出版社，2008.

[7] 赵智芳 . 菊花展在中国传统花卉文化传播中的作用分析 . 南方农业，2018，12（14）：81–82.

（三）园艺的文学文化

《论语·泰伯》论及“兴于诗，立于礼，成于乐”，不仅阐明了孔子认为的文化理想、社会政策和教育程序，“兴于诗”更表达了言志抒情的诗篇是形成仁人君子的起点[1]，诗词是浸润在每个中国人血脉里的文化基因。我国古代诗歌精辞妙句，大多咏史叹世，直抒胸臆，寄情山林田园，体现了中华民族“中正平和、含蓄蕴藉”的审美趣味。诗歌寓情于景不仅可以培养大学生对美的感受、鉴赏能力，完善审美心理结构，培养他们在文化人格、艺术趣味、音乐素质方面的自我塑造能力，更重要的是增强当代大学生对传统文化的认同。

首先，古诗对于园艺的描绘，寄予了人们对于美好生活的愿望和精神依托。园艺之“艺”表达了人类对美的追求，我国传统优秀作品中不乏对园艺的赞颂，特别是对花卉及果树的语言雕刻饱含了文学、艺术甚至是哲学思想。花卉是自然界广泛色彩的来源，花卉的“姿、色、香”及完美结合的“韵”，是环境艺术和大地艺术的重要基础。在中国花卉文学史中，文人惯常于以花喻人或以人喻花，运用花卉文学景象构建出不同的意境，用以表达情感意绪。古有“岁寒三友、花草四雅”[2]之说，表达了人们对松、竹、梅以及梅、竹、兰、菊的赞颂之情。

其次，诗歌记述了园艺在特定时期的发展状况。例如，宋代叶适的“有林皆橘树，无水不荷花”，唐代杜甫的“春日清江岸，千柑二顷园。青云羞叶密，白雪避花繁”，唐代白居易的“浸月冷波千顷练，苞霜新橘万株金”，柳宗元的“密林耀朱绿，晚岁有馀芳”，宋人张耒的“霭霭高林绿实圆，清霜一洗若金悬”，唐朝张九龄的“两边枫作岸，数处橘为洲”等名篇佳作，犹如一幅幅画卷，再现了当时柑橘栽培、繁衍的盛世图景。

再次，诗歌对于不同的园艺品种进行了恰如其分的描述和赞誉。以柑橘为例，作为一个“人丁兴旺”的庞大家族，拥有橘、柑、柚、橙、金橘和柠檬等不同的支系，古诗名篇中不乏对于这一庞大家族成员的赞颂。战国时期楚国伟大诗人屈原的《九章·橘颂》托物言志，借助橘树表达理想及人格。又如，“西风已走洞庭波，麻豆庄中柚子多。往岁文宗若东渡，内园应不数平和”写的是台湾名产“麻豆文旦柚”；“燕南异事真堪记，三寸黄柑擘永嘉”夸的是温州瓯柑；“抚州橘子封金匾，衢橘加封七点红”赞的是浙江衢州椪柑；“一从温台包贡后，罗浮洞庭俱避席”誉的是黄岩蜜橘；“潮柑天下重，此处是名乡。嘉树连天碧，果飘十里香”颂的为广东潮柑。以诗、书、画三绝流芳艺术史的徐渭曾留下笔墨：“松杉借翠连幢碧，橘柚分金映甲黄。”

最后，诗歌对于园艺产品的色、香、味、形进行了淋漓尽致的刻画，艺术生活的过程中不仅咏物于情，且对园艺的艺术品格进行了升华。柑橘的味美汁多、清香脆嫩在古诗被刻画为“琼浆”“馨香”胜过“崖蜜”；柑橘的之色被赞颂为“肤白玉

[1] 张圣洁．论语：正音·详注·精译．杭州：浙江教育出版社，2019.

[2] 姚和金．论新时代中国园艺文化的概念和价值．现代园艺，2018（13）：117.

瓤”“金作皮”；柑橘之形则为“挂疏篱”“玉果圆”“笼烟”“带火”和“悬金”，更有“金翠共含霜”之说。此外，诗歌能从园艺植物的生长规律中提炼出哲学审思。“晏子使楚”的故事中流传千古的佳句是“橘生淮南则为橘，生于淮北则为枳，叶徒相似，其实味不同。所以然者何？水土异也”。寓意是同一种东西，在不同环境下生长，结果会产生很大的变化，反映了环境对客体产生的影响。诗词歌赋不仅提升了人们对于园艺产业及产品的情感，同时提升了人们对于相关审美的“咀嚼”能力和对园艺高品质文化的欣赏能力。

（四）园艺的艺术文化

艺术与宗教、哲学、伦理等，同属于文化领域的一种价值形态。从本质上看，园艺的艺术文化既包含人类对园艺的认识和反映，也包含个人的思想情感、审美感受、价值理想等主观因素，它是一种精神产品，能够满足人们的审美需要。园艺艺术文化还具备一定的社会属性和功能，主要表现在园艺文化及活动能够帮助个体认识历史、了解社会和感知人生；个体通过园艺活动的熏陶和感染，提升对于真、善、美的理解和感知，从而润物无声地优化其思想感情、人生态度、价值观念等；以观赏园艺为代表的园艺产品能够满足人们的审美需要，进而使其精神愉悦并提高审美鉴赏能力等。果、蔬、花、茶等不同园艺产品均孕育了各具特色的艺术文化。

蔬菜艺术文化价值较集中地体现在蔬菜与楹联、美术、工艺品、戏曲以及与之相关的影视作品当中。蔬菜楹联既能体现蔬菜的深厚文化魅力，又能吸引楹联爱好者和游客参观，例如，“软菘带露，早韭含春”反映出人们对生活的热爱。在蔬菜绘画方面，藤本类如丝瓜、葫芦、南瓜是许多国画大师们喜爱的题材。蔬菜可以是工艺品的题材，如在办公室可摆放玉雕的小白菜、上海青，宝石般的小红番茄，青色的小黄瓜，红色的小辣椒等。蔬菜还具有文化旅游价值，体现在南瓜节、黄瓜节、辣椒节等蔬菜文化节，以及蔬菜博物馆、蔬菜主题公园和其他蔬菜相关风俗等[1]。在日常生活中，菜场带有人们挥之不去的乡土、乡愁和乡恋。文学作品中不乏通过菜场反映一个城市的生活态度、风土人情和饮食文化，将菜场比作喧闹市井中让人充满热情又流连忘返的场所。带着清新、温润泥土气息的瓜果蔬菜给文学和艺术提供了滋养。“世界最美菜场”之一的荷兰鹿特丹拱形大市场不仅彰显了现代建筑艺术，其陈设及蔬菜买卖活动更像是一家当代美术馆。水果绘画、雕刻及拼盘等体现了丰富的文化艺术，与水果相关的广告、采后包装、艺术水果生产等也体现了丰富的艺术附加值。柑橘艺术层面文化价值体现在橘画、橘的影视歌曲、柑橘文化旅游等方面。2018 年，“柑橘之乡”衢州举办了“艺术振兴乡村，橘业福润柯城”为主题的柑橘文化艺术节，追溯了衢州柑橘曾走进宫廷、享誉古今的历史[2]。文化节不

[1] 成善汉．园艺文化．北京：中国林业出版社，2013.

[2] 巫少飞．千年衢州柑橘背后的文化记忆．衢州晚报，2018-03-01（11）.

仅促进柑橘产业发展，更是将当地柑橘的历史和文化渊源广为传播。衢州柑橘的发展历史悠久，早在公元前3世纪，《禹贡》一书就记载了“淮海维扬州……其包橘，柚锡贡”[1]，今日的衢州属于当时的扬州范围。北魏著名地理学家、散文家郦道元的撰《水经注》文笔隽永，描写道：“夹岸缘溪，悉生支竹，及芳枳木连，杂以霜菊金橙。”

花卉的艺术文化包括歌曲、音乐、绘画、雕塑、影视作品等形式，我国歌曲艺术经历的诗经、楚辞、乐府、绝律诗、词曲等不同演变阶段，都留下了无数以花卉为题材的优美篇章，这些作品融入了人们对花卉的感知，体现了人们的花卉审美经验、积累了丰厚的文化遗产[2]。花卉的艺术文化表现在诸多方面。一是在我国传统文化当中，花卉常常被人格化，能够反映道德品质。“岁寒三友”“雪中四友”“四君子”“花中十友”是民间较为典型的“花品比人品”的赞誉方式，体现了我国传统文化中以花喻德的表现形式。“出淤泥而不染，濯清涟而不妖”“零落成泥碾作尘，只有香如故”“宁可枝头抱香死，何曾吹落北风中”分别借助莲花、梅花、菊花比喻高尚的品格。又如“芷兰生于深林，非以无人而不芳”[3]以兰花的品格比喻君子博学深谋、修身端行。传统文化将花卉人格化使得其超越了自然属性，被赋予了道德美。《幽梦影》中有述“梅令人高，兰令人幽，菊令人野”，花卉比德升华了花卉的自然属性，花卉成为隐喻人品、人格、人情的精神寄托[4]。二是以花为题材的文学作品促进了艺术升华。与花卉有关的文学作品如诗词、戏曲、小说和绘画等构成了丰富的文学艺术形式。如《诗经》中以“桃之夭夭，灼灼其华”来描写桃花，《牡丹亭》《红楼梦》等文学巨著中不乏对花卉品格及其人物品格的隐喻，促进了作品的艺术升华。在民间广为流传的民歌不乏以花卉歌颂爱情的作品，如《对花》和《茉莉花》等。音乐和歌曲作品中借花抒情的方式在中华文化中也被广泛使用，如古曲有《春江花月夜》《梅花三弄》《玉树后庭花》等，民乐有《茉莉花》《花儿为什么这样红》等，流行歌曲有《铿锵玫瑰》《栀子花开》等，这些以花为题的音乐都表达了人类的美好情感[5]。三是花卉彰显广泛的社会文化价值。花卉艺术文化已广泛地深入人们的生活之中，成为社会文化的组成部分。人们习惯于在节假日、婚礼、纪念日、宴会等重要场合以及会议等重要活动中用花卉布置装点，不同的场合对花卉功能、效果及表达意义要求不同[6]；日常生活中人们也借助花卉的信息和符号意义等进行交流，用花卉装饰办公室及特定场所等；香料、香水等的研制，花卉膳食功能的研发，观赏植物的营运等活动也成为人们社会生

[1] 周光华．远古华夏族群的融合：《禹贡》新解．深圳：海天出版社，2013.

[2] 程杰．论花卉、花卉美和花卉文化．阅江学刊，2015，7（1）：109–122.

[3] 荀子．方勇，李波，译注．北京：中华书局，2015：472–482.

[4] 史英霞，孟祥彬．园林设计中花卉文化感性与理性的融合．西南林业大学学报（社会科学），2017，1（6）：57–61.

[5] 崔欣欣．中国花卉文化新探．佳木斯大学社会科学学报，2016，34（6）：150–152.

[6] 同[5].

活的组成部分；景观资源开发及观赏旅游的发展也依赖花卉，例如，南京梅花山、武汉磨山梅园、上海淀山湖梅园、无锡浒山梅园、杭州超山梅园都是著名的梅花文化旅游区[1]。

三、园艺学及园艺高等教育

（一）园艺学

1. 园艺学的内涵及特征

园艺学属于应用基础和应用型研究学科，是以农业生物学为主要理论基础，研究园艺作物生长发育、遗传规律和优质生产的一门学科，涵盖园艺作物起源与分类、种质资源、遗传育种、高优栽培、病虫害防治及采后处理、贮藏加工等应用技术与原理的综合性学科。园艺作物包括果树、蔬菜、观赏植物三大类经济作物群。通俗意义上看，园艺科学是为了人们美好生活的学科，是提升人类生活质量的学科，能够为满足人们对美好生活向往的需求提供有力支撑。

园艺学科具有突出的实践性、艺术性及社会性特点，对产业和社会发展产生积极影响。首先，实践性反映园艺学科发展及园艺专业演进过程中对实践的高度依赖，主体必须参与实践，在实践中检验理论成果的正确性。其次，园艺学科的艺术美来源于现实生活并反映现实生活，园艺学既能表现人们的感情，也表现人们的思想，融入了创作主体乃至欣赏主体的思想情感，具有突出的审美价值。再次，园艺学既古老又现代，具有突出的社会性。园艺学是一门大众学科、是社会群体能够普遍实践的学科，园艺学是关注人类健康、关注全人类更加美好生活的学科，园艺已深度融入人们的日常生活，人们的一切生活均在一定程度上与园艺有关。新形势下，园艺学的发展推动园艺产业进步，助力农民脱贫致富，有利于社会进步和人类整体的发展。此外，园艺学科能够反映社会及自然的一般规律。园艺学所涉及的作物以多年生为主，与一年生作物的生活节律不同，多年生作物要处理好"今年和明年""地上和地下""枝和叶"以及"花和果"等几个对立统一的关系，具有较强的矛盾观和时空观。

园艺学科建设与高校发展有着普遍的关联性。一是高水平的园艺学科建设能够提供高质量的教学内容、良好的平台设施以及具有前瞻性的多元化信息资源，为园艺专业的建设奠定基础、促进园艺专业从学科发展中汲取养分，保持优良的园艺专业建设水平。二是园艺学科建设与园艺课程改革互促共进，适应园艺科学进步及产业发展需求，园艺专业须适时推进新课程的开发，或对原有课程内容进行补充和更新。三是园艺学科建设与文化建设相呼应。园艺学科建设不仅反映一般意义上的文化价值，同时

[1] 成善汉 . 园艺文化 . 北京：中国林业出版社，2013.

能够通过独特的术语系统体现大学文化，承载大学校长、园艺专家、园艺学科创立者及享有者的文化观念等。

2. 园艺学的主要学科方向

中外对于园艺作物及学科划分的观点有所差别，Bailey（1925）在其著作《园艺标准百科全书》中将“园艺”分成“果树学或果树栽培”“蔬菜学或蔬菜栽培”“花卉栽培”，以及“造园业”四大部分[1]。传统上，园艺植物包括果树、蔬菜、观赏植物、香料植物以及药用植物等，但不同国家对园艺作物的定义不尽相同，例如，有些国家把马铃薯和甜玉米当做园艺作物，把在较粗放管理下生长的枣树、栗树特别是坚果类果树常视为经济林木。欧洲还将香料植物、药用植物归入园艺作物，而我国则习惯上把它们连同烟草、茶、咖啡等作为特种经济作物，归入广义的农作物一类。另外，草坪用的草类是园艺作物，而大规模栽培的牧草就成为饲料作物。

我国的高等教育体系中，园艺学是农业院校的主干和传统学科，是农学学科的重要组成部分，综合性和应用实践性较强。1998年，教育部颁布新的本科专业目录，将原果树、蔬菜、观赏园艺（部分）等3个专业合并为宽口径的园艺专业，包括蔬菜、果树、茶及观赏园艺4个组成部分，含育种和栽培两大方向，在部分高校还延伸到了中草药等。由于农业发展对地域的依赖性较大，我国不同区域园艺产业发展的差异也较大，如北方寒地、西北干旱地区和华南热带等地园艺产业构成完全不同。大学的第三职能就是服务社会，我国农业大学因所处地区园艺产业的差别，也使得园艺学科在服务地方产业发展的过程中呈现多元化和复杂化态势，不同地区农业院校所设置的园艺专业具有一定地方特色，对于园艺人才培养目标的表述也不尽相同。但普遍来看，我国涉农高校园艺一级学科下设果树学、蔬菜学、设施园艺学、观赏园艺、茶学5个主要二级学科。不同学校根据自身学科特点又自设相应学科方向，目前我国高校自设的二级学科主要有园艺植物有害生物防治、园艺产品质量与安全、园艺产品贮藏与加工、园艺产品采后科学与技术、花卉与景观园艺、设施农业科学与工程、药用植物学、草坪资源与利用等。以下分述5个主要二级学科的内涵、特点及研究方向。

（1）果树学　果树学是研究果树生长发育和遗传规律的一门学科，涉及果树起源与分类、种质资源、遗传改良、栽培生理与技术、病虫害防治及采后处理、贮藏保鲜等方面的科学问题和技术研发，既有应用基础理论研究，也包含技术的创新与开发利用[2]。随着科学技术的飞速发展，现代信息技术、生物技术和分子生物学在果树学上的应用越来越广泛，已渗透到果树学研究的各个领域。果树学在重视基础理论研究的同时，也重视技术发展和应用研究，为果树产业的可持续发展提供理论支撑和技术指导。

（2）蔬菜学　蔬菜学以蔬菜作物为对象，以现代生物学及信息学相关学科的理论和技术发展为基础，以解决蔬菜产量和品质的重大基础理论和应用技术为目标，其研

[1] 朱立新，李光晨．园艺通论．北京：中国农业大学出版社，2015.

[2] 中国科学院文献情报中心课题组．农业科学十年：中国与世界.2018：60.

究范围包括蔬菜遗传改良的理论与技术、蔬菜资源评价与创新、蔬菜栽培与生长发育调控、蔬菜采后生物学与技术等。

（3）设施园艺学　设施园艺学是以解决园艺作物设施生产所面临的重大基础理论和应用技术为目标，力图实现园艺作物设施高效生产，主要研究设施条件下蔬菜、果树、观赏植物等园艺植物的生长发育规律和调控技术、栽培生理、设施园艺作物种质创新与遗传改良等内容，为设施园艺的发展提供理论支撑和技术指导。

（4）观赏园艺学　观赏园艺学涉及花卉学、栽培学、育种学、植物营养学、农业气象学、农业工程学等多门学科，是一门综合性强、由多学科渗透而发展起来的学科。观赏园艺学的研究内容包括观赏园艺植物种质资源的收集、引进、评价、利用和育种，观赏园艺植物遗传育种与生物技术，观赏园艺植物采后及栽培生理和品质调控等。观赏园艺学发展的目标是提高观赏园艺植物的观赏性状、品质和生产效益，明确重要观赏性状的遗传规律及调控机制，为观赏园艺产业发展提供理论和技术支撑。

（5）茶学　茶学学科综合运用现代生物学、食品科学等基本理论，重点研究茶树种质资源、遗传育种、栽培生理与生态、茶叶加工、茶叶生物化学与综合利用、茶文化、茶叶经济管理与贸易，以及类茶植物加工利用等理论与技术，为茶资源开发利用与经济发展提供理论支撑和技术指导。

（二）园艺高等教育

高等教育是社会发展到一定阶段的产物[1]，是在完成中等教育的基础上进行的专业教育和职业教育，是培养高级专门人才的教育，肩负着人才培养、科学研究、社会服务和文化传承等重要职能。美国著名教育家伯顿·克拉克（Burton R. Clark）在《高等教育新论——多学科的研究》中提出了高等教育的组织特性：高等教育是一个围绕学科发展起来的集工作、信念和权力各种形态于一体的综合机构[2]。园艺高等教育以培养园艺学领域高级专门人才为目标，探索园艺领域高深学问，积极服务园艺产业及市场的发展需求。

特定历史时期高等教育有其基本结构，高等教育结构是指高等教育系统内部各要素之间相对稳定的联系方式和比例关系。高等教育的宏观结构包括层次结构、科类结构、形式结构、地域结构（即布局）等[3]；微观结构涵盖学科专业结构、课程结构、人员及知识结构等。高等教育机构（higher education institute，HEI）是国内外园艺学科发展的主要动力来源，也是园艺人才培养、科学研究及服务园艺产业发展的主要支撑。园艺高等教育作为高等教育体系的重要组成部分，体现出特定的发展内涵。

[1] 杨汉清. 比较教育学. 3 版. 北京：人民教育出版社，2015.

[2] 克拉克. 高等教育新论：多学科的研究. 王承绪，徐辉，译. 杭州：浙江教育出版社，2001.

[3] 同 [1].

1. 我国园艺高等教育发展的指导思想

我国园艺高等教育围绕“培养什么人、怎样培养人、为谁培养人”这一根本问题，全面贯彻党的教育方针，遵循高等教育教学发展规律，牢固树立为中华民族伟大复兴培育人才的基本理念，秉承质量是高校的生命线，教学工作在高校的中心地位和本科教育在人才培养中的核心地位、在教育教学中的基础地位、在新时代教育发展中的前沿地位等教育思想和理念，紧紧围绕学校教育事业发展目标的总体要求，解放思想，深化改革，与时俱进，依法治教，坚持以改革为动力，以发展为主线，以学科建设为龙头，以人才培养为根本，以教师队伍建设为核心，立足特色，面向全国，放眼世界，培养基础扎实，知识面宽，能力强，素质高，富有创新精神和国际视野，有志于从事园艺学科教学、科研、生产和管理的高素质人才。

2. 我国园艺高等教育的人才培养规格

园艺专业培养具有园艺学背景的学术研究型和复合应用型高素质人才，为园艺产业和学术研究蓄积后备力量。园艺专业人才不仅要掌握现代园艺专业知识，应具有较强实践能力，能够在农业、商贸、城建、园林等部门，从事园艺生产与设计，从事园艺产品的开发与推广，从事园艺经营与管理工作，就业面非常宽广。具体来说，园艺专业学生主要学习园艺学基本理论和基本知识，接受园艺生产管理和科学研究的基本训练，提升创新意识和科学研究能力；掌握园艺场（庭院）规划和建设，园艺植物种质资源收集和保护、遗传改良及良种繁育、土肥水管理、病虫草害防治，园艺产品商品化处理和营销等基本技能。园艺专业的核心课程主要包括“园艺植物栽培学”“园艺植物育种学”“园艺植物生物技术”“园艺产品贮藏运销学”“园艺学实验实习”等。园艺专业的毕业生应能胜任园艺生产基地、营销部门、大中专院校、科研院所、行政管理机构等有关园艺植物栽培、育种、良种繁殖，园艺产品采后商品化处理等技术推广、农产品贸易、教育科研及行政管理等工作。

3. 我国园艺高等教育的人才培养层次

园艺专业人才培养的主要层次包括高职（专科）、本科（学士）和研究生（硕士、博士），其合理结构应该呈金字塔形。园艺高职（专科）主要培养掌握较全面的理论知识，具有较强的实践操作能力的园艺专门人才。园艺本科（学士）培养具备生物学和园艺学的基本理论、基本知识和基本技能，能在农业、商贸、园艺管理等领域和部门从事与园艺科学有关的技术与设计、推广与开发、经营与管理、教学与科研等工作的高级科学技术人才。园艺研究生（硕士、博士）培养掌握园艺学科不同方向坚实的基础理论和专业知识，了解园艺学科各发展方向及国际学术研究前沿动态，能独立从事本学科及相关学科领域的科研、教学、管理或技术工作的高级专门人才。

4. 国外园艺高等教育发展的基本途径

在世界高等教育发展的早期阶段，学科设置较为单一，主要以文、法、医、神为主。直到19世纪初，自然科学发展迅猛，大学中才增设了理科，但文理科之间的交融十分有限。20世纪60年代，英国设立了以学群制为核心特征的“新大学”促进了多学科发展以及学术组织的跨学科联合，使得“多学科”原则逐步融入高等教育体系[1]。农科高等教育的发展要追溯到1862年美国国会通过的《莫雷尔法案》，该法案资助建设赠地学院（也称为农工学院），决定拨地办学，为农工学院提供经费，培养工农业发展所需要的人才。赠地学院的建立不仅是美国联邦政府首次对高等教育的大规模干预，更是在世界高等教育中首次将农业和机械方面的知识引入高等教育体系。

纵观世界各国高等园艺教育事业，美国主要强调要培养兼有文理知识的通才，园艺类专业覆盖果树、蔬菜、花卉、苗圃、草坪、造园等知识领域，除主科外，还设有副科，并设置了多个专门化方向，或开设具有专业化性质的多组课程或多个重点领域课程，而且还开设跨学科专门化课程；英国大学或学院园艺系基本上设置了产业园艺（production horticulture）专业和休闲园艺（amenity horticulture）专业，前者主要学习园艺植物（果树、蔬菜、花卉）栽培、繁殖、加工、销售等方面知识，后者侧重于观赏植物的培育、应用、园林设计及造景等，所开设课程贴近专业、覆盖面宽并注重经济管理。日本寻求的目标是“培养21世纪的日本人”，这种人必须富有开拓精神和创造能力，具有国际性、未来性和社会性。日本于1997年底完成农学部改组和专业合并，农学部一般不独立设园艺专业，更宽口径的生物生产专业或农学专业覆盖了园艺学，相关研究室有园艺学、果树园艺学、蔬菜园艺学、花卉园艺学、设施园艺学、造园学、青果物品质保全等。本科生从第四学年开始进入研究室接受科学研究和田间技能训练，并参加研究室小组讨论会（seminar）和轮读会（经典专业文献选读）。总体上看，国外园艺高等教育的专业面较宽、课程设置少而精、注重综合知识的传授，强化实践和创新能力的培养。

5. 园艺高等教育的宏观发展走向

园艺高等教育要与社会发展相适应，不仅受到特定时期政治、经济、文化的制约，也对政治、经济、文化产生影响。未来，园艺高等教育的宏观走向至少包括了普及化、终身化、国际化和信息化等。一是园艺高等教育普及化。园艺高等教育的普及依赖于高等教育大众化进程。美国学者马丁·特罗（Martin Trow）撰写了长文《从大众高等教育向普及高等教育转化的思考》（1970）、《从精英向大众高等教育转变中的问题》（1973），较为系统地阐述了依据高等教育毛入学率，将发展历程分为“精英、大众和普及”三个阶段的理论。他认为一个国家高等教育毛入学率达到15%时，高等教育就进入了大众化阶段；达到50%进入普及化。近年来我国高等教育毛入学率稳步增长，这一进程中园艺高等教育在发展理念、培养目标、教育模式、课程设置、教学方式与方法、入学条件、管理方式及其与社会的关系等发生了变化，包括：园艺高等教育的招生量持续增加，受益群体不断扩大；园艺课程从模块化向打破课程之间的界限转变，且对现代教学手段的依赖程度逐步加深；园艺高等教育与社会的界限由分明

[1] 杨汉清．比较教育学．3版．北京：人民教育出版社，2015.

向模糊转变。可以说，园艺高等教育的普及不仅是扩增人才储备的重要途径，也是推进园艺产业现代化的必然选择。

二是园艺高等教育的终身化。1972 年，联合国教科文组织国际教育发展委员会推出的《学会生存——教育世界的今天和明天》一书，系统阐述了终身教育理念，强调要为学生在未来多变社会中的终身发展奠定基础，使他们具备未来世界的生存能力[1]，明确指出了唯有全面的终身教育才能够培养完善的人，人们不能够一劳永逸地获取知识，而是要通过终身学习去建立一个不断更新的知识体系[2]。我国也提出“加快建设学习型社会”，发展终身教育有利于提高受教育者的品格并完善人性，是学习型社会形成的重要途径。园艺高等教育在发展终身教育的潮流中应坚持全面性的、开放性的原则，有机整合不同教育资源以促进园艺专业学习者的完全发展。

三是园艺高等教育的国际化。国际化是世界高等教育体系发展的重要趋势。欧洲高等教育国际化取得令世人瞩目的成就，1987 年欧洲共同体推行的“伊拉斯谟计划”资助了高校师生在成员国之间的无障碍流动。1999 年在意大利签署的《博洛尼亚宣言》开起了欧洲“博洛尼亚进程”，提出了建立欧洲高等教育区的设想，力图克服欧洲国家由于教育制度、学位结构差异带来的流动障碍，具有里程碑意义。事实上，第二次世界大战之后，世界处于科技革命进程加速，经济、政治、文化全球一体化进程之中，我国高等教育也跻身于这一潮流之中。园艺高等教育未来应扩大跨文化和全球性资源整合能力，吸收世界先进办学经验和成功做法，在国际化生源、课程建设、成果产出、交流合作项目等方面下工夫，提升园艺人才培养质量的同时扩大学科国际影响力。此外，信息化时代信息技术被广泛、密集应用和共享，园艺高等教育应持续推进教育技术在专业教育中的应用，发展慕课（MOOC）等教学形式，逐步向社会提供更为广泛的学习资源等。

---

[1] 杨汉清. 比较教育学. 3 版. 北京：人民教育出版社，2015.

[2] 联合国教科文组织国际教育发展委员会. 学会生存：教育世界的今天和明天. 华东师范大学比较教育研究所，译. 北京：教育科学出版社，1996.

第二章

我国园艺高等教育的历史演进

我国园艺高等教育的发展与变迁是社会历史沿革的组成部分，经历了初创时期的早期发展样态，这一时期园艺逐步进入教育教学过程，且独立学科属性也初见端倪。随后进入了起步时期、快速发展时期和成熟发展阶段等基本过程。2013 年，教育部全面实施卓越农林人才教育培养计划，园艺高等教育呈现出新的发展态势。范式转型、人才成长规律及“三螺旋”理论等高等教育学理论和管理学理论，为园艺高等教育的改革与发展提供了依据和理论支撑。

一、园艺高等教育发展与演进的理论基础

园艺高等教育改革与发展的要素包括学科的转型与发展、园艺专业人才的培养与成长、园艺高等教育课程建设以及园艺学科与产业互动等诸多方面。科学的园艺高等教育改革与发展需要广泛的理论支撑，具体包括了库恩的范式转型理论、人才成长规律理论、课程建设理论和高校外部关系的“三螺旋”理论等。

（一）学科范式转型理论

著名的科学哲学家托马斯·库恩（Thomas S. Kuhn）建立了学科发展的范式理论。库恩基于对科学史的深入考察与分析，提出了独特的科学发展模式，不仅深入阐述了科学发展的规律，而且将科学中受传统约束的常规科学活动和科学史中非积累的革命阶段包含在范式理论当中[1]。

1. 学科范式理论的基本内涵

“范式”（paradigm）概念是科学哲学家库恩在研究科学革命的结构时提出的，他在所著的《科学革命的结构》一书中表明，“范式代表着某一科学共同体的成员所共同分享的信念、价值、技术以及诸如此类东西的集合，是某一科学共同体在一段时期内公认为是实践的基础”[2]。同时，范式又是指集合中的一种特殊要素——作为模型或

---

[1] 胡瑞，刘宝存. 世界比较教育二百年回眸与前瞻. 比较教育研究，2018（7）：78–86.

[2] 谷方庭. 从库恩范式思想看自然科学与人文科学的异同. 长沙理工大学学报（社会科学版），2019，34（3）：32–38.

范例的具体解决问题的方法”[1]，是从事某一科学的研究者群体所共同遵从的世界观和行为方式，有助于对该领域典型问题形成较为一致的观点和意见[2]。“范式”的形成是学科的独立性的重要标志，且“范式”的形成有一个渐进的积累过程，体现出显著的继承性。

库恩将科学发展进程确定为“前科学”（pre-science）、“常规科学”（normal science）、“科学革命”（scientific revolution）和“新常规科学”（new normal science）四个阶段，且每个阶段包含了学科范式的不同发展特点[3]。科学由“常规科学”阶段向“新常规科学”阶段发展的进程中往往通过“科学革命”过程引发范式动摇，从而推动范式革新（图 2-1）。其中，范式革新主要表现为学科领域的研究群体所认同的基本假设、理论依据和研究方法上的变化[4]。

图 2-1　库恩的科学发展图示

库恩提出，历史上的科学革命是一种结构性的、整个科学研究的“范式转型”过程[5]。学科范式转型就是一种学科范式代替另一种学科范式的过程。但需要注意的是，这一转型是一种不断发展和不断进步的转型过程。学术共同体对于学科范式的持续考量及反思推动了范式转型的进程，旧有的学科范式不能满足、甚至阻碍学科发展的时候，亟待新的范式推动学科的进步，范式转型也就具备了客观上的可能性。然而，范式转型带来学科发展的结果常常需要历史评判，科学的范式革命及变迁应具备产生积极结果的预期。

2. 基于范式理论的园艺学科变迁

以库恩的范式理论为依据，园艺学科发展经历了“前科学”“常规科学”“科学革命”等不同的发展阶段，且不同阶段的学科研究领域、研究方法和理论体系均发生特定的转型和变迁。“前科学”阶段通常是学科发展的序曲。正如著名哲学家罗素（Bertrand A.W. Russell）在《西方哲学史》中提到的“一切的开端总归是粗糙的”[6]，一门学科的发展往往会经历“粗糙”的早期发展阶段，随之进入“无范式”的“前科

［1］李晶．学科范式转型与高等教育学学科建设．高教探索，2013（5）：52-56.

［2］金林南．思想政治教育学科范式论：现状、问题与发展．思想理论教育，2014（5）：28-33.

［3］PRESTON J. Thomas Kuhn's Revolution：An Historical Philosophy of Science-By James A. Marcum. Ratio，2007，20（3）：352-354.

［4］KINDI V. Kuhn's The Structure of Scientific Revolutions Revisited. London：Routledge，2012：75-92.

［5］同［1］.

［6］胡瑞，刘宝存．世界比较教育二百年回眸与前瞻．比较教育研究，2018（7）：78-86.

学”阶段。1949—1978 年，我国园艺学科发展步入“常规科学”发展阶段，高校园艺学科逐步建立健全，人才培养方案、课程体系、理论及实践教学、师资队伍建设等逐步进入规范化发展阶段，园艺学以独立学科身份出现。库恩在研究中发现牛顿的《自然哲学的数学原理》、拉瓦锡的《化学》等奠基性作品“都在一段时间内为以后几代实践者们暗暗规定了一个研究领域的合理问题和方法”。学科规范性发展时期的一个重要标志是该领域代表性著作的问世，且这些作品能够“空前地吸引一批坚定的拥护者，使他们脱离科学活动的其他竞争模式。同时，这些成就又足以无限制地为重新组成的一批实践者留下有待解决的种种问题”[1]。“常规科学”发展阶段，我国一些重要的园艺著作问世，例如吴耕民的《果树园艺通论》《中国蔬菜栽培学》《果树修剪学》等，推进了园艺学科的发展进程。

然而，正如库恩在《科学革命的结构》一书中指出，“常规科学往往表现出教条式的稳定，它将被偶发的革命所打断”。20 世纪 80 年代以来，特别是 2000 年之后，世界处于深度全球化的进程中，生产要素在世界市场范围内的配置效率不断提升。与此同时，大数据时代促使信息跨国界流动的规模与形式不断增加，全球政治、经济和文化呈现出高度依赖关系。新的变化使得园艺学科发展遭遇挑战，逐渐进入了“科学革命”阶段，“新的发展阶段与问题将会改变游戏规则，并要求相关研究群体勾画出新的研究蓝图”[2]。诚如库恩在《对范式的再思考》中所言，任何一种科学研究方法都不可避免地存在自我发展的弊端或缺陷。

进入“科学革命”阶段，园艺领域的新业态逐步出现，园艺体验、观赏园艺等得到较为充分的发展，正如范式理论所陈述的那样，“科学的发展需要我们超越旧争论后的、后常规的新综合，据此展现科学的新面貌”。经历了这一阶段，园艺学科发展及园艺高等教育逐步进入较为稳定的“新常规科学”发展阶段。

（二）人才成长规律理论

人才是人类社会经济发展的重要动力，是国家和社会发展的重要财富。人才的成长有其特定的规律，挖掘人才成长规律有利于改进高等教育人才培养过程。

1. 人才及高层次人才的内涵

法国哲学家克洛德·爱尔维修（Claude A. Helvetius）曾说“每一个社会都需要有自己的伟大人物，没有这样的人物，它就要创造这样的人物”[3]。列宁也曾指出，伟大的革命斗争会造就伟大的人物，使过去不可能发挥的天才发挥出来[4]。马列主义认为，革命和建设的关键在于培养、选好、用好人才，提出了“德才兼备”的人才标

[1] 谷方庭．从库恩范式思想看自然科学与人文科学的异同．长沙理工大学学报（社会科学版），2019，34（3）：32-38.

[2] 胡瑞，刘宝存．世界比较教育二百年回眸与前瞻．比较教育研究，2018（7）：78-86.

[3] 中共中央马克思恩格斯列宁斯大林著作编译局．马克思恩格斯选集：第一卷．北京：人民出版社，1975：450.

[4] 中共中央马克思恩格斯列宁斯大林著作编译局．列宁全集：第 29 卷．北京：人民出版社，1956：71.

准。人才要从实践中来，并在实践中得到发展和创新。只要具有一定的知识或技能，能够进行创造性劳动，为推进社会主义物质文明、政治文明、精神文明建设，在建设中国特色社会主义伟大事业中做出积极贡献，都是党和国家需要的人才[1]。我国学者将高层次人才界定为，知识层次较高，在某一学科领域承担重要工作，具有较深造诣，创新能力强，在学科发展及学校教学科研活动中发挥统领或骨干作用的高级人才[2]。

关于高层次人才的划分，不同学者有不同的观点。“三分法”的观点将人才分为技能层、执行层和管理决策层，认为“高技能人才是劳动力结构中居于决策管理层和操作执行层之间的中间层。在经济发展过程中，这个承上启下的高技能群体包括技术型技能、知识型技能和复合型技能的人才，在社会经济活动中开始发挥越来越重要的作用，成为社会生产的主力、社会财富的依托、社会稳定的中坚”[3]。也有我国学者持“四分法”观点，将人才分为科学型、工程型、技术型和技能型四种类型[4]。

人才成长的过程是普遍的社会化的过程，人才成长的过程就是在社会中逐渐实现自我价值的过程[5]。国外研究者从学习的视角分析了人才成长的过程，强调了学习的重要性，提出从新手到专家的五个阶段分别是新手、有进步的学习者、内行的行动者、熟练的专业人员、专家。20 世纪 70 年代，美国科学社会学创始人罗伯特·默顿（Robert K. Merton）对科学家的精神气质、科学中的课题选择、科学发现优先权争论、科学奖励制度等进行了研究，认为其在科学家的成长过程中具有重要的作用[6]。我国学者对 2004—2014 年间人文社会科学领域的 268 名特聘教授的群体特征开展研究，揭示了中国情境下，人文社科领域高层次群体成长过程中，女性人数少、成才周期长、流动较频繁、行政任职多、名校与名师互动、研究扎根本土等现象。客观来看，社会环境、学习迁移、个人素质、能力培养等对人才成长可产生影响，人的成长成才是社会实践、追求自我超越、实现自我价值的产物，受到多种要素的影响。

2. 影响人才成长的个人特质影响因素

我国学者通过 24 位获得国家最高科学技术奖的科学家的生平历程、科研经历、年龄结构分析，认为高层次人才的成长规律与现实需要、社会文明、个人教育经历、个人积累、名师指导、个人智力水平及非智力因素都有较强的相关性[7]。在《从“科学蠢材”到“克隆教父”—2012 年诺贝尔生理学或医学奖得主约翰·格登的成长之

[1] 人才强国战略干部读本编写组 . 人才强国战略干部读本 . 北京：中共中央党校出版社，2004：263.

[2] 田爱民 . 高等学校实施人才引进战略的探索与实践：以沈阳农业大学为例 . 高等农业教育，2018，(2)：48-51.

[3] 陈宇 . 论中国高技能人才开发 . 职业技术教育（教科版），2004（31）：16-17.

[4] 查有梁 . 高技能人才的培养和使用 . 高等教育研究，2007（3）：24.

[5] 李维平 . 对人才定义的理论思考 . 中国人才，2010（23）：64-66.

[6] 默顿 . 科学社会学：上册 . 鲁旭东，林聚任，译 . 北京：商务印书馆，2003：5-40.

[7] 张笑予 . 拔尖创新人才成长规律研究 . 兰州：兰州大学，2014.

路》中，作者从格登的中学生涯开始探索，并对其科研之路进行了详细分析，认为格登获得诺贝尔奖的原因是其成长历程是一个兴趣与机会、刻苦与潜心钻研共进的过程[1]。人才成长动因包含成就驱动、兴趣驱动和利益驱动三个组成部分[2]。美国心理学家图蒙（Tuimon）（1997）通过对 150 名最不成功和最成功的天才人物进行测验分析，发现人格素质在他们取得成功的过程中扮演着决定性的作用，并不是智力因素，他们自身强烈的创造动机、理性、兴趣、事业心、勇敢的怀疑和批判精神、内心自由、恒心和毅力等都是人格因素的体现[3]。美国心理学家、教育家本杰明・布鲁姆（Benjamin S. Bloom）在《人类特性的稳定性与变化》中指出，人的各种能力是随着年龄的增长逐渐成熟的，强调了年龄因素对人才成长的作用，不同阶段体现了不同的智力结构和特点[4]。品德在人才成长中至关重要，人才的素质由德、识、才、学、体五个要素组成，在这五要素中，"德"作为人才要素的重要组成部分，在人才的成长中起着统率的作用，是人才成长的灵魂，道德品质是判断人才与否的重要标志[5]。此外，个人特质中的性格、情商、意志力和个人气质等非智力因素在创造性人才成长与培育中发挥着重要的作用[6]。

3. 影响人才成长的外部影响因素

美国社会学家哈里特・朱克曼（Harriet Zuckerman）在著作《科学界的精英：美国的诺贝尔奖金获得者》一书中提出，合作研究是美国诺贝尔奖获得者成长规律的突出特点[7]。一项对于国家自然科学基金创新研究群体负责人为对象的研究表明，高水平人才在不同的阶段会体现出不同的特征，连续、良好的教育经历，出国交流的经历对高水平人才的成长至关重要，且科学基金在促进高水平人才成长的不同阶段呈现出明显不同的作用，助推作用显著[8]。

环境对人才成长的影响受到普遍关注。国外学者结合人才在新经济时代的地位，分析了区域环境和区域竞争力，认为环境因素对人才成长以及人才聚集都具有重要作用。《国外科技创新人才环境研究》一文总结了美国科技创新人才的环境：政府投入巨大的资金、注重创新人才培养和引进、营造良好的科研创新环境、完善的科

[1] 奇云，李大可 . 从"科学蠢材"到"克隆教父"：2012 年诺贝尔生理学或医学奖得主约翰・格登的成长之路［J］. 生命世界，2012（12）：30–35.

[2] 李维平 . 对人才定义的理论思考 . 中国人才，2010（23）：64–66.

[3] RUDOWICZ E，HUI A. The Ctreative Personality，Hong Kong Perspective. Journal of Social Behavior Personality，1997（4）：139–157.

[4] 鲍振元 . 中国人的智力优势与人才成长 . 科学管理研究，1985（2）：68–71.

[5] 蒲小萍 . 浅谈"德"在人才成长中的作用及其培养 . 人才资源开发，2010（4）：70–71.

[6] 雷冬梅 . 社会环境对创造性人才成长的作用 . 传承，2015（2）：102–103.

[7] 同［2］.

[8] 张宛姝，陈睿，刘柯，等 . 科学基金资助人才成长特征分析：以创新研究群体项目负责人为例 . 中国科学基金，2018，32（4）：382–386.

技人才管理机制。其中，尤为重要的一点是营造了宽容失败的环境[1]。我国学者针对青年农业科技人才成长环境进行了研究，指出了关键环境因素分为宏观、中观、微观三个层面。宏观包括社会发展水平、科技发展水平及历史文化背景；中观包括农业产业发展；微观包括硬件条件、科研经费、培养机制、人际关系等方面[2]。影响创新人才成长的因素离不开特定的环境，且内部成长因素比外部成长因素的作用更为重要[3]。事实上，从家庭到学校的环境都影响人才发展，学校所提供的教育资源、学习氛围及技能和知识指导，在学生时期至关重要。和睦的家庭氛围、正确的价值观引导对人才成长也有积极的作用。中国传统文化影响人才成长过程，社会文化环境是重要的外部条件[4]。一项以表演艺术家为分析对象的研究表明，文化素养对人才的成长起到了关键性作用，文化对人才的感染和熏陶能够促进人才成长成才[5]。人才成长的不同阶段，影响要素存在差异。分析 233 名华人科学家的基本履历资料表明，人才职业生涯的初期，科学家获得博士学位所在的国家与人才成长存在显著相关关系，而在职业发展的较高阶段，取得博士学位的国别因素对人才成长的作用逐渐减弱[6]。

随着学者们对人才成长要素分析的不断深入，综合因素影响的分析备受青睐，科技人才成长受到生理因素、心理因素等内在因素的影响，且心理因素又包括智力因素和非智力因素，外部因素分为社会环境、自然环境[7]。高层次人才成长影响因素包括德、识、才、学、教育背景、继续教育，外部因素有工作环境、社会环境、家庭环境、学校实践、工作实践等方面[8]。

4. 人才成长的基本规律

人才成长规律指人才个体成长过程中的规律性特征，是人才学研究的主要对象。人才成长的规律是以社会各层面所形成的时代特点为基础，“人才该如何培养，人才该如何成长”两大问题贯穿研究的整个过程[9]。《科技人才素质结构》中指出，科技人才成长包括内在与外在基本规律，内在成长规律包括萌发成才规律、蓄积成才规律、扬长成才规律、聚焦成才规律、协调成才规律、创造成才规律、叠加成才规律等；外

[1] 宋克勤 . 国外科技创新人才环境研究 . 经济与管理研究，2006（1）：29-33.

[2] 缴旭，魏琦，陈秧分，等 . 优秀青年农业科技人才离职意愿及其影响因素研究：以中国农业科学院为例 . 农业经济问题，2017，38（8）：45-51.

[3] 孙晓华 . 不同地区影响创新人才成长的因素分析 . 生产力研究，2018（11）：102-105，127.

[4] 金莉萍 . 论我国人才成长和发展的社会文化环境 . 中国人力资源开发，2009（12）：86-88.

[5] 王廷信 . 文化素养造就杰出人才：蒲剧表演艺术家武俊英成长的启示 . 艺术学界，2018（2）：208-210.

[6] 田瑞强，姚长青，袁军鹏，等 . 基于履历信息的海外华人高层次人才成长研究：生存风险视角 . 中国软科学，2013（10）：59-67.

[7] 郭新艳 . 科技人才成长规律研究 . 科技管理研究，2007（9）：223-225.

[8] 阎凤桥 . 宝钢高级专门人才成长因素的统计分析 . 高等教育研究，1993（2）：63-70.

[9] 聂宗志 . 谈谈人才成长的现代规律 . 西安社会科学（哲学社会科学版），2008（2）：93-94.

在成长规律包括应运而生规律、团聚成核规律、反馈调节规律、舆论推崇规律等[1]。创新能力是人才成长的重要动力，创新具有脑生理规律、年龄规律、群体连锁反应规律、时代影响规律等[2]。我国学者对中国工程院与中国科学院院士、“百人计划”入选者、国家“计划”重大项目负责人等杰出科技人才成长历程的相关数据进行分析和理论总结，得出了杰出科技人才的成长规律，即“所谓科技人才成长规律，就是一定社会历史条件下科技人才成长所表现出来的一般特征，这些特征是在科技人才自身素质与环境条件的相互作用中表达出来的”[3]。“立志—积聚—创造”规律是各级各类人才成长最重要、最普遍的规律，这一规律的基本过程包括了个体高远的理想与宏大的抱负；将之细化为人生目标，即立志；为实现目标而执著追求与不懈奋斗，也就是集聚的过程，这是知识、经验和能力的量变积累，是“创造”质变发生前的必经阶段和必要步骤；创造是集聚的结果，当人的创造潜能被开发出来时就能够从事有效的创新活动[4]。美国成功学大师拿破仑·希尔（Napoleon Hill）在人际关系大师戴尔·卡耐基（Dale Carnegie）的帮助下，通过实证调查的方法完成《成功规律全书》一书，不仅开创了成功学，同时归纳出成功者们应具有积极的心态、明确的目标、正确的思考方法、高度的自制力、领导才能、自信心、迷人的个性、创新制胜、充满热忱、专心致志、富有合作精神等条成功法则[5]。

5. 关于高层次人才的培养

人才的形成不仅与先天的遗传有关，更重要的是与后天的培养有关。美国心理学家西尔瓦诺·阿瑞提（S. Arieti）认为：“天才的潜在性要比天才的实际出现更为众多，教育工作者应该寻找能够激活潜在性的各种方法。某种文化环境比其他文化环境更能够促进创造性的发展，这种能较好地促进创造性发展的文化环境和这种文化所赖以生存的时代，可以称为‘创造基因’”[6]。培养高层次人才要加大软硬件建设力度，努力营造适合不同层次人才成长的工作环境、人文环境、发展环境[7]；高技能人才培养应有所变革，除了扩展人才培养链条、强化职后培训，还要统筹人才成长规律的长期性与跨界性规律，以及不同教育层次和类型的支持作用[8]。高校教师在引导学生在储备丰富知识的同时，还要保持谦逊的态度，强烈的好奇心，积极的探索精神，促进

[1] 刘树明 . 科技人才素质结构 . 北京：化学工业出版社，1991.

[2] 张武升 . 关于创新规律与创新人才培养的探讨 . 教育学报，2006，4：3-12.

[3] 白春礼 . 杰出科技人才成长历程：中国科学院科技人才成长规律研究 . 北京：科学出版社 .2007.

[4] 漆向东 . 基于“立志 - 积聚 - 创造”人才成长规律的大学生培养 . 信阳师范学院学报（哲学社会科学版），2018，38（3）：50-54.

[5] 杨淞月 . 高校拔尖创新人才成长规律及培养策略研究 . 中国地质大学，2012.

[6] 米哈伊·奇凯岑特米哈伊 . 创造性：发现和发明的心理学 . 夏镇平，译 . 上海：上海译文出版社，2001：301.

[7] 杨真桥 . 加强人才队伍建设 夯实创新发展基础 . 人民铁道报，2019-04-18（A02）.

[8] 肖龙，陈鹏 . 基础教育与高职教育衔接：何以必要与可能？——基于高技能人才成长的视角 . 中国职业技术教育，2018（21）：5-10.

其知识经验发挥更大的作用[1]；同时高校还须创造积极的群体观念、文化环境、学习氛围等社会环境为创新人才成长提供必要保障[2]。著名科学家李政道指出，人才培养是需要多方共同发力，不仅需要个人以及团体的协作与奋斗，同时还需要政策体制的支持。为推进高层次人才培养，美国出台了系列教育计划、实施方案，2018 年 12 月颁布的新一轮 STEM（科学、技术、工程、数学）教育的五年战略计划——“北极星”计划中呼吁，学生、家庭、教育从业者、社区以及企业等均应参与到学生相关素质培养和技能提升过程之中。园艺是我国农业产业的重要组成部分，在国民经济中占有重要的位置[3]。园艺专业人才培养体系制订时，应充分考虑将人才培养和地方经济发展的需要相结合，立足于现代园艺产业发展的需要，突出园艺专业“应用型、创新型”人才培养模式。培养具有创新能力的园艺专业人才，要坚持理论与实践一体化教学，充分提高园艺专业人才的动手能力和创新能力[4]。强化园艺专业以“培养与需求”的对接为培养理念，坚持“夯实基础、加强实践、提升能力、注重应用、激励创新”的培养模式，发挥学科交叉优势，以培养有创新创业精神的高素质卓越园艺人才为主线，围绕园艺植物“生产—加工—控制”打造“产业链”理论教学体系，精炼“核心课程群”，构建“全方位、立体化”的实践教学体系，培养高素质实用型卓越园艺人才[5]。

（三）课程与教学理论

立德树人成效是大学评价的重要标准，课程教学是落实“立德树人”根本任务具体化、操作化和目标化的主要途径。

1. 课程的本质及其分类

（1）国外学者关于课程本质的界说

教育与课程的内在价值是促进人的心灵成长。后现代课程要体现人性化特点，强调互动、对话和协商在课程中的价值，凸显参与课程建设的个体具有平等的地位[6]。英国哲学家和社会学家斯宾塞（Herbert Spencer）于 1859 年发表的《什么知识最有价值》一文中最早提出了课程（curriculum）概念，也称之为“学习的进程”（course of study）[7]。美国“现代课程理论之父”拉尔夫·泰勒（Ralph W. Tyler）在其《课程与教学的基本原理》一书中指出，课程建设都围绕怎么学（教），学（教）什么，为什么

[1] GÜNTBER K，OHLSSON S，HAIDER H，et al. Constrain Relaxation and Chunk Decomposition in Insight Problem Solving. Journal of Experimental Psychology：Learning Memory and Cogition，1999，25（6）：1534-1555.

[2] 李长萍 . 影响创新人才成长的主要因素 . 中国高教研究，2002（10）：34.

[3] 冯源 . 创新培养园艺专业人才 体现服务地方经济特色：以大理大学为例 . 吉林农业，2017（20）：87.

[4] 乐建刚，徐强 . 园艺专业创新型人才培养模式研究与实践 . 南方农机，2018，49（23）：138.

[5] 任旭琴，陈伯清，潘国庆，等 . 卓越园艺专业人才培养模式的研究与实践 . 现代农业科技，2018（23）：275.

[6] 多尔 . 后现代课程观 . 王红宇，译 . 北京：教育科学出版社，2015：2.

[7] 丁念金 . 课程论 . 福州：福建教育出版社，2007：3.

学（教）以及如何评价学（教）的效果这 4 个问题展开[1]。《国际课程百科全书》[2]一书归纳了课程本质问题，并提出课程与学科紧密相关，不仅是学校的指导性文件，也是与教育理念共存的一种理论形式。英国课程论专家劳顿（D. Lawton）则把课程解释为一种社会文化的选择及设计，学校根据社会文化的内容，对其进行选择和安排[3]。美国课程论专家约翰·博比特（John F. Bobbitt）在其《课程》一书中阐述了现代意义上的课程概念，课程不是作为孤立的内容而存在，而是作为一种“通向目标”的行为与手段而存在。课程是知识与生活技能学习的主要途径，为学生将来生活和就业提供知识储备，不仅达到个人要求，而且根据社会的需要调整课程内容，凡是学生在未来的工作和生活中用不上的东西，就不应被纳入课程[4]。

（2）我国学者关于课程本质的界说

我国学者对于课程的本质也展开了广泛研究。高等教育学家潘懋元先生在其所著的《高等教育学》中指出，“课程指的是学校按照一定的教育目的所建构的各种教育教学活动的系统”[5]。钟启泉（1989）认为，课程是学校按照教育方针和教育目的有计划、有组织地编制教育教学内容，并进行指导学生学习的活动[6]。广义上，课程指各级各类学校为实现培养目标从而确定的课程教育内容及学习范围、学习结构和学习进程；狭义上则是指学校课程中的一门学科[7]，是为达到实现各级学校教学目标而规定的教学内容和范围[8]。课程的本质可包含 3 个层面，即课程作为学科、课程作为目标或计划、课程作为学习者经验或体验。课程的要素包括有计划的教学活动、预期的学习结果等。课程包含了课内教学和课外活动内容；按照课程纲要和目标体系的指导，课程是教学活动和学生学习活动的方向和进程[9]。

社会学研究视角下，课程被解读为社会法定文化或法定知识的一种体现[10]。课程具有社会性，并作为一种社会功能出现，也是一种传播工具，担负着传递社会价值的使命，同时也反映着固定的客观现实及知识[11]。课程是一种社会事实，课程具有社会再生产功能，课程与社会发展关系体现出课程的纯教育价值，课程在维护社会稳定、促进社会发展中发挥了主要作用[12]。课程可以被解读为以教育实践系统论的思想对课

[1] 泰勒．课程与教学的基本原理．施良方，译．北京：人民教育出版社，1994.

[2] LEWY A . The Internatonal Encyclopedia of curriculum. Oxford：Pergamon Press，1991：15.

[3] LAWTON D.Class，Culture and the curriculum. London：Routledge & Kegan Paul，1975.

[4] 博比特．课程．刘幸，译．北京：教育科学出版社，2017：3.

[5] 潘懋元，王伟廉．高等教育学．福州：福建教育出版社，1995：9.

[6] 陈侠．课程论．北京：人民教育出版社，1989：12–13.

[7] 辞海编辑委员会．辞海：普及本：音序．上海：上海辞书出版社，2002.：929.

[8] 李秉德．教学论．北京：人民教育出版社，1991：159.

[9] 康宁．教育社会学．北京：人民教育出版社 1998：311.

[10] 吴永军．课程社会学．南京：南京师范大学出版社，1999：30.

[11] 王策三．教学论稿．北京：人民教育出版社，1985：201.

[12] 赵长林．科学课程的社会学研究．北京：中国社会科学出版社，2014：4.

程进行规划、组织、实施以及评价管理，课程是具有明确的实践属性又富有理论品格的现代课程[1]。后现代主义的课程为学生提供了良好的学习平台，通过课程，增强其社会竞争力从而创造了更多的机遇，并让学生在这种机遇中学习创造[2]。教学计划的制订要基于具体课程内容，课程是教学内容的表现形式，教学计划则是教学内容和进程的总和[3]，且列入教学计划的各门学科在教学系统中进行有序推进是课程的固有属性[4]。

（3）课程的主要类型

依据性质和特点差异，学者们对课程类型进行了划分。一是“学科课程”和“活动课程”之分。学科课程也称分科课程，以学科为边界在特定科学领域中选取知识、分科编排课程并组织教学。活动课程的思想源于法国自然主义教育思想家让－雅克·卢梭（Jean-Jacques Rousseau），直至19世纪末20世纪初，美国学者约翰·杜威（John Dewey）提出的“经验课程”或“儿童中心课程”对活动课程进行了细致的阐述。活动课程倡导基于经验的学习和改造过程，主张有效的习得过程要建立在个体独特经验的基础之上，鼓励打破学科边界来组织教学内容。

二是基于综合课程的分类。综合课程是一种主张整合若干相关联学科而成为一门更广泛、综合的共同领域的课程，具有多学科统整的特点，依据课程内部逻辑及组织方式的差异，综合课程包含不同的类型：①相关课程（correlated curriculum），是在保留原来学科的独立性基础上，在教学的具体过程中强化两门或两门以上的课程的关联性，寻求其中的共同点，使这些学科的教学过程构成一个相互呼应的逻辑性整体，因此，严格地说，相关课程只是一种综合教学，而非综合课程[5]。②融合课程（fused curriculum），就是基于学生学习风格、学习策略以及先前知识差异而设计的范围较广的多科目整合的新课程。通常融合课程的内容选择尊重学生的学习兴趣，表现出弹性（flexible）、相关性（relevant）和可调整的（adjustable）的特点，改变了传统课程标准化、封闭式的桎梏[6]。③广域课程（broad curriculum），是将不同学科的教学内容依据主题差异归并到不同领域，随后对某一领域的内容进行逻辑化统整，以“项目学习”为单元打破学科间的界限，体现出交叉性和跨学科的特点[7]。④核心课程（core curriculum），是指以社会生活领域或社会问题作为组织要素的综合课程[8]，课程内容组织往往围绕重大的社会问题展开，以解决实际问题的逻辑线索，突出社会性和时效性

[1] 顾书明. 现代课程理论与课程开发实践. 北京：人民出版社，2008：12.

[2] 靳玉乐，于泽元. 后现代主义课程理论. 北京：人民教育出版社，2005：8.

[3] 郑启明，薛天祥. 高等教育学. 上海：华东师范大学出版社，1988：153.

[4] 钟启泉. 现代课程论. 上海：上海教育出版社，1989：177.

[5] 冯生尧. 美国综合课程述评. 外国教育资料，1992（5）：23–31.

[6] 赵勇帅，邓猛. 西方融合教育课程设计与实施及对我国的启示. 中国特殊教育，2015（3）：9–15.

[7] 庄永洲. 论“书法广域课程”的理念、价值与路径. 江苏教育，2019（29）：7–9.

[8] 冯生尧. 美国综合课程述评. 外国教育资料，1992（5）：23–31.

也可称为问题中心课程。

以上综合课程的不同分类尽管展现出独特的个性，但都突破了原有的学科界限，对单一学科知识内容进行了拓展。与此同时，伴随“互联网 +”时代的到来，“大规模在线开放课程”（massive open online course，MOOC）——慕课逐步发展起来，力求遵循学生身心发展规律以及联系社会实际的特点，满足学习者个性化发展和多样化终身学习需求。

2. 课程及学习理论

学界对于课程理论的研究广泛而深入，形成了不同的理论流派，其中，拉尔夫·泰勒（Ralph W. Tyler）提出的“泰勒原理”对课程发展产生了重要影响。自 20 世纪 60 年代以来，有代表性的课程理论体系还包括了美国教育心理学家布鲁纳（Jerome S. Bruner）的结构主义课程论、德国教育学家马丁·瓦根舍（Martin Wagenschein）的范例方式课程论、苏联教育家列昂尼德·赞科夫（Leonid V. Zankov.）发展主义课程论。

“泰勒原理”最早在泰勒 1949 年出版的《课程与教学的基本原理》中被提出，该书是现代课程理论的奠基之作，系统阐述了学校应该达到的教育目标，围绕教育目标应给学生提供的教学内容或经验，教学内容如何组织和安排及其实现等课程教学的基本问题。因此，泰勒原理由“确定教育目标”“选择教育经验”“组织教育经验”“评价教育计划”4 个主要环节构成。泰勒原理突出地体现了“学生为中心”的课程设计逻辑，认为学生是知识传承中的主动的参与者，教师在教学过程中使用的情境设置，多样化的教学方法等，其根本目的是培养学生探究问题的激情、创造思维和批判思维的能力，特别是促进其新知识与原有知识进行有效关联和意义建构的能力。泰勒原理的 4 个环节有着丰富的内涵。

第一步是教育目标的确定要根据受教育主体、社会生活需要及学科专家的基本观点为基础；教育目标的确立要在学习理论和教育哲学基本观点的指导下形成；教学目标至少包括了素材选取、内容编排、程序安排及其测量与反馈等。

第二步是选择学习经验。学习经验的选择应促进学生在思维能力、知识积累、价值及态度等方面的发展，并有助于其学习兴趣的养成，学习经验源于学生与外部环境之间的互动，与学科教学内容的边界不同。一是促进学生积累符合教学目标的实践经验或学习体验；二是促进学生实践和知识积累过程的获得感；三是学习经验的设计及传递应在学生能力适应的范畴；四是形成多元化的教学内容或经验知识体系，以达到设定的教育目标；五是接受类似学习经验在习得过程中产生不同的结果。

第三步是组织学习经验。为促进学生形成稳固、逻辑化的知识体系，学习经验的组织过程包含了 3 方面的基本原则。一是连续（continuity），即课程要素或教育经验之间具有相互关联的特点；二是顺序性（sequence），即为了使得学生将新的知识建立在原有知识架构和体系之上，后续经验的习得要以先前经验为基础，把新获得的知识和已有的认知结构联系起来，并且后续经验是先前经验的扩展和深入；三是整合（integration），即扩展不同教育经验之间的关联性，在不同课程内容之间建立横向关联，促进学生形成一定的思想体系。

第四步是评价结果。对于学生学习结果的评价意在检验课程设计及教学过程达到预期教育目标的程度，并促进教师、学生及相关者对教学成效的了解。当今来看，泰勒的结果评价属于“实验组对照组前后测设计”，课程教学前实施前测，完成后进行后测，分析和测评期间发生的变化，并且使用描述性术语、图示等方式反映评价结果。

值得关注的是，课程理论体系与学习理论有着紧密的相关性，正如泰勒提出的那样，教学目标的提出要基于学习理论的基本观点。学习理论反映了习得者学习的过程、性质及影响因素等问题，心理学研究者和哲学领域的经验论者对学习过程及机制进行了较为深入的研究，形成了一批较有影响力的知识和理论体系，包括“建构主义学习理论”“认知主义学习理论”和“行为主义学习理论”。“建构主义学习理论”认为，学习过程是学生作为主动的信息建构者，基于对自身头脑中已有的知识经验的重组、转换和改造来解释、习得新事物的过程，这要求教学设计要融入有利于学生建构意义的情境创设。“认知主义学习理论”要求课程设计以学习者的认知特征为基础，强调教学组织策略的重要性，且教学内容的组织及传递要基于学习者的先前认知结构。认知主义学习理论的代表人物是布鲁纳，他提出学习主要依靠主观的构造作用，并通过内部信息加工主动形成“认知结构”的过程。“行为主义学习理论”认为人类的思维是与外界环境相互作用的结果，也就是“刺激－反应”的联结，学习是一种“反应概率”上的变化，“强化”是增强反应概率的手段。行为主义学习理论对教师教学方法具有积极意义，倡导教学过程中通过表扬来强化学生的良好学习习惯。

此外，美国著名教育家约翰·杜威（John Dewey）提出了经典的“做中学”理论，逐步构成了其“实用主义”教育理论体系。“做中学”提倡以学生为中心，认为课程设计要尊重学生的经验获取规律，“教育即生活”“学校即社会”，基于学生在社会生活中的需要，强调从学生的现实生活出发，引导学生通过直接经验获取相应的实践经验以及实用技能。

3. 课程建设的路径探索

自捷克教育学家扬·夸美纽斯（Jan A. Komenský）提出“班级授课制”，课程教学作为一种集体教学形式至今已有300多年历史。从约翰·裴斯泰洛奇（Johann H. Pestalozzi）、约翰·赫尔巴特（Johann F. Herbart）对教学组织原则和教学方法探讨，到杜威和克伯屈（William Kilpatrick）强调以“学生为中心”，再到让·皮亚杰（Jean Piaget）、布鲁纳（Jerome S. Bruner）、伯尔赫斯·斯金纳（Burrhus F. Skinner）恢复教学中学生的主体地位，每一次改革都与时代发展、新理论兴起息息相关。

现代课程教学改革认为建构课程体系首先要从培养目标、学生的身心特点、教学规律等方面出发，处理好公共课与专业课、必修课与选修课、理论课与实践课的关系；要对课程内容进行必要的整合，注重内容的基础性、先进性、综合性和研究性[1]；课程内容要及时更新，注重综合课程和选修课的开设，给予学生更多的选择权利，引导多学科交流，注重创新能力的培养[2]；要以一级学科为主，对课程进行重新划分、定位以及归类，扩大选修课范围，从而推动课程优化[3]。与此同时，课程体系的建设要兼顾课程安排和课程内容的契合度，并且要以学生的实践创新能力提高为目标，以就业为导向进行优化[4]。课程设置要与社会进步、科技发展和人才培养目标相契合，注重学生对于知识和技能的需求，坚持“以人为本”、促进学科交叉、拓宽学生知识面为课程建设的重要原则；突出学生的主体参与性，在课程设置上体现出特色性、灵活性和针对性；从课程目标、完善课程结构、改善课程形式和更新课程内容等方面着手改革。具体来说，课程教学内容改革要打破传统的单一化设置，加强相关知识的横向联系和纵向贯通；专业类课程需要跟踪科学和技术的发展前沿，及时调整教学内容和教学方法。课程设置要以开放性、生成性、流变性、生态性、包容性为特征的目标观为指导；建立基于多元文化、生态主义、建构主义的课程内容体系。

美国著名课程研究专家托马斯·古德（Thomas L. Good）和杰丽·布罗菲（Jere E. Brophy）在其著作《透视课堂》中提出，课程优化途径至少包括课堂管理、知识信息、概念呈现、高效布置作业、良好学习氛围营造等方面，课堂教学应追求科学精神与人文素养的和谐统一，教学过程要借助环境育人等途径体现人文关怀、平等和尊重，课程优化的突出贡献是促进学生的学习内驱力和自主学习能力[5]。格雷厄姆·努索尔（Graham Nuthall）则从个人反思角度论述了课程教学应该被看做是一种文化仪式，因为它是一种普遍的实践和理解。

本书重点关注园艺高等教育发展及相关问题，园艺课程体系建设应以“加强基础、拓宽专业、优化结构、精简内容、扩大选修、突出个性、注重实践、形成特色”为原则，整合课程内容，强化技术性课程的教学，根据学生需求设置选修课内容，注重基础选修课和专业选修课的知识传授。同时要根据学生特点因材施教，加强课程实践教学，注重课程设置和内容的有机联系[6]。促进园艺专业课程体系改革，一要根据地区差异进行课程内容的差别化设计；二要结合所在区域的园艺产业特色，针对性设计园艺课程的教学内容。园艺课程的建设和改革要适应“园艺人才特色化”培养需求，建立课程体系、核心课程以及特色课程教学体系[7]。

园艺课程建设要遵从课程建设规律，从授课对象、内容组织、教学路径与方法、考核策略等方面入手，同时考虑以科研项目为载体，鼓励学生通过参与教师科研项目

[1] 崔颖．高校课程体系的构建研究．高教探索，2009（3）：7.

[2] 王毅．研究生课程设置的问题及对策研究．继续教育研究，2008（3）：96–97.

[3] 肖西．强化基础优化设置构建研究生课程体系．学位与研究生教育，2003（4）：6.

[4] 李凤兰，胡国富，袁强，等．关于研究生培养课程设置的几点建议．林区教学，2010（8）：4–5.

[5] GOOD T L，BROPHY J E. 透视课堂：第十版．陶志琼，译．北京：中国轻工业出版社，2010.

[6] 钟杰．园艺类本科专业人才培养方案的研究与实践．泰安：山东农业大学，2005：5.

[7] 史作安，王秀峰，李宪利，等．园艺专业特色化人才培养模式的研究与实践．2014（5）：4.

的方式推进实践教学模式创新，增强课程间的融合性，激发学生学习专业知识的兴趣[1]。优化园艺学科研究生课程要明确定位园艺学科研究生培养目标，整合优化园艺学科研究生课程教学内容，深入推进园艺学科研究生课程教学模式改革，大力加强园艺学科师资队伍的教学能力建设，健全完善园艺学科研究生课程教学质量监控体系[2]。在园艺课程内容上，不仅要注重对我国传统文化的融入和传承，而且要通过学分的形式鼓励学生积极选修跨学科课程[3]；同时要重视基础理论教学，强化基础性课程和跨学科课程内容教学。专业学位硕士研究生课程设置，要在现有的专业硕士的学制上，规范学分管理，将课程分为学位与非学位、选修和实践等课程，并设置专业学术报告及实践教学环节，定期对研究内容进行汇报演讲，并完成报告[4]。

（四）高校外部关系理论

发达国家高校与政府、企业的协同配合成为区域创新的重要动力。硅谷、“128 公路”分别依托斯坦福大学和麻省理工学院（MIT）的创新人才输出、科技成果转化获得持续发展的动力。剑桥大学所属教育及研发中心打造了多元化的校企互动的网络，在剑桥地区建立了一千多家高科技企业，不仅增加了社会财富，还为大学生提供了大量就业机会，铸就了“剑桥现象”（Cambridge phenomenon）。政府、企业和大学的协同配合促进了区域经济和创新能力的持续上升。园艺高等教育具有典型的实践性特征，对于园艺产业发展的贡献巨大。探索园艺高等教育发展与改革的路径，不仅要依托成熟的高等教育理论，同时要借助管理学中大学 - 产业 - 政府（university-industry-government，UIG）协同发展的“三螺旋”理论研究成果。

1.“三螺旋”理论对高校外部关系的阐释

1995 年，美国的艾茨柯维兹（Henry Etzkowitz）教授和荷兰的里德斯道夫（Loet Leydesdorff）教授提出了创新研究主流理论——“三螺旋”理论（triple helix model，TH），用于解释知识经济时代大学 - 产业 - 政府三者间的关系，以及知识经济时代的创新问题。三螺旋理论框架下，研究部门、产业部门和政府部门之间构成复合结构，既反映主体之间的关联性，又保留着各自的独立性，创新要素在该结构中传播发展，系统中的主体实现自身功能的同时都承担着其他主体的部分功能[5]。大学 - 产业 - 政府三者均可以是创新主体（actor）、组织者（organizer）和发动者（initiator），且创新

[1] 谭彬，孙守如，吴国良，等 . 园艺植物育种学课程实践教学改革与探索 . 教育教学论坛，2019(25)：153-155.

[2] 胡瑞，朱黎，范金凤 . 园艺学科研究生课程建设研究：基于对我国 29 所高校的实证分析 . 研究生教育研究，2018（4）：35-40.

[3] 杨文才 . 中美园艺学科博士研究生培养的比较分析与思考 . 中国农业教育，2014（3）：1-7.

[4] 杜国栋，宣景宏，吕德国，等 . 全日制园艺专业学位硕士研究生培养模式探索与实践：以沈阳农业大学园艺专业学位研究生培养为例 . 高等农业教育，2016（4）：118-120.

[5] 蔡翔，王文平，李远远 . 三螺旋创新理论的主要贡献、待解决问题及对中国的启示 . 技术经济与管理研究，2010（1）：27.

过程的实质是主体相互作用的结果[1]。

"三螺旋"理论确立了大学与政府、企业的共同主体地位关系，提出创业型大学既是未来大学变革的方向，也是三螺旋体系持续上升的动力之源[2]。三螺旋模型框架下，大学有必要与商业界建立直接联系，最大限度促进知识的商业化，实现大学服务经济发展的"第三职能"，而非仅仅专注于教学与科研。高校作为知识的来源，促成了知识经济的出现，大学传播的专业知识促进区域新资源增长，在经济发展以及教学、研究中扮演重要角色[3]。据此，"三螺旋"理论系统分析了高校－产业－政府三者的主体构成、互动关系、基本运动轨迹等，明确提出了大学如何将教学与科研的核心功能扩展到经济与社会发展领域当中，从创新动力学视角提出大学在三螺旋结构中扮演的关键性角色。

2."三螺旋"理论对高校的功能进行了重新定位

高校作为一个弹性的组织形式，优于研究所或公司等其他组织形式，不仅可以在知识空间的形成中起作用，而且还会促成趋同空间和创新空间的形成，成为创新行为的组织者和主体，且大学的研究与发展对于新企业的建立与运行产生积极作用[4]。与此同时，大学可以作为创业者出现，大学在联系区域创新主体、推进区域创新计划过程中发挥领导作用，成为了区域的创新者和领导者，同时积极承担企业家角色，与商业界直接合作。高校的研究成果以及知识传播，会解锁区域创业潜能，有助于支持地方政府出台激励创业的政策。总体来看，大学在新知识产生与发展、学习与传播等方面发挥独特作用，且能够提升个体和组织应对挑战的能力[5]。大学和产业的边界已开始延伸到先前属于对方的领域，正如世界著名的未来学家约翰·奈斯比特（John Naisbitt）所说，大学越来越像企业，而企业也越来越具有大学的特征。然而，在三螺旋体系关系中，政府的角色也表现出一定的矛盾和复杂性，即政府一方面在向学术机构施加激励因素，另一方面也在超出文化传承、教育、研究、公共管理的传统职能，变得越加注重"财富创造"[6]。

3."三螺旋"理论对园艺高等教育改革的意义

园艺人才培养质量的提升有赖于社会、政府、高校三方主体的协作，遵循园艺高等教育发展的内在逻辑，针对发展的关键问题采取应对措施，从而满足社会、市场及产业对园艺人才的现实需求。新形势下，园艺高等教育的良性发展比以往任何一个时期都更加需要"大学－产业－政府"之间的配合，高校是实施主体，政府是责任主体，市场是供给主体。三螺旋"理论确立了大学在区域创新中的主体地位，将园艺高

[1] 周春彦，李海波，李星洲，等．国内外三螺旋研究的理论前沿与实践探索．科学与管理，2011（4）：21-27.

[2] 张秀萍，迟景明，胡晓丽．基于三螺旋理论的创业型大学管理模式创新．大学教育科学，2010（5）：26-29.

[3] 汤易兵．区域创新视角的我国政府－产业－大学关系研究．杭州：浙江大学，2007.

[4] 埃茨科威兹，王平聚，李平．创业型大学与创新的三螺旋模型．科学学研究，2009（4）：481-488.

[5] 周春彦．大学－产业－政府三螺旋创新模式：亨利·埃茨科维兹《三螺旋》评介．自然辨证法研究，2006（4）：75-77.

[6] 埃茨科威兹．国家创新模式：大学、产业、政府三螺旋创新战略．周春彦，译．上海：东方出版社，2005.

等教育及其资源流动纳入大学 - 产业 - 政府主体互动视角下，“三螺旋”主体互动呈现非线性特征，这与园艺高等教育突破传统链式发展模式的趋势相契合。

园艺高等教育组织模式的革新，要求高校与外部环境建立合作伙伴关系，在这一过程当中常常产生复杂、甚至矛盾的利益相关者关系，且伴随着高校、产业界与政府的互动全过程[1]。园艺高等教育的有效运行就是要在高等教育系统内外实现园艺教育的管理制度、人员协调及组织保障等基本职能，从而促进园艺高等教育体系及相关企业、政府部门之间的有序、规范运行。园艺高层次人才培养的过程要逐渐形成以政府引导、企业支持、学校教导三种培养力量相结合的教育合力，以政府政策法规要求为准绳，以企业需求为导向，以教育培训为依托，统一教育方向，加强园艺高层次人才培养过程中的实践教育。因此，多元主体互动是园艺高等教育有效运行的重要动力，要建构基于大学 - 产业 - 政府互动的非线性组织模式，推动知识的生产、转化、应用和升级，促进三方主体在积极互动中不断提升，推进园艺科研成果走向产业化。

二、我国园艺学科发展的基本历程

“读史可以明鉴，知古可以鉴今”，探索园艺高等教育的发展历史，帮助我们从时间的角度了解园艺发展的过去，有助于指导当今园艺学科的发展，突破园艺高等教育研究可能存在的局限性，及其导致的研究者前瞻性不足的问题。认识其变迁的因果关系是促进园艺学科发展的基础。

（一）我国园艺学科的建立时期

1. 园艺的早期发展样态

中国是世界上最早兴起农业和园艺产业的国家之一，相传我国农业始于神农时期，古人为生存而学会了选择和栽培野生植物，距今 7 000 年的远古先民已开始利用芸薹属蔬菜和花卉植物[2]。

《诗经》对于园艺作物已有丰富的记载，其中以果树最多，同时对兰、菊、山茶等均有记述。到了春秋战国时期，以梨、橘、枣和韭菜等为典型代表的园艺产业逐步发展起来。公元 1 世纪左右，人们开始使用原始温室和嫁接技术。南北朝时期的《魏王花木志》是早期的花卉学著作。公元 6—9 世纪适逢唐朝盛世，有园艺著作《本草拾遗》《平泉山居草木记》等问世。到了宋、明、清时代完成了《荔枝谱》《橘录》《芍药谱》《二如亭群芳谱》《瓶史》和《花镜》等园艺相关著作[3]。

[1] PICKERNELL D，PACKHAM G，JONES P，et al. Graduate entrepreneurs are different：they access more resources?. International Journal of Entrepreneurial Behaviour and Research，2011，17（2）：183-202.

[2] 朱立新，李光晨 . 园艺通论 . 北京：中国农业大学出版社，2015.

[3] 同［2］.

周代时园圃开始作为独立经营部门出现。汉武帝时期，园艺产品成为重要的外交手段。秦汉时期伴随我国园艺业的发展，桃、杏等园艺作物被传到西方；同时开始从西方引进葡萄、石榴等园艺作物。唐宋时期是中国历史上经济、文化、教育高度繁荣的时代，中国国力强盛，达到了封建社会的巅峰。这一时期，观赏园艺业发展迅速，出现了以牡丹为代表的观赏园艺名贵品种。

明、清时期，海运大开，银杏、枇杷、柑橘、白菜和萝卜等先后传向国外，同时也从国外引进了更多的园艺作物。历代在温室培养、果树繁殖和栽培技术、名贵花卉品种的培育以及在园艺事业上与各国进行广泛交流等方面卓有成就。

2. 园艺逐步进入教育教学过程

19 世纪初期，教会大学在我国大地上悄然兴起，教会大学虽然数量不多，但是具有起点高的普遍特点，在特定的历史条件下，教会大学在一定程度上发挥了中国教育近代化过程中的示范与导向作用。到了 19 世纪末 20 世纪初，教会在我国举办了有一定声誉的教会大学，例如东吴大学、之江大学、金陵大学、齐鲁大学和燕京大学等，这些学校当中或多或少有了农科教学的影子。以金陵大学的建设和发展过程为例，金陵大学由美国基督教各教会在南京设立的汇文、基督和益智三所书院合并组织而成。虽然当时还没有明确的园艺专业，但是已有与园艺相关的专业，设在农林系。

教会大学已开始发展园艺学科，例如这一时期建立的成都华西协和大学是基督教各差会联合在成都创办一所规模宏大、科学完备的高等学府，后来四川农学院及所属的园艺学科均源于此。又如，创建于 1915 年的教会大学“福建协和大学”便是福建农林大学的前身。1898 年 6 月光绪帝下《明定国事诏》，宣布举办京师大学堂，“以期人才辈出，共济时艰”。军机处、总理各国事务衙门委托梁启超草拟京师大学堂章程并上报，后命孙家鼐为管理大学堂事务大臣，筹建校舍，并择期开学。京师大学堂是中国近代最早的国立大学，为清末“新政”措施之一。京师大学堂当时就已设立农学相关专业。

3. 园艺拥有独立学科属性的端倪

20 世纪初，我国园艺事业逐步从以经验为基础的传统发展模式向以实验为基础的科学化发展方式转变。这一时期，北京、山东、吉林、辽宁、江苏等地纷纷建立起了农事试验场。1908—1909 年，北京的“京师大学堂”开始设有果树园艺课程。这一时期，园艺专业的发展还处于萌芽阶段，园艺专业主要设立在部分高校的农林系中，大多数带有与园艺专业相关的痕迹，但均未设立独立的园艺专业。直到 1912 年，我国首个园艺专业创建于苏州农业职业技术学院，当时园艺专业的前身为园艺科，这是我国开设最早的园艺专业。这一时期与园艺学科协同发展起来的还有江苏无锡园艺研究所、河南郑州省立园艺试验场等，这些机构陆续开展了相关的科学试验。园艺学科雏形的形成推动了园艺科学的发展，如在果树方面总结出果株变异育种、枝条变异育种和杂交育种三种基本方法；在蔬菜方面开展了保护地促成栽培研究，并开始涉足杂交育种研究。

20 世纪 20 年代末之后，一大批在美国、日本和英国完成学业的学子纷纷回到祖国，投身到我国园艺事业中，他们从编写教材入手，设立果树学、蔬菜学、花卉学等领域的研究方向，通过介绍先进国家的新知识和技术，整理我国当时的园艺资源和栽培技术，结合扎实的理论基础知识，把国外的理论和技术引入中国，丰富了园艺学的研究领域。1929 年春，我国著名园艺学家吴耕民、管家骥、胡昌炽、章文才、林汝瑶等人在中央大学园艺系酝酿创立中国园艺学会；同年春，中国园艺学会正式成立，由傅焕光、毛宗良任总务委员，章文才任交际委员，吴耕民任出版委员，章君瑜、管家骥任文书委员[1]。

此后，一些地方性的园艺学会组织也相继成立，并创办发行了一批颇有影响的学术刊物，如中国园艺学会主办的《中国园艺学会会报》(1934)、中央大学园艺学会主办的《园艺月刊》(1935)、河南汝南园艺学校主办的《园艺新报》(1937)、中央大学园艺系的《中国园艺专刊》(1941 年) 等。中国园艺学会及各级地方园艺学会的成立以及专业性刊物的出版，标志着我国近代园艺学科开始步入规范发展的阶段。这期间园艺科学技术工作者主要进行了果树修剪整形与施肥、蔬菜施肥技术改进与轮作复种、温室栽培、果树新品种选育及繁育、果蔬病虫害防治等方面的研究和推广，并取得了一定的进展[2]。

到 1937 年，农业高等院校设立园艺系科的院校由 1927 年的 5 所增加到 12 所，每年约有 60 名园艺专业本科生毕业。抗战时期中国园艺学会迁至成都，此后活动基本停止，直到抗战胜利后在南京复会。在这一特殊时期，我国园艺学科经历了曲折的发展过程，园艺及其相关专业仍然主要设立于农林院校中。学科初创时期的主要事件如表 2–1 所示。

表 2–1　我国园艺学科初创记事

时间 / 年	园艺学科创办的主要历程
1927	金陵大学农林科成立园艺系（金陵大学的农科创办于 1914 年，为我国四年制大学农业教育之先河）
1927	浙江大学成立园艺系
1935	西北农林专科学校园艺组正式成立，并于次年开始招生
1938	北平大学农学院与西北农林专科学校合并，更名为国立西北农学院园艺系
1940	成立湖北省立农学院园艺系（华中农业大学园艺林学学院的起源）
1946	在山东大学农学院成立园艺系（山东农业大学园艺科学与工程学院的起源）
1948	在武汉大学农学院设园艺系
1949	国立西北农学院更名为西北农学院，设有西北农学院园艺系
1950	以四川省立教育学院农科的农艺系、园艺系、农产制造系 3 系名义为正在筹建的西南农学院招生
1953	西北农学院成立园艺系，设置果树、蔬菜专业

[1] 中国园艺学会 . 园艺学学科发展报告（2007—2008）. 北京：中国科学技术出版社，2008.

[2] 同 [1].

到新中国成立前夕，我国高等学校办学主体庞杂混乱，办学力量分散，高校自身缺乏人力、物力、财力的优化整合。1947 年，在 125 所大学和独立学院中，私立学校约占 44%，其中接受外国教会津贴的约占 34%；学校的分布很不平衡，41%的高等学校设在上海、北平、天津、南京、武汉、广州 6 个城市，40%的国立大学、46%的私立大学设立在沿海地区。

（二）新中国园艺学科的起步时期（1949—1978 年）

1949 年新中国成立为园艺学科发展带了新契机，促进我国园艺学学科进入规范发展阶段。1951 年，我国拥有高等农林院校 15 所，一年后迅速扩增到 28 所，且绝大多数农林院校都开设了园艺及相关专业。并于 1952 年全国院系调整，金陵大学园艺系和南京大学园艺系果树组调入了山东农学院，成立了新的园艺系。同年，武汉大学农学院森林系和园艺系合并，同时并入了湖南、江西、广西等农业院校园艺专业师生（华中农业大学园艺林学学院的前身），并于 1956 年开始招收果树和蔬菜学科的研究生。1952 年，北京农业大学（中国农业大学的前身）园艺系开设果树蔬菜、造园两个专业。1956 年 8 月，中国园艺学会第一届全国会员代表大会在北京召开，中国园艺学会恢复活动，当时有会员 600 余人。1957 年，中国园艺学会编辑出版《园艺通报》季刊和《园林建设》季刊，报道果树、蔬菜及园林绿化方面的研究成果、经验介绍、调查报告、问题讨论等，同时也介绍近代园艺学尤其是苏联的新成就及国内各地分会的学术活动[1]。1958 年西北农学院园艺系和林学系合并，更名为园林系，并于 1960 开始招收研究生。

总体而言，1949—1978 年我国园艺高等教育体系基本形成，农学院成为园艺学科发展的主要阵地。园艺专业以蔬菜和果树为主，观赏园艺的发展较为滞后。园艺教育的课程体系逐步规范，园艺科学研究出现新的进展，部分高校的园艺学科发展在全国起到引领和示范作用。以华中农业大学为例，园艺系是该校建系最早的系科之一，它的前身是湖北省立农学院自 1940 年设置的园艺系和武汉大学农学院于 1948 年设置的园艺系。1952 年院系调整时，两个园艺系合并，同时并入了湖南、江西、广西等农学院的园艺系教师与学生。合并以后，设置了果树、蔬菜专业。当时的华中农业大学园艺系师资力量雄厚，有章文才、杨惠安、田叔民、章恢志、邓桂森等著名教授，他们在园艺科研实践及课程体系建设方面做了突出贡献，成为改革开放前后研究生导师队伍的主力。1956 年该系开始招收果树、蔬菜两个学科的研究生[2]。这一时期，园艺研究虽然缺少深入的理论探索，但基本涵盖了园艺学科的各个领域，在新品种选育和栽培技术等方面支撑了当时园艺产业的发展，也为改革开放后园艺学的全面发展奠定了扎实的基础。

[1] 中国园艺学会 . 园艺学学科发展报告（2007—2008）. 北京：中国科学技术出版社，2008.

[2] 华中农业大学校史编委会 . 华中农业大学校史（1898—1998）. 武汉：华中农业大学，1998：338-339.

（三）我国园艺学科的快速发展时期（1978—1999 年）

1. 园艺学科整体实力提升

改革开放后的 20 余年是我国园艺学学科专业的恢复发展和快速发展时期。在此期间，我国园艺学科从招收园艺专科、本科学生发展到招收硕士、博士学生，建立了园艺学优势学科从专科到博士后的整套人才培养体系。改革开放之后，许多高校完成了园艺学学科点的建设。1978 年，包括华中农学院、西北农学院、华南农学院等在内的一批院校开始恢复招收园艺专业研究生。1985 年华中农业大学观赏园艺专业开始招收专科生，1986 年观赏园艺专业开始招收本科生，1986 年蔬菜学科被批准具有硕士学位授予权，1989 年果树学科被评为国家重点学科，成为当时同类学科中全国唯一的国家级重点学科，1993 年果树学科设立农学博士后科研流动站。北京农业大学园艺系在 1986 年设有果树专业、蔬菜专业以及观赏园艺专业。1998 年，教育部颁布新的专业目录，将原来的果树、蔬菜和观赏园艺（部分）等 3 个专业合并为园艺专业，促进了园艺专业宽口径、厚基础、高素质、适合面广的复合型人才培养。我国一批园艺领军人物均在这一阶段接受了园艺高等教育，为其在园艺领域取得卓著成绩奠定了重要基础。例如，邓秀新院士于 1981 年 12 月本科毕业于湖南农学院（现湖南农业大学）园艺系果树学专业，分别于 1984 年和 1987 年获得华中农业大学果树学硕士和博士学位。邹学校院士分别于 1983 年和 1986 年在湖南农学院获得学士和硕士学位，2005 年在南京农业大学获得农学博士学位。李天来院士于 1996 年获沈阳农业大学博士学位。这一时期，园艺学科的长足发展有力地推动了园艺高层次人才和高水平科研的产出。

2. 园艺专业广泛布局

园艺学科在我国高校，特别是涉农院校当中蓬勃发展，农业院校纷纷开设园艺及其相关专业，全国高校的园艺学科包括果树、蔬菜、花卉、绿地建植与养护、农产品安全管理与检测、设施农业科学与工程等专业（方向）。果树专业在全国的分布情况是华北、东北、华东地区分别占约 30.43%，西南和华南地区均分别约占 4.35%；蔬菜专业在全国高校中分布情况为是华北地区约占 25%，东北地区约占 37.5%，华东地区约占 29.16%，西南和华南地区均分别约占 4.17%；花卉专业主要分布在华北地区；绿地建植与养护专业主要分布在华东地区。涉农高校园艺本科专业招生规模大体为每校每年 30 ~ 60 人。然而，这一时期园艺学科整体发展良好的同时，观赏园艺没有得到足够的支持和关注。

3. 园艺科研呈现新突破

改革开放以来，我国的科研体制发生大的变化，国家经济形势持续向好，在结构调整过程中新的机构和平台陆续产生，国家对科研工作的支持也逐年增加。园艺学科在国家经济社会发展及创新体系建设中的作用突出，一个具体的表现是在国家的“973”计划、“863”计划、“支撑计划”、国家自然科学基金、星火计划、国家新技术引进计划以及一些省部级重点项目中，都列有与园艺作物有关的研究课题。这一时期，园艺学科在应用基础研究和应用技术研究方面都取得了重大进展，推动了生产实践的进步。在果树学方面，自20世纪80年代起，我国果树学发展迅速，一大批优良品种不断涌现，种植技术逐渐趋于成熟，果品的抗病性不断增强，品质进一步提升。而在花卉领域，随着生活水平的提高，人们对花卉产品的需求越来越高，花卉业由传统生产模式逐步向专业化、规模化和产业化转变，新品种、优质栽培技术层出不穷。花卉研究专家依托“863”计划等重要课题，系统探索了我国传统名花的资源储量、特性、野生分布、品种类型、用途及育种价值等，改变了改革开放之前观赏园艺发展不充分的状况。

（四）我国园艺学科的成熟发展阶段（1999—2014年）

1. 学科划分和专业分布日趋成熟

1998年7月，教育部颁布实行了新的普通高等学校本科专业目录，将先前的504种专业减少为249种，其中，果树、蔬菜、观赏园艺3个专业合并为宽口径的园艺专业，园艺专业的设置有了明显的拓展。高校的园艺学本科专业有园艺、园林、茶学、园艺教育、城市规划、果树、蔬菜、中药等；硕士专业涉及果树学、蔬菜学、茶学、花卉学、蔬菜采后生理及贮藏、园林植物与观赏园艺、观赏植物学等；博士点为园艺学（一级学科博士点），可招收果树学、蔬菜学、茶学、观赏园艺学、设施园艺学等学科的博士研究生。

农业科学院和涉农高校是园艺人才培养的主要承担者。依据《中国普通高等学校本科专业设置大全》（2007版）的统计数据中国农业科学院有4个与园艺作物有关的专业研究所，在全国32个省级农业科学院设有园艺（果树、蔬菜、观赏园艺）研究所（室）。截至2007年，全国有70多所大学（含农业院校和非农业院校）设有与园艺相关的专业，包括中国农业大学、浙江大学、南京农业大学、华中农业大学、西南大学、山东农业大学、华南农业大学等。到2019年，我国设置有农林专业的高校增加到119所，院校名单见附录1，华北地区约占总量的14.29%，西南地区约占17.65%，东北地区约占10.08%，华东地区约占24.37%，华南地区约占7.56%，华中地区约占16.81%，西北地区约占9.24%。

园艺专业在高等学校的归属及方向设置上也呈现出多样化态势，有的院校设在农业与生物技术学院（浙江大学），有的园艺专业设立在植物科学技术学院（北京农学院），有的设置在农学院（石河子大学、广西大学、贵州大学），多数都设在园艺学院（园艺园林学院、林学园艺学院），山东农业大学则更名为园艺科学与工程学院。在专业方向的设置上有的学校设为两个专业方向——果树和蔬菜，有的设置为三个专业方向（果树、蔬菜、花卉），华南农业大学则下设种子工程、花卉与景观设计、园艺产品贮藏与流通、园艺生物技术四个方向。大多数院校还增设了设施园艺方向，如东北农业大学在园艺专业下设种苗工程、设施园艺两个方向；有的院校则将设施园艺方向升级为专业——设施农业科学与工程专业（华南农业大学、山东农业大学、南京农业大学等）。

2. 办学规模与师资队伍逐步扩大

1999 年，我国推行高校并轨制度，高等教育体制改革取得了突破性进展，高等教育规模也实现了历史性跨越。这一进程推动了高等园艺教育也逐步由“精英化”向“大众化”迈进，园艺专业的扩招进程加速，涉农高校园艺本科专业招生规模大体为每校每年 60～120 人，这一数字相比 20 世纪 90 年代几乎翻了一番。然而，在园艺师资队伍的建设上，尽管总量得到了有效扩充，但依然无法满足快速扩招的需要，生师比没有控制在合理的范围之内。教育部对高等教育教学质量以及高校师资队伍建设高度重视，在政策导向上予以支持。例如，2012 出台了《国务院关于加强教师队伍建设的意见》，力图破解教师队伍整体素质不高、队伍结构不尽合理等师资队伍发展的难题。与此同时，园艺人才培养单位通过高端人才的引进和青年教师的培养等方式逐步组建了一支学术水平较高、研究领域布局科学、年龄结构合理的师资队伍，园艺师资队伍逐渐朝向优质化、现代化方向发展。

3. 园艺人才培养趋于规范

培养单位从政策和实践的角度广泛探讨了园艺人才培养的指导思想、培养目标、培养规格、课程体系、培养模式等基本问题，并据此制订了较为科学的园艺专业人才培养方案。一是确立了园艺高等教育以科学发展观统领全局，以提高教育教学质量为生命线的理念。二是初步形成差异化的园艺人才培养目标。依据学校类型的差异（研究型、应用型、教学型、教学研究型和研究教学型等）差别化确立培养目标，大致有以下三种：一是复合性应用型人才，“复合性”主要涉及的是知识问题，“应用型”主要涉及的是能力问题。二是复合型人才，培养适应新世纪经济建设和社会发展需要的“宽口径、厚基础、强能力、高素质”的人才。三是应用型人才，发展专门实用技术，培养各种专门和职业人才，例如一些职业院校的园艺专业。与此同时，科学的园艺人才培养规格要求逐步形成，包括掌握的知识、具备的能力和素质等方面，不同层次高校园艺专业有不同的人才培养规格。学科的成熟发展阶段，园艺理论及实践课程体系趋于完备。培养单位普遍开设了马克思主义基本原理、毛泽东思想概论、外语和计算机等必修课；学科基础课程有高等数学、普通化学、分析化学、有机化学、植物学、生物化学、植物生理学等；专业发展课程各个高校开设差异较大。

4. 学科发展与平台建设齐头并进

一是推进农科重点学科集群化发展，打造园艺学重点学科。1989 年、2002 年、2007 年我国分别经历了第一次、第二次、第三次重点学科评审。前两轮重点学科评审均以二级学科为口径，第三轮重点学科评审，首次按一级学科择优评选重点学科。经过第三轮评议，共在农学类 8 个一级学科中设立 17 个重点学科建设点，涵盖 25 个二级学科。一级学科农科重点学科的设立有利于改变我国农科重点学科设立基础狭窄、分散的弊端，有利于促进农科重点学科综合交叉，而且进一步拓展了农科重点学科的覆盖面，农科重点学科集群化的发展趋势逐步显现。全国共有 7 个园艺学国家重点学科，分布在6所高校。二是探索基于学科交叉融合的园艺学科发展道路。许多高校也积极探索以现代生物技术、信息技术提升传统园艺学科的道路，综合运用各种现代生物和信息技术手段为果树、蔬菜、花卉植物遗传改良提供新理论、新技术、新方法和新材料。三是园艺科学研究由“跟跑”“并跑”向“领跑”迈进。园艺学科特色和优势的形成推动了整体研究水平的快速提升。这一时期，园艺领域有些研究在国内处于领先地位，有的研究方向已达到或接近世界水平。2006—2015年的10年间，据不完全统计，我国园艺领域论文总量达到2.6万篇，占全世界的14.7%，仅低于美国；论文被引频次逾37.7万次，占全世界的11.4%，仅次于美国和德国位居世界第三位[1]，越来越多的国内园艺学科学术论文被世界高水平的数据库收录。伴随园艺学科实力的提升，由国内大学承办的国内外大型园艺学术会议持续增加。四是园艺平台建设及其资源共享持续推进。园艺重大科研成果的取得在很大程度上应归功于优良的资源平台建设。扩招以来的15年间，一批支撑园艺学科及科研发展的重要平台陆续搭建并实现良性运转。例如，山东农业大学园艺生物学实验平台，华中农业大学园艺林学学院园艺植物生物学教育部重点实验室、作物遗传改良国家重点实验室、国家果树无病毒种质资源室内保存中心、国家蔬菜改良中心华中分中心、国家柑橘育种中心、国家外国专家局批准的国家引进国外智力成果示范推广基地（脐橙良种培育与增产基地）、国家柑橘一级采穗圃等。研究平台普遍实行高效精干的管理制度，借助高度交叉提升研究水平，通过跨学科队伍建设及广泛吸纳人才队伍等路径扩大平台资源共享，从而带动了该学科实力的迅速提升，增加学科国际影响力，并辐射带动了其他相关学科的发展。

三、新时代园艺高等教育的新发展

2013年，教育部全面实施卓越农林人才培养计划，紧密契合国家战略需求和经济社会科技发展前沿，深入推进本科教育综合改革，促进高校以立德树人为根本任务，创新人才培养机制，积极为多样化、个性化、创新型人才成长提供良好环境。“卓越农林人才教育培养计划”涉及农林人才培养相关专业，园艺专业也采取了积极的改革措施，取得了良好的效果。以下从计划背景、园艺学科专业的布局和发展情况、园艺专业人才培养的典型做法等角度展开探讨[2]。

（一）卓越农林人才教育培养计划概况

1. 实施背景

为建设创新型国家，实现中共中央、国务院《国家创新驱动发展战略纲要》提出的

[1] 中国科学院文献情报中心课题组. 农业科学十年：中国与世界. 2018：60.

[2] 本节的核心观点已经发表，来源如下：胡瑞，刘薇，江珩，等. 卓越农林人才培养的探索与实践：基于“卓越农林人才教育培养计划”的实证分析. 高等农业教育，2018（1）：12-18.

“到2020年进入创新型国家行列、2030年跻身创新型国家前列、2050年建成世界科技创新强国”的“三步走”目标，我国急需大批高素质创新人才，适应创新型国家建设需要。为深入贯彻党的十八大、十八届三中全会精神，落实《国家中长期教育改革与发展纲要（2010—2020年）》要求，教育部2010年起实施“卓越人才培养计划”，包括“卓越工程师教育培养计划”“卓越医生教育培养计划”“卓越法律人才教育培养计划”及“卓越农林人才教育培养计划”等。2013年11月22日，教育部、农业部、国家林业局联合提出《关于推进高等农林教育综合改革的若干意见》，意见指出要主动适应国家、区域经济社会和农业现代化需要，建立以行业、产业需求为导向的专业动态调整机制，优化学科专业结构，促进多学科交叉融合，培植新兴学科专业，用现代生物技术和信息技术提升改造传统农林专业。在此基础上，发布《关于实施卓越农林人才教育培养计划的意见》，提出卓越农林人才教育培养计划实施总体目标：提升高等农林教育为农输送人才和服务能力、推进人才培养模式改革创新、强化实践教学、加强教师队伍建设等，于2014年9月22日正式启动实施。

我国部分高校加入了“卓越农林人才教育培养计划”，省（自治区、直辖市）教育主管部门大多对试点高校予以经费资助，保障卓越农林人才教育培养计划顺利进行。从学校层面看，试点高校高度重视，成立由主管领导担任组长、各相关部门和相关学院负责人为成员的领导小组，统筹协调实施。

2. 体系设计

卓越农林人才教育培养计划主要设计了拔尖创新型、复合应用型和实用技能型三类人才发展类型。

（1）拔尖创新型农林人才培养模式改革设计。拔尖创新型农林人才培养模式改革重点是开展农林教学与科研人才培养改革试点，推动本科与研究生教育有效衔接，实施导师制，小班化、个性化、国际化教学，突出因材施教，探索多种形式研究型教学方式，培养学生创新思维和创新能力，促进优秀学生脱颖而出。依托国家级研发平台，强化学生科研训练，支持学生积极参与农林业科技创新活动，提高学生科技素质和科研能力，建立健全有利于拔尖创新型农林人才培养的质量评价体系。积极引进国外优秀教育资源，加强双语教学，支持学生积极参与国际交流与合作，开拓学生国际视野，提升学生参与国际农林业科技交流合作的能力（表2–2）。

（2）复合应用型农林人才培养模式改革设计。复合应用型农林人才培养模式改革重点是构建适应农业现代化和社会主义新农村建设需要的复合应用型农林人才培养体系。利用生物、信息等领域科技新成果，提升改造传统农林专业。强化实践教学环节，提高学生综合实践能力。改善教师队伍结构，设立“双师型”教师岗位，遴选聘用1 000名左右“双师型”教师。促进农科教合作、产学研结合，建设500个农科教合作人才培养基地，探索与农林科研机构、企业、用人单位等联合培养人才的新途径。鼓励学生参与农林科技活动，提高学生解决实际问题的能力，加强学生创业教育，建立健全有利于复合应用型卓越农林人才培养的质量评价体系（表2–3）。

表 2-2　卓越农林人才教育培养计划（拔尖创新型）改革任务

主要内容	主要目标
招生方式	招收和选拔优秀学生
培养模式	本科与研究生有效衔接，导师制，小班化、个性化、国际化教学
教学方法	因材施教；积极探索多种形式研究型教学方式，培养创新思维和创新能力，促进优秀学生脱颖而出
实践创新	依托国家级研发平台，强化学生科研训练，支持学生积极参与农林业科技创新活动，提高科技素质和科研能力
质量评价	改革课程、学业评价考核方法，建立健全有利于拔尖创新型农林人才培养的质量评价体系
国际化	引进国外优秀教育资源，加强双语教学，支持学生积极参与国际交流与合作，开拓国际视野，提升参与国际农林业科技交流合作的能力

表 2-3　卓越农林人才教育培养计划（复合应用型）改革任务

主要内容	主要目标
专业建设	利用生物、信息等领域的科技新成果，提升改造传统农林专业
教师队伍	改善结构，设立“双师型”教师岗位，遴选与聘用 1 000 名左右的“双师型”教师
实践教学	改革实践教学内容，强化实践教学环节，提高学生综合实践能力
农科教结合	促进农科教合作、产学研结合，建设 500 个农科教合作人才培养基地，探索高等农林院校与农林科研机构、企业、用人单位等联合培养人才的新途径
课外实践	参与农林科技活动，提高学生解决实际问题的能力，加强学生创业教育
质量评价	建立健全有利于复合应用型卓越农林人才培养的质量评价体系

（3）实用技能型农林人才培养模式改革设计。实用技能型农林人才培养模式改革重点是深化面向农林基层的教育教学改革。鼓励开展订单定向免费教育。改革教学内容和课程体系，加强实践教学平台和技能实训基地建设，建立健全与现代农林业产业发展适应的现代化实践技能培训体系。探索“先顶岗实习，后回校学习”教学方式，提高学生技术开发和技术服务能力。改革课程、学业评价考核方法，建立健全有利于实用技能型农林人才培养的质量评价体系（表 2-4）。

表 2-4　卓越农林人才教育培养计划（实用技能型）改革任务

主要内容	主要目标
招生方式	有条件的地方开展订单定向免费教育，吸引一批热爱农林业的优质生源
培养方案	改革教学内容和课程体系，加强实践教学平台和技能实训基地建设，建立健全与现代农林业产业发展相适应的现代化实践技能培训体系
教学组织方式	探索“先顶岗实习，后回校学习”教学方式，提高学生的技术开发能力和技术服务能力
质量评价	改革课程、学业评价考核方法，建立健全有利于实用技能型农林人才培养的质量评价体系

3. 实施概况

第一批卓越农林人才教育培养计划改革试点高校共 99 所，涉及改革试点项目 140 项，其中拔尖创新型农林人才培养模式改革试点项目 43 项，复合应用型农林人才培养模式改革试点项目 70 项，实用技能型农林人才培养模式改革试点项目 27 项（表 2–5）。该项计划以提升卓越农林人才培养教育质量为目标，取得了初步成效。

表 2–5　卓越农林人才教育培养计划试点专业概况

项目	涉及学校 / 所		专业及布点数量	受益学生 / 人		经费投入 / 万元
	类型	数量		2014 级	2015 级	
拔尖创新型	独立	27	12 个专业 95 个点	9 258	9 034	11 116
	涉农	16	18 个专业 38 个点	1 825	1 822	1 505
	总计	43	30 个专业 133 个点	10 986	10 945	14 491
复合应用型	独立	34	18 个专业 122 个点	12 083	12 083	23 332
	涉农	36	14 个专业 81 个点	5 503	5 503	10 390
	总计	70	32 个专业 203 个点	17 586	17 586	33 722
实用技能型	独立	5	7 个专业 7 个点	1 633	1 633	3 501
	涉农	22	14 个专业 39 个点	1 848	1 848	3 127
	总计	27	18 个专业 46 个点	3 481	3 481	6 629
合计		140	共 382 个点	32 053	32 012	54 841

说明：“独立”指农林水院校；“涉农”指非农林水院校，但设置部分农科专业。以下同。

拔尖创新型农林人才培养模式改革试点项目涉及 43 所学校、30 个专业共 133 个布点。其中，农学、植物保护、动物科学、园艺、动物医学等五个专业布点居前列，占 43.4%，云南农业大学招收本科生 800 多人 / 年，为覆盖人数最多的学校。卓越农林人才教育培养计划（拔尖创新型）试点专业覆盖人数的详细列表见附录 2。

复合应用型农林人才培养模式改革试点项目涉及 70 所学校 32 个专业共 203 个布点。其中，动物医学、园艺两个专业布点最多，占 27.1%；其次是动物科学、食品科学与工程、农林经济管理、农学等专业。四川农业大学招收本科生 1 160 人 / 年，为覆盖人数最多的学校。实用技能型农林人才培养模式改革试点项目涉及 27 所学校。卓越农林人才教育培养计划（复合应用型）和卓越农林人才教育培养计划（实用技能型）试点专业覆盖人数的详细列表见附录 3 和附录 4。

（二）卓越农林人才教育培养计划中的园艺人才培养改革

从卓越农林人才教育培养计划（拔尖创新型）试点专业分布情况来看，设有园艺专业的高校有 11 所，设有茶学专业的高校有 2 所（安徽农业大学、湖南农业大学）；

从卓越农林人才教育培养计划（复合应用型）试点专业分布情况来看，设有园艺专业的高校为19所，设有葡萄与葡萄酒工程的高校2所（中国农业大学等）；从卓越农林人才教育培养计划（实用技能型）试点专业分布情况看，设有园艺专业的高校为6所。表2–6显示了卓越农林人才教育培养计划类型及学校分布。

表2–6 卓越农林人才教育培养计划设有国艺专业的学校分布

类型	数量	学校分布
拔尖创新型	11	华中农业大学、北京林业大学、沈阳农业大学、福建农林大学、山东农业大学、长江大学、湖南农业大学、华南农业大学、海南大学、西南大学、云南农业大学
复合应用型	19	中国农业大学、北京农学院、天津农学院、河北科技师范学院、山西农业大学、吉林农业大学、黑龙江八一农垦大学、东北农业大学、南京农业大学、扬州大学、浙江大学、浙江农林大学、安徽农业大学、河南农业大学、湖北民族大学、广东海洋大学、四川农业大学、宁夏大学、塔里木大学
实用技能型	6	河北北方学院、沈阳工学院、淮阴工学院、潍坊科技学院 河南科技学院、湖北工程学院

试点高校卓越农林人才教育培养计划（拔尖创新型）、卓越农林人才教育培养计划（复合应用型）和卓越农林人才教育培养计划（实用技能型）试点专业人才培养模式的主要特点分别见附录5、附录6和附录7。

1. 拔尖创新型园艺人才培养改革

拔尖创新型园艺人才不仅要具备创新能力、领导能力、科研能力，同时还应具备创新精神、学术素养及社会服务精神等品质；积极探索建立在通识教育基础上的专业教育，提升人文素养和综合素质，80%以上高校实行本硕或本硕博贯通；强化实践和创新创业能力；大多数高校实行“一制三化”，即导师制、小班化、个性化和国际化；实行二次选拔，制订多元遴选，灵活选修、免修和缓修及淘汰等动态调整制度；选聘高水平教师，实行导师制；小班教学采取研究型教学，最小班级15人，评价方式主要运用过程性和发展性方法；推行个性化培养，注重激发兴趣和创新潜能，鼓励自主学习、制订个性化计划；国际化培养主要通过中外联合、交换学生、暑期学校及短期国外游学，聘请国外师资和引进优质课程等，拓展国际化视野。例如，北京林业大学设立“梁希实验班”，对园艺专业实行大类招生，按类分层培养，以行业领军人才为目标，构建“厚基础、重创新、个性化、国际化”人才培养模式，培养具有高度社会责任心、创造力和国际竞争力拔尖创新人才。华中农业大学园艺专业实施本硕博一体人才培养体系，实施“硕彦计划”“硕果计划”，通过校企联合、专兼结合、资源耦合、科教协同等形式，培养专业拔尖创新人才。华南农业大学园艺专业实施“2.7+1.3”的本科（“2.7”指校内课程学习2.5年、毕业前回校完成毕业手续0.2年；“1.3”指校外研究实践1.3年）或“4+2”（本科4年、研究生2年）的本硕贯通拔尖创新农林人才培养体系。湖南农业大学开办园艺专业创新实验班，实行学科交叉人才培养，本硕连续培养模式的学生采用“3+3”培养模式，前三年完成本科阶段的课程学习任务，第四年进入硕士阶段的选题研究并完成本科毕业论文，提前进入硕士研究生的课程学习和论文研究；其余学生实行“3+1”培养模式，实验班学生第四学年全程进行科研实践，提升创新能力。

培养拔尖创新型园艺专业人才，离不开一支年富力强、结构合理、具有创新精神的卓越师资队伍，主要包括：①学术造诣高，科研能力强，教学经验丰富的学术带头人及教学科研骨干队伍。②具有丰富农林实践及教学经验，解决生产实际问题能力强的实践教学队伍。③具有较强实验、实习指导能力的实验指导教师队伍。④引进培养两手抓，引进优秀博士或具有国外学习经历、实践经验丰富的人才。⑤加强国内外交流合作，聘请国内外知名专家讲学，选送青年教师到国内外著名大学或研究机构深造。⑥聘请国内外知名专家担任兼职教授，从企业聘请实践经验丰富的科技或管理人员担任指导教师。⑦通过培训、集体备课、老中青传帮带、试讲、助教等，提高青年教师教育教学能力。沈阳农业大学园艺专业坚持自主培养与引进相结合，加强“双师型”教师队伍建设，坚持“送出去、请进来”“脱产培训与自主学习相结合”的方式，建立了一支科研有方向、专业知识面宽、创新素质强、教学效果好、外语能力强的复合型一流教师队伍。山东农业大学园艺专业依托泰山学者团队建设工程，借助山东省“泰山学者海外特聘教授”和山东农业大学“特聘讲座教授”等形式积极推进高水平人才建设。

培养园艺专业拔尖创新型人才，必须重视实践动手和创新能力培养。一是突出培养学生实践创新和科学研究水平，对校内现有实验室资源进行整合，如实验教学中心、各类科技研发平台等，建立培养较强实践动手能力和自主创新能力的“综合型实践教学”平台。二是以校外教学实习基地为基础，提高企业参与度，开展校企合作培养。三是加强国家级农科教合作人才培养基地建设，积极服务拔尖创新型人才培养试点项目，采用“校内＋基地”指导教师的方式。四是强化学生科研训练，划拨专项经费支持大学生参与农林业科技创新创业或学科竞赛，提高科技素质和能力。福建农林大学园艺专业设立了35个科技创新平台、30个校企合作基地、5个国家农科教结合基地，为学生提供了丰富的实践动手和科技创新的机会。南京农业大学园艺专业加强已有校内外基地的硬件建设，完善基地管理制度，提升基地管理水平，新增农科教合作基地、校外实习基地，并签署长期合作协议。

构建科学合理的课程体系是园艺专业拔尖创新人才培养的基础保障，试点高校在课程体系创新及课程发展灵活性、丰满度等方面进行探索。具体表现在普遍设立通识教育平台、基础教育平台、专业教育平台、实践平台等四个平台，在“重基础、宽口径”前提下，加强基础，拓宽专业，减少课内学时，增加选修比例，一、二年级夯实基础，三、四年级加强专业核心课程和实践技能，增加科研训练和创新创业教育；以精品资源共享课建设为龙头，通过慕课、翻转课堂等形式，促进优质教育资源共享；

改革教学方法手段，探索研究性教学和探究式学习，培养创新思维，引导学生构建个性化修业计划。华中农业大学园艺专业强调以学生为本，突出学生个性化培养，把提高学生的创新能力贯穿于人才培养的始终。强调学生自主学习，由以教为中心转向以学为中心转变。南京农业大学园艺专业充分吸收国内外高等教育教学改革成果，进一步优化通识教育、专业教育和拓展教育课程体系，确保课程体系的完整性、教学内容的先进性以及本硕博课程体系的贯通性；将创新创业教育融入培养方案，形成了以必修课程和选修课程为主体的创新创业课程体系；继续建设高质量的精品课程，形成了“国家 – 省 – 校”三级精品课程体系；鼓励教师将科研优势转化为课程资源。

培养园艺专业拔尖创新人才，还需要健全完善质量保障体系。加强园艺专业拔尖创新人才质量保障体系建设，在组织保障、制度保障、经费保障、招生与升学就业、师资配备、实践平台、评价机制等方面给予全面支持。一是普遍建立健全组织机构，整合学校资源；二是贯彻“开放、流动、联合、竞争”运行管理方针，更新教学管理理念，突破体制机制瓶颈，完善规章制度，加强过程管理；三是在学科建设、师资队伍建设、培养平台与实践基地建设及各项经费安排上优先满足试点专业需要；在教师职称评审、教学名师评选方面，向试点专业倾斜。长江大学为保证园艺专业设计的有效实施，先后颁布了《长江大学园艺专业建设管理办法》《长江大学“卓越计划”/“产业计划”实施办法》《长江大学园艺专业校外实践教学基地建设与管理办法》和《长江大学加强教师工程实践与国际化教育管理办法》等规章制度，对“卓越计划”园艺专业项目建设、教师培训、学生学籍管理、创新实践活动和实习实践教学基地建设等方面进行详细的规定，为项目的运行管理提供切实有效的支持与保障。同时，校方还多方筹措运行经费，包括新建教学科研设施、改善实验设备条件、农科教人才培养基地建设、大学生创新创业教育及校内外实习实践活动经费等，有关合作企业也积极投入经费设立奖助学金，学校与行业企业协同育人机制逐步形成。

2. 复合应用型园艺专业人才培养改革

园艺专业复合应用型人才培养模式主要采取了三种改革形式。一是校企联合培养。如西北农林科技大学园艺专业提出“三个培养阶段、两条发展途径”人才培养模式，与江浙等地高校和地方政府合作委培专属专用人才，并采取双班主任、校地联教、学绩考核、分配就业等措施。扬州大学园艺专业探索“校本 + 校企 + 校地”的人才培养形式，创办“张謇班”，全面实施本科生导师制与研究性教学，建立“张家港班”“常熟班”及“扬州班”等委托培养模式，促进人才分型培养。二是本硕衔接。建立“3+3”模式（3 年本科 +3 年研究生）、“3+1+X”模式（在校学习 3 年，1 年行业实践，2 年或 3 年研究生）等。在复合应用型试点高校中，有 14 所高校实行“3+1”校企联合培养。三是单独开培训班或建班形式，小班教学，精细管理。

以南京林业大学的“卓越园艺班”为例，该项目实行“二化三联四创”培养模式。①“二化”是指教育理念国际化，师资多元化，构建具有先进国际教育理念的师资队伍，本科教育与国际接轨；以师资队伍为核心，聘请国外著名大学教授、国内相关企业资深技术专家为兼职教授，为学生授课或开设专业讲座。②“三联”指的是培养方案制订与国家社会需求联动，教学计划制订与企业联手，人才培养与国际联合。第一，培养方案制订与国家社会需求联动指的是根据国家和地方经济、产业的发展需要，对专业培养方案进行适度的调整。第二，与企业联手制订理论和实践教学计划指的是征求相关企事业单位对专业人才培养的要求，邀请国内主要企业专家共同参与专业教学计划制订。第三，人才培养与国际联合指的是加强与国外先进发达国家相关大学的合作，制订合作交流计划，选送优秀本科生赴国外大学联合培养或选修暑期课程，聘请国外大学名师来校授课或讲座，接受国外相关专业本科生来华短期学习交流。③“四创”即创新教学方式方法、创新课堂教学模式、创新实践教学内容、创新教学评价体系。创新教学方式方法指的是利用现代网络平台，开展微课课程及 MOOC 课程教学方式，教师授课采用讲课与讨论相结合方式；创新课堂教学模式指的是改变传统单一课堂教学模式，开辟第二课堂并设定必修学分数，邀请国内外专家以及相关企业的专家定期举办专业讲座；创新实践教学内容指的是坚持实践教学“三结合”的原则，即教学实践与社会实践结合，校内实践与校外实践结合，科研实践与生产实践结合；创新教学评价体系指的是改革传统课程成绩单一评价方法，采取与社会实践相结合、与校外实践相结合、与第二课堂成绩相结合、与科研及生产实践相结合的综合评价体系。

又如，北京农学院园艺专业建设的都市型现代农林人才培养体系，立足北京农业，服务首都发展，树立“学生为本、德育为先、能力为重、全面发展”的理念，根据学生个性特点、身心特征、专业背景、兴趣爱好等，进行针对性、实效性教育指导，培养学生学习能力、协同能力、创新能力和适应能力。重点提高学生参加实践教学的比重，在紧密结合社会实践的教学过程中提高学生创新精神和实践能力，确保学生综合实践能力和科研能力得到显著提高；强化都市型现代农林业高等教育办学特色，坚持内涵式发展，重构与之紧紧相关的立体化都市型现代农林业人才培养体系。

“双师型”和“兼职型”教师在园艺专业复合应用型人才培养中最突出。据统计，19 个园艺专业点现有“双师型”教师 203 人，兼职教师 156 人。其中，东北林业大学园艺专业“双师型”教师最多，通过选派教师挂职锻炼，在政府、企业等担任扶贫工作队成员、科技副县长、副镇长、企业高管等职务，提高实践教学能力。兼职教师队伍建设中，北京农学院和湖南农业大学最突出。很多高校为提升教师教育教学水平，实行青年教师导师制等制度，聘任高校、研究所教师或高端外国专家为讲座教授、兼职教授等，聘任企业、事业单位等具有丰富实践经验的专家担任本科生导师，壮大兼职教师队伍。

复合应用型园艺专业人才培养注重校内和校外实践基地建设，如建设实验教学中心、教学实习基地、实践创新平台、野外教学实习基地、校企合作基地和国家农科教基地等。从数量上看，基本可以满足学生实践教学和校内外实习需求。有的高校园艺专业针对当地农业生产实际，与企事业单位共建“专家大院”，作为提供农业生产科技服务和培养师生实践能力的平台。定期安排本科生进驻专家大院，协助教师开展科技服务；专家大院建设与学校科技人才下乡结合，与教师挂职锻炼相结合。部分高校校外实践教学基地功能也在发生着变化，由原来单纯为解决实习问题，转变成加强和巩固产学研合作关系的载体、高等学校专业教学紧密联系行业的途径、高校专家学者主动服务行业和社会的阵地、创业和创新人才教育的高地。

在课程体系建设中，绝大多数园艺专业明确提出建设模块化课程体系，构建“通识教育课 + 学科基础课 + 专业基础课 + 专业核心课 + 专业选修课 + 农林复合课”的课程体系，制订了“通识教育 + 专业教育 + 技术与创新教育”课程模块，进行“模块化、分段式”培养。课程模块化设置，增设了更多个性化课程，强化了创新实践教学环节。北京农学院建设都市型现代农林业全产业链专业体系，打造以高效、绿色生产为核心的园艺特色专业，设置都市型现代农林业模块、生物及信息技术等系列课程模块。农科专业扩展人文社科等课程，近农、非农专业增加都市农业产业技术类课程。瞄准新形势下的区域经济发展需求，通过新一轮人才培养方案的修订和都市型现代农林业特色课程内容的重构，构造全产业链课程体系。以都市农业种业发展、设施生产、高效养殖等重点产业和生态循环、观光休闲、会展创意等拓展功能为重点，根据现代农业特色的重点课程，组织编写都市型现代农林业特色系列教材，并遴选申报国家级及省部级规划教材。

积极健全质量保障体系也是工作重点之一。各园艺专业成立领导小组、改革工作组、教学指导委员会、教学督导组或专家督导组。有的还建立行（企）业指导委员会，在探索学校与企业共同参与评价考核的同时，高度重视并大力建设校企合作反馈机制，严把质量关。部分高校结合专业点和学科特色，以项目形式多层次、大力度开展教育教学改革。

3. 实用技能型园艺专业人才培养改革

据统计，试点高校的园艺专业正在积极探索富有特色的实用技能型人才培养模式。例如，河北北方学院园艺专业建立“3+1”培养模式，培养具备基础能力、专业核心能力和拓展能力的实用技能型卓越人才。沈阳工学院园艺专业建立“4424”和“3+1”应用型培养模式，通过“理论与实践教学、知识储备与素质养成、专业教学与职业认同、产业需要与教育输出”融合（4 融合），实现“理实教学一体化、师资队伍多元化、校企合作全程化、人才培养全面化”（4 化），按照“工学结合、知行合一”（2 合）要求，深入发展校企合作，探索产教深度融合，培养“懂专业、技能强、能合作、善做事”（4 特征）应用技能型农业科技人才，通过 3 年在校理论学习 + 随季节安排 1 年顶岗实习完成。黑龙江八一农垦大学园艺专业创新培养模式重实践，实行“3+1+3”卓越农业人才培养模式，将本科生与研究生培养有效衔接。针对农业飞行专业，提出“2.5+1.5”卓越人才培养模式，即“通识教育 + 专业基础理论 + 实践技能 + 执照 + 就业”。淮阴工学院园艺专业创新机制育人才，园艺专业实行大类招生，拓宽学生来源，并根据实用技能型人才需求，大幅度调整卓越人才培养方案，构建“3+1”校企合作培养人才模式，构建“全方位、立体化”实验教学体系和课程体系，同时还有增加校企合作课程比例，认真制订课程教学大纲等。

实用技能型园艺人才培养特别注重“双师型”教师培育和兼职教师选聘。天津农学院园艺专业每年安排 3 ~ 4 名教师到企业实践锻炼，现有 3 名教师成为市级科技特派员；聘请实验、实践教学基地工程技术人员为兼职指导教师，形成有学术带头人带领的 7 ~ 8 名教师组成的 4 支教学团队；专业生师比在 15 : 1 左右，“双师型”教师占专业课和专业基础课教师比例为 15.7%，教授比例达 42%，青年教师中硕士研究生以上学历比例为 100%。黑龙江八一农垦大学园艺专业根据师资建设规划的具体要求，以学科带头人和骨干教师为重点，采取“培养引进”并重原则，通过外引内培，建立优秀拔尖人才迅速成长机制，已培育“双师型”教师 30 人，兼职教师 11 人。按照“数量保证、结构合理、素质过硬、整体优化”的方针，积极建设“双师型”教师队伍。7 名教师参加至少 3 个月社会实践锻炼，23 名授课教师全部参加短期社会实践。

实用技能型园艺人才培养同样注重实践教学基地建设。吉林农业科技学院园艺专业高度重视校地校企合作，注重教学，推动科研，面向社会，送科技下乡，为当地广大养殖户提供技术指导工作，建有 6 个校内基地和 70 个校外基地，创造了巨大经济和社会效益。淮阴工学院园艺专业将建设农科教合作人才培养基地作为一把手工程，搭建“校内中心 + 校外基地”实践教学大平台，现有农科教合作人才培养基地、校企合作、校地合作、校外基地共 61 个。重庆三峡学院有 1 个市级实验教学中心、1 个校级工程中心，6 个基础实验室、4 个专业实验室、2 个特色实验室，形成“基础实验室 + 专业实验室 + 特色实验室”实践教学平台，与企业合作建立 2 个研究中心和 1 个研究所，与 10 余家企业事业单位签订校企或校地合作协议，校外实习基地 10 余个；按照农业生产规律，把部分理论教学和实践教学安排在校外基地进行，积极探索“边顶岗实习，边理论学习”教学方式，改革课程、学业评价考核方法，初步建立质量评价体系。淮阴工学院联合江苏省农垦集团有限公司、江苏淮安国家农业科技园共同建设的“江苏省植物生产与加工实践教育中心”获江苏省教育厅批准立项建设，已投入 600 余万元完成一期工程建设。此外，国家卓越农林人才教育培养改革实践基地、农垦学院已在江苏淮安国家科技园正式挂牌，试点班 100 余名师生已入驻开展正常的教学活动，“校内中心 + 校外基地”的实践教学大平台运行良好。

实用技能型园艺专业大都以学生能力为主线进行优化，突出学生实践技能培养，建设标志性课程。铜仁学院在优化理论课程设置、夯实专业理论基础的同时，开设特色专业课程，推动课程教学基地建设；增设特色实践课程，增强实践应用能力；深化课程建设改革，提升教学质量水平。仲恺农业工程学院形成了“居住区绿地规划设计”、潍坊科技学院形成了“花卉栽培技术”“新编蔬菜栽培学”、安徽工程大学形成了“果汁果酒加工实训”、天津农学院形成了“果蔬贮藏保鲜”等标志性课程。

试点高校园艺专业注重建立新机制，形成新体系。阜阳师范学院园艺专业围绕学生就业育人才，以就业为导向，提出“1+1+2”进阶式培养模式（即 1 学年学习专业基础课程，1 学年进行主干课程学习与生产实践，2 学年从事规划 – 设计 – 工程实践与毕业设计），突出“高校＋实习基地＋工程施工”的环节及内容。学校与企业共同制订培养目标，共同建设课程体系和确定教学内容，共同实施培养过程，共同评价培养质量。河北北方学院园艺专业制订了操作性强的项目实施细则及系列制度。沈阳工学院园艺专业成立校外教学指导委员会，发挥行业专家作用。吉林农业科技学院园艺专业设立专项教学经费，从组织机构、政策和条件支持、管理与运行制度及师资选聘等方面保障教学质量，加强教学质量监控与信息反馈机制建设。淮阴工学院园艺专业对人才教育培养改革的指导思想、工作目标、组织管理机构、培养模式与学籍管理、学生遴选与管理、教师聘任、质量评价、保障措施等进行了明确和规定，先后制订校教学相关文件 19 项、校实验管理相关文件 21 项、校实践教学与质量监控文件 26 项、校教学研究相关文件 13 项，校师资相关文件 25 项、校教材建设相关文件 2 项、院校管理制度 21 项，从政策、制度和机制上保证了卓越农林人才教育培养计划试点项目的顺利推进。

总体来看，卓越农林人才教育培养计划做好了规划设计，做到积极、稳妥、有序推进。项目实施以来，培养了一批具备良好实践创新能力、国际视野和适应经济社会发展需要、行业认可的高质量人才，人才培养模式改革创新取得突破，教师队伍建设初见成效，实践基地建设不断加强，质量保障体系健全完善，为“卓越计划”后续实施和最终目标达成奠定了坚实基础。

一方面，园艺人才培养在此次改革中取得了新进展。相关高校大胆探索，转变教育思想观念，开展人才培养改革创新，不仅找到了学校自身的准确定位，明确了办学方向，而且借此出台了系列配套政策，设立试验区，推进教学改革，培育和建设了师资队伍、实践基地，优化了课程体系，学生实践能力和创新能力明显提升。高校均列出了详细的建设方案，根据指导思想和培养目标，采取了人才培养模式改革诸多措施，在培养方式、课程设置、教学方法等方面进行综合改革。另一方面，保障条件明显增强。相关高校积极整合教学资源，大力建设师资队伍和实践教学基地，完善相关管理制度和内部治理结构。对基地建设（包括实验室、实验中心、实践教学基地）、设备仪器、创新创业及师资队伍（尤其是教师培养和引进）、课程教材建设（尤指精品课程和精品教材）、特色专业建设和人才培养模式改革研究等给予资金保障。

第三章 我国园艺高等教育本科人才培养

园艺本科人才培养在推进农业现代化进程中发挥重要作用。本章基于实证研究，从生源质量、课程设置、核心知识与技能、教师的教育教学过程以及实习实践等角度，探讨了特定时期我国园艺本科人才培养的基本状况，分析了我国涉农高校园艺本科教育存在的主要问题及其成因，提出未来我国园艺本科人才培养的发展趋势，包括持续提升人才培养质量、完善课程设置、提升学生自主学习能力、改革实践教学、提升学生全球胜任力和深化国际化等[1]。

一、我国高校园艺专业发展概况

本章关于我国园艺本科人才培养的支撑材料及统计数据，主要源自“教育部高等学校园艺专业教学指导分委员会”（以下简称“园艺教指委”）委托课题“高等学校全国植物生产类专业调查”的研究结果。附录 8 显示了调查问卷的具体内容。

分析表明，我国农业院校园艺本科专业人才培养总体目标是以立德树人为根本，培养掌握较完整的现代生物科学知识体系，具有较宽厚的园艺基本知识和基本理论、较扎实而熟练的基本技能和实践创新能力，具有国际视野和合作交流能力，能从事果树、蔬菜、观赏园艺、设施园艺及其他相关专业方向的现代园艺科技推广、产业开发、经营管理及教学和科研等业务工作，有较宽广的适应性和一定专业特长的一流的拔尖创新人才、卓越的行业管理人才和企业家、各类领军人才。园艺本科人才的培养模式主要根据社会经济发展、科技进步以及学生能力培养和就业的需要，按照培养“厚基础，宽口径，强技能，高素质”和“适应性广并具有专业特长”的研究型、复合型、应用型人才培养目标要求，探索园艺专业人才分类培养模式，构建符合国家产业发展和社会需求的园艺本科人才培养体系，优化课程结构，精选教学内容，及时将新知识、新理论、新技术和新成果充实到教学内容中，强化实践技能培养，开设一批有助于提高学生创新能力和就业能力的新课程。压缩课内总学时，增加实践教学环节比重，让学生有更多时间自主发展、参加实习和社会实践，充分体现园艺专业实践

[1] 胡瑞，李忠云 . 我国园艺专业本科人才培养的现实困境与路径选择：基于对我国 42 所高校园艺本科专业的调查 . 中国农业教育，2016（4）：22–29.

性、应用性强的特点。

依托"教育部高等学校植物生产类专业教学指导委员会"原主任委员、中国工程院邓秀新院士主持的"高等学校全国植物生产类专业调查"项目调查的结果，截至2014年，我国共有42所高校设有园艺专业，累计本科在校生2.1万余人，毕业生6.3万余人。从专业设置上看，主要有两种类型，一部分学校在园艺专业内再分为果树、蔬菜和观赏园艺等专门化方向。另一种是直接设置宽口径园艺专业，但在专业课教学中对专业知识的整合方式和程度有所不同。具体如表3–1所示。

表3–1　42所高校园艺专业设置基本情况

院校	设置时间/年	在校生/人	累计毕业生/人	院校	设置时间/年	在校生/人	累计毕业生/人
吉林大学	2004	198	229	河南科技学院	1974	773	2 772
吉林农业科技学院	2004	—	—	西昌学院	1983	209	1 500
吉林农业大学	1956	393	2 066	西南大学	1950	358	—
沈阳农业大学	1952	1 000	3 845	四川农业大学	1934	709	2 352
东北农业大学	1958	311	1 200	重庆三峡学院	2009	144	35
延边大学	2013	201	—	华中农业大学	1940	516	—
内蒙古大学	2012	63	—	长江大学	1985	487	2 800
集宁师范学院	2013	38	—	湖北民族大学	1984	85	1 206
河北北方学院	2004	494	476	白城师范学院	2007	55	50
中国农业大学	1923	450	2 350	湖南农业大学	1989	281	—
北京农学院	1994	230	—	安徽农业大学	1963	699	1 829
天津农学院	1977	262	1 320	安徽科技学院	2009	244	1 276
塔里木大学	1953	347	2 221	南京农业大学	1921	442	2 618
陇东学院	2005	141	156	苏州大学	2001	106	106
河西学院	2002	279	280	扬州大学	1952	469	2 898
西北农林科技大学	1934	790	4 000	浙江大学	1999	147	330
西安文理学院	2006	273	—	浙江农林大学	2002	253	499
山西师范大学	2001	252	472	华南农业大学	1946	908	4 160
山西农业大学	1958	1 265	5 700	华侨大学	2006	126	129
青岛农业大学	1998	449	3 437	凯里学院	2010	164	—
潍坊科技学院	2008	219	68	云南师范大学文理学院	2009	82	—

注：本表数据统计截止时间为2014年4月。

学科评估是对学科发展水平的整体性评价，也是学位中心对具有博士硕士学位授予权的一级学科进行的整体水平评估。学科评估的评价指标，在一定程度上反映一个学校的学科实力。学科评估被高校视为一次“全身体检”，能够梳理自身学科的优缺点，更多地关注自身办学质量和特色，从高校学科建设中挖掘内涵，真正把大家的注意力引到学科质量和水平提升上。

截至 2017 年，我国高校园艺专业已完成第四轮学科评估，具体如表 3–2 所示。

表 3–2　园艺学科整体水平分段统计

档次	本档内单位数	学校名称（按学校代码排列）
A^+	2	浙江大学、华中农业大学
A^-	1	南京农业大学
B^+	5	中国农业大学、沈阳农业大学、山东农业大学、湖南农业大学、西北农林科技大学
B	2	上海交通大学、华南农业大学
B^-	4	河北农业大学、安徽农业大学、福建农林大学、西南大学
C^+	4	北京农学院、东北农业大学、四川农业大学、甘肃农业大学
C	3	山西农业大学、海南大学、石河子大学
C^-	4	河南农业大学、云南农业大学、新疆农业大学、扬州大学
其他	11	天津农学院、内蒙古农业大学、延边大学、吉林农业大学、江西农业大学、青岛农业大学、河南科技学院、广西大学、西南林业大学、宁夏大学、河北科技师范学院

二、我国高校园艺本科人才培养现状

本部分力求基于实证研究获得的数据，从生源、课程、教学与实习实践等角度，系统分析园艺本科人才培养的基本状况。

首先是调研方法及样本的构成。于 2013 年开展问卷调查，以全国所有植物生产类专业中设置园艺专业的高校为整体样本，采用普遍调查（全样本调查）方法设计调查问卷，且文本邮件和电子邮件同时寄送，对全国 54 所本科院校园艺专业进行调研，回收有效问卷 42 份。为充分了解园艺专业本科人才培养情况，研究同时还采用了实地调研的方法。在问卷调查的同时，研究团队对华中农业大学、南京农业大学、东北农业大学、华南农业大学、湖南农业大学、浙江大学、吉林大学等 16 所高校进行了实地调研，访谈了所在学校园艺专业负责人、学科带头人、骨干教师、教务处负责人、教学及学生事务管理人员、学生代表等，考察了园艺专业培养目标、培养模式、培养内容、课程设置、实践教学、师资队伍等情况。

其次是实证研究的维度及内容。调查问卷主要包含五个部分：第一部分：专业设置及学科背景。具体包括设置时间、在校生人数、近5年招生规模、学科点情况等；第二部分：师资力量。具体包括教师总量、职称结构、学历结构、年龄结构、学缘结构及入选国家和省级各类人才计划情况等；第三部分：培养模式。主要包括专业核心知识与核心技能构成；第四部分：实践教学条件。包括实验室、校内外教学实习基地建设；第五部分：生源与就业情况。其中，生源情况包括近5年专业第一志愿录取率、调剂至本专业学生比例、农村户口学生比例。就业情况包括就业率、对口行业就业率、到县级以下基层就业率、考研率和出国率等。

以下从园艺产业发展及行业特点、教学基本建设、人才培养模式、教师教学评价导向等方面进行专门探讨。

（一）园艺本科人才生源质量

调查显示，2009—2013年，42所综合性大学与高等农业院校的园艺专业，通过高考第一志愿录取的生源比例仍然较低，不超过总人数的50%，且呈现下滑趋势。甚至部分重点院校近5年来平均第一志愿录取尚未达到20%（表3-3）。

表3-3　吉林大学和西北农林科技大学园艺专业生源情况

年份	专业第一志愿录取率*/%		调剂至本专业学生比例/%	
	吉林大学	西北农林科技大学	吉林大学	西北农林科技大学
2009	10.94	67.50	57.81	9.60
2010	14.06	58.60	69.38	11.30
2011	13.73	33.50	54.90	15.90
2012	7.14	31.50	64.29	22.50
2013	6.15	26.40	63.08	17.80

*指专业第一志愿录取学生占该专业录取学生总数的比例。

一方面，园艺专业第一志愿录取率不高、整体生源质量堪忧的状况普遍存在；另一方面，少数地缘吸引力强、学科特色明显、品牌优势突出的高校对学生有较强吸引力，例如，2009—2013年浙江大学园艺专业招生第一志愿录取率均达到100%。目前导致园艺专业生源困境的因素至少包括三个方面。一是目前农业生产力水平仍然偏低，农村整体不发达、经济落后，涉农行业工作条件较为艰苦、待遇不高及中国社会传统上对农业的偏见等；二是重点农业大学整体录取分数线近几年不断攀升，录取门槛越来越高；三是园艺专业学生大多来自农村，家庭经济比较困难，学费成了很大的负担[1]。

[1] 汤青林，张洪，周志钦，等.园艺学本科专业现状及改革发展对策.西南师范大学学报（自然科学版），2010（10）：232.

生源状况不理想是影响农学和园艺专业学生培养质量的重要因素。回收问卷反映出农学、园艺等专业第一志愿报考率偏低，其中，省属院校园艺专业第一志愿录取率集中分布在 50% ~ 70%，且 2009—2013 年的变化趋势无明显规律性；部属院校调剂至园艺专业的学生比例集中在 1% ~ 10%，省属院校则主要集中在 20% ~ 30%，2009—2013 年期间调剂生源总体呈下降趋势，园艺专业吸引力呈现逐步提升态势。从农村学生比例来看，统计数据反映出原 211、原 985 院校集中在 30% ~ 50%，省属院校集中在 60% ~ 90%，2009—2013 年期间原 211 院校呈下降趋势，省属院校呈上升趋势。

此外，通过对重点农业大学与非农业重点大学园艺专业大学生第一志愿录取率和调剂率的比较发现，2009—2013 年期间，重点农业大学第一志愿录取率的平均值低于非农业重点大学 7 个百分点（图 3-1），说明非农业重点大学园艺专业吸引力更强；重点农业大学招生调剂率和非农业重点大学招生调剂率分别为 37.5% 和 43.2%（图 3-2），说明园艺专业吸引力亟待加强。

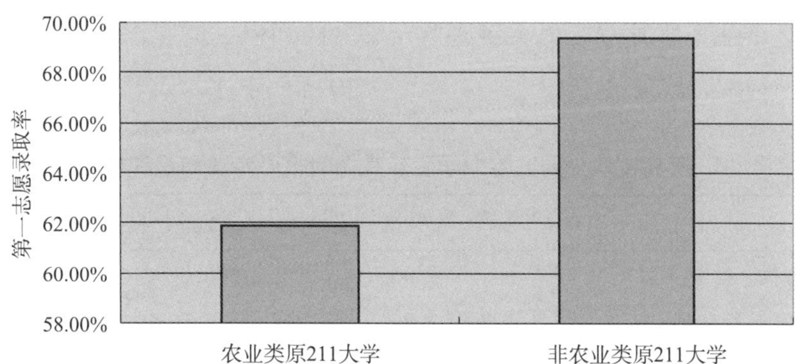

图 3-1 农业与非农业原 211 大学园艺专业大学生第一志愿录取率

本图中所选取的原 211 大学中包含了原 985 大学

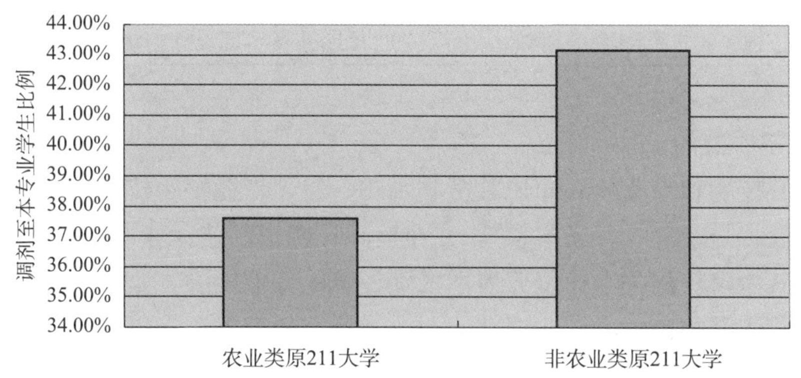

图 3-2 农业与非农业原 211 大学园艺专业大学生调剂率

本图中所选取的原 211 大学中包含了原 985 大学

（二）园艺专业本科生的核心知识与技能要求

1. 专业核心知识

专业核心知识是体现专业自身特色、形成专业知识和能力的一组课程，基本具有“通、厚、宽、活”特点。“通”即基础课与相近专业打通，有利于学生跨专业选课；“厚”即专业基础课和专业课厚重；“宽”，即拓宽专业的口径；“活”即增加各类选修课，给学生以更大选修余地，有利于个性培养。

根据调研结果，样本高校认为园艺专业大学生应掌握的核心知识主要有园艺植物（作物）栽培，（园艺）植物育种，园艺植物采后生物学与贮藏物流、加工，设施园艺（学），（园艺植物）病虫害防治等；专业核心技能主要有育种与制种，病虫害、药剂防治技术，园艺产品贮藏加工技术，（设施）花卉、蔬菜、果树等植物生产栽培技术，园艺场、区设计与规划等（详见表 3–4）。以上核心知识与技能的习得与掌握是实现园艺本科人才培养目标的根本要求，同时，园艺专业学生也应紧跟科技发展趋势，通过掌握如园艺养生、食疗等与人类健康紧密结合的知识，适应未来园艺本科人才市场需求。

表 3–4　42 所高校认为园艺专业学生应掌握的核心专业知识和核心技能统计

序号	核心专业知识	频次	核心专业技能	频次
1	园艺植物（作物）栽培	30	育种与制种	25
2	（园艺）植物育种	29	病虫害、药剂防治技术	23
3	园艺植物采后生物学与贮藏物流、加工	21	园艺产品贮藏加工技术	19
4	设施园艺（学）	20	（设施）花卉、蔬菜、果树等植物生产栽培技术	18
5	（园艺植物）病虫害防治	19	园艺场、区设计与规划	18

2. 专业核心技能

专业核心技能和专业核心知识紧密联系在一起，专业核心技能的拥有来源于专业核心知识掌握，是专业“看家本领”。专业核心技能指园艺专业所培养学生应具备的、特有的，与其他院校相关专业培养体系区别显著的专业能力，是学生求职、就业、创业可以运用并依靠的，由本专业拥有的一系列特定教育资源支撑的，并由相应人才培养方案的执行最终使学生掌握的若干专业能力点的综合表现。

园艺专业核心技能构成主要为四个相互交叉的方面：一是认知实践技能。认知实践技能的提升主要通过学习园艺植物生长与环境、土壤与营养、组织培养等基础课程，训练园艺植物分类识别、植物生长测试、土壤营养诊断、植物营养诊断、组织培养等技能，在实验室让学生亲自动手操作反复实验，为专业知识学习奠定坚实基础。二是生产实践技能。生产实践技能的发展主要通过田间试验与生物统计、园艺设施、育种植物保护、各种园艺植物栽培、贮藏与加工、修剪等课程的实践性教学，开展田间试验与统计、园艺设施与使用、园艺植物种苗繁育、园艺植物病虫识别与防治、园艺植物栽培、贮藏加工、插花与盆景制作、绿化植物配置等专业技术技能练习，培养学生专业素质。三是综合实践技能。综合实践技能的培养主要是与校内外实习基地结合，让学生深入田间地头，全面参与园艺植物的周年生产、管理、营销活动，进行技能综合应用的实训。学生在课程结束时参加毕业实习，接触社会、了解社会、适应社会，并完成毕业论文，这是技能训练中的重要一关。四是社会实践技能。社会实践技能的培养要求开展社会调查和社会服务，到涉农企业参加实习、训练，提高综合素质。

总体来看，专业核心技能具有以下四个特征：一是综合性，专业核心能力不是单一专门课程培训所能完成的，是培养体系中综合知识、综合素质的有机合成。二是长期性，专业核心能力形成需要经过较长时间的不断学习和训练，短时间培训不能形成。三是成长性，专业核心能力随着拥有人在实践中不断运用而增强。四是独特性，专业核心能力难以模仿，由一系列特定教育资源和系统培养方案所支撑。表 3–5 反映了调研过程中园艺专业本科生所需专业核心技能在 42 所高校的认同情况。

表 3–5　园艺专业本科生所需专业核心技能认同情况

序号	专业核心技能	频次	提出该技能的高校
1	育种与制种	17	华侨大学、南京农业大学、浙江大学、华南农业大学、吉林大学、吉林农业大学、内蒙古大学、山西农业大学、沈阳农业大学、四川农业大学、塔里木大学、天津农学院、西北农林科技大学、西南大学、延边大学、山西师范大学、西安文理学院
2	病虫害、药剂防治技术	16	安徽科技学院、湖北民族大学、吉林农业科技学院、南京农业大学、吉林农业大学、凯里学院、陇东学院、青岛农业大学、山西农业大学、塔里木大学、天津农学院、西南大学、苏州大学、潍坊科技学院、山西师范大学、西安文理学院
3	园艺场、区设计与规划	15	安徽科技学院、湖北民族大学、华侨大学、安徽农业大学、河南科技学院、凯里学院、陇东学院、内蒙古大学、山西农业大学、西南大学、苏州大学、延边大学、浙江农林大学、山西师范大学、重庆三峡学院
4	（设施）花卉、蔬菜、果树等植物生产栽培技术	15	华侨大学、集宁师范学院、吉林大学、吉林农业大学、凯里学院、陇东学院、青岛农业大学、山西农业大学、沈阳农业大学、四川农业大学、天津农学院、西南大学、苏州大学、延边大学、云南师范大学文理学院

续表

序号	专业核心技能	频次	提出该技能的高校
5	园艺产品贮藏加工技术	14	集宁师范学院、南京农业大学、浙江大学、安徽农业大学、华南农业大学、吉林大学、凯里学院、陇东学院、内蒙古大学、青岛农业大学、山西农业大学、西北农林科技大学、苏州大学、延边大学
6	组织培养技术	12	安徽科技学院、华侨大学、南京农业大学、浙江大学、吉林大学、陇东学院、内蒙古大学、天津农学院、延边大学、云南师范大学文理学院、西安文理学院、重庆三峡学院
7	园艺植物栽培技术	12	安徽科技学院、浙江大学、吉林大学、吉林农业大学、凯里学院、陇东学院、山西农业大学、沈阳农业大学、天津农学院、苏州大学、云南师范大学文理学院、重庆三峡学院
8	整形修剪	8	湖北民族大学、吉林农业科技学院、南京农业大学、浙江大学、河南科技学院、青岛农业大学、塔里木大学、西安文理学院
9	园艺植物栽培技术	6	吉林农业大学、凯里学院、陇东学院、沈阳农业大学、西北农林科技大学、重庆三峡学院
10	园艺商品商品化处理与销售	6	安徽科技学院、华南农业大学、凯里学院、西北农林科技大学、西南大学、潍坊科技学院、
11	无公害、生物技术	6	河南科技学院、华南农业大学、天津农学院、西南大学、山西师范大学、西安文理学院
12	园艺作物（花卉）繁殖	6	华侨大学、南京农业大学、凯里学院、内蒙古大学、西南大学、云南师范大学文理学院
13	植物（花卉、蔬菜、果树）认知、识别	5	华侨大学、南京农业大学、河南科技学院、吉林大学、苏州大学
14	计算机、信息技术	5	华侨大学、华南农业大学、青岛农业大学、山西农业大学、重庆三峡学院
15	园艺设施技术	5	安徽科技学院、安徽农业大学、内蒙古大学、四川农业大学、延边大学
16	园艺作物育苗技术	5	吉林农业科技学院、浙江大学、河南科技学院、吉林大学、延边大学、山西师范大学
17	技术开发和推广	5	华南农业大学、内蒙古大学、山西农业大学、沈阳农业大学、浙江农林大学
18	嫁接	4	湖北民族大学、吉林农业科技学院、浙江大学、河南科技学院
19	施肥、土壤肥料	4	湖北民族大学、集宁师范学院、青岛农业大学、西北农林科技大学
20	无土栽培	4	湖北民族大学、内蒙古大学、山西农业大学、天津农学院
21	园艺、观赏产品生产	4	安徽农业大学、华南农业大学、苏州大学、山西师范大学

续表

序号	专业核心技能	频次	提出该技能的高校
22	盆景与插花艺术	4	华侨大学、内蒙古大学、天津农学院、延边大学
23	园艺企业经营管理	4	华南农业大学、青岛农业大学、山西农业大学、潍坊科技学院
24	食用菌栽培技术	3	安徽科技学院、吉林大学、延边大学
25	扦插	3	湖北民族大学、浙江大学、河南科技学院
26	植物（花卉）配置	3	华侨大学、西安文理学院、重庆三峡学院
27	生产实践技能、动手能力	3	青岛农业大学、沈阳农业大学、浙江农林大学
28	温室管理技术	3	塔里木大学、西北农林科技大学、西安文理学院
29	蔬菜植株调整技术	2	吉林农业科技学院、河南科技学院
30	植物保护	2	集宁师范学院、华南农业大学
31	分子生物学实验技术	2	南京农业大学、浙江大学
32	园艺设施、机械操作生产	2	南京农业大学、内蒙古大学
33	专业文献检索与写作	2	南京农业大学、青岛农业大学
34	园艺生产相关的政策法规	2	安徽农业大学、浙江农林大学
35	园艺场、田间管理	2	凯里学院、西安文理学院
36	园艺产品营销策略	2	西北农林科技大学、西南大学
37	设施环境调控技术	2	山西农业大学、天津农学院
38	观赏园艺造景设计	2	西北农林科技大学、重庆三峡学院
39	定植	1	湖北民族大学
40	播种	1	湖北民族大学
41	土壤耕作制度	1	湖北民族大学
42	切花采收与保鲜	1	华侨大学
43	园艺设施环境调控技术	1	山西农业大学
44	观光园艺	1	凯里学院
45	草坪设计施工养护技术	1	内蒙古大学
46	蔬菜管理技术	1	塔里木大学
47	园艺植物生理指标测定	1	天津农学院
48	植物组织切片制作与观察	1	天津农学院
49	教育教学技能	1	山西师范大学
50	病原菌鉴定	1	西安文理学院

（三）园艺本科专业的课程设置

不同层次类型的高校在园艺专业本科生课程种类的选定、设立和安排上有所差别。围绕园艺本科人才培养应具备的核心知识，农业院校园艺专业在课程设置上体现出一定的共性，普遍设置了果树园艺学、蔬菜园艺学、观赏园艺学、茶园艺学、园艺植物栽培学、园艺植物育种学、园艺植物生理学、园艺植物病虫害防治以及园艺植物加工等课程。表 3-6 反映了 42 所高校园艺专业核心课程设置情况。此外，各校还根据学科优势和区域特色开设大量选修课。

表 3-6　42 所高校园艺专业核心课程设置情况

果树学方向	蔬菜学方向	观赏园艺学方向	茶学方向
果树栽培生理与生物学	蔬菜栽培生理学	观赏植物学	茶树栽培学
果树育种学	蔬菜良种繁育学	花卉育种学	茶树育种学
果树现代生物技术	特产蔬菜栽培	盆景学	茶文化学
果树安全生产	有机蔬菜生产原理与技术	观赏植物种苗学	茶叶加工学
设施果树学	蔬菜无土栽培学	鲜切花生产与采后技术	茶叶审评学
特种果树栽培学	工厂化育苗原理与技术	花卉装饰与应用设计	茶叶生物化学

第一，重点农业大学的园艺本科专业课程设置。重点农业大学均强化学科基础知识教学，强调基础和拓宽，同时，充分发挥各实践创新载体的作用，为学生创新创业学习提供保障。如中国农业大学将园艺专业以 7 个模块方式开设专业课程，特别要求加强分子生物学、植物遗传学等，使学生掌握牢固基础知识，增加分子生物学实验、生物技术、园艺产品品质分析与检测、逆境生理和计算机调控的模拟模型应用等方面新内容，强化学生创新精神和能力培养。华中农业大学对果树、蔬菜、观赏植物的育种学、昆虫学、病理学课程进行合并或组装，增设了园艺植物生物技术等课程，要求学生实现“三早”，即早进实验室、早进团队、早进课题。南京农业大学提出实行广适性人才培养，对园艺专业进行重组优化，在注重专业核心课程学习的前提下，加大学生选修课程的比例与灵活性，鼓励学生选修园艺专业相关课程外的一些课程，如经济、管理、银行货币、土地资源管理、法律等方面的课程，拓宽知识面，优化知识结构，为学生毕业后的创业打下坚实的基础。

第二，地方农业院校的园艺本科专业课程设置。地方农业院校更加注重复合型人才培养。湖南农业大学、山东农业大学和山西农业大学将果树、蔬菜、花卉栽培学总论部分合并后开设园艺学通论。东北农业大学在强化专业核心课程的同时，根据专业特点，相应增设工程类（结构力学）、农用建筑类（农用建筑材料、农业建筑）、管理类（市场营销学）及规划设计类（农业园区规划与管理）的课程。仲恺农业工程学院园艺专业主要围绕都市园艺、产业化园艺建设课程群，包括传统园艺课程群、观赏园艺课程群、景观园艺课程群、都市休闲园艺课程群、特色园艺课程群和经营与管理课程群等6个课程群。传统园艺课程群包括果树学、蔬菜学等课程；观赏园艺课程群包括花卉学、园林树木学、园林树木栽培养护学、园林苗圃学、盆景学等课程；景观园艺课程群包括园林制图、绿地规划设计、绿化工程预决算及景观植物配置等课程；都市休闲园艺课程群包括植物无土栽培、设施园艺学、插花艺术及干花与压花艺术、都市农业、有机农业和休闲农业规划等课程；特色园艺课程群包括热带切花栽培、热带亚热带果树栽培、特色蔬菜栽培、高尔夫球场与运动场草坪等课程；经营与管理课程群包括农业技术经济学、园艺生产运作与管理、农业信息学、农产品营销学等课程。

林业院校园艺专业有别于农业院校园艺专业，主要以木本观赏园艺、果树园艺及特种蔬菜园艺为专业方向。以木本园艺植物资源开发与利用，果树园艺和绿地规划设计以及特种蔬菜栽培与加工为重点，以盆景赏石、根雕艺术为优势项目，紧密结合生产实际，产、学、研相结合，培养学生综合能力。

第三，高职院校的园艺专业课程设置。高职院校主要是以职业能力培养为核心，多以“能力本位”为指导思想进行课程设置，但对于“能力”理解不一。有的院校持简单的能力观，课程设置注重职业能力培养与训练；有的持综合能力观，课程设置紧紧围绕综合能力培养，课程设置多样化，包括果树、蔬菜、花卉、树木等领域知识。其中，果树方向课程设置包括果蔬贮藏与加工学、果树栽培学总论和各论、果树商品学等课程；蔬菜方向课程设置包括蔬菜育种学、蔬菜栽培学、蔬菜栽培生理等课程，而且增设了一些现代课程，如蔬菜商品学、名优特野菜栽培技术等课程；花卉学和树木学方向课程设置包括城市园林制图、园林规划设计及花卉栽培学等课程。

纵观所有农业院校，园艺专业学生须具备一定人文、社会科学和生物学等自然科学基础知识，具备能够进行植物生产操作与技术指导，园艺生产技术应用性试验与开发推广，园艺植物病虫害防治与检疫，园艺产品贮藏、运输、加工，市场营销，园艺生产园区设计，建园和生产管理等相关能力。如病虫害防治、栽培、育种、修剪、插花等是必须具有的技能，基本上专业核心课中都设置“园艺作物栽培实习”“园艺作物育种实习”等，强化了园艺专业核心实践能力培养。随着时代发展，现代生物技术、信息技术、机械装备和加工技术的掌握也逐渐成为专业的核心技能，也和地域特色有一定联系，不同类型学校有所不同。

（四）园艺专业学生学业状况及就业取向

1. 园艺专业学生学业情况

关于学生学业状况的基本结论主要总结自2014年“全国高等学校植物生产类专业调查”项目的数据。调查走访的42所高校的园艺专业教师及相关管理人员普遍认为，园艺专业学生入学后学习自主能动性和积极性亟待提高，主要表现在三个方面：一是缺乏“专业自信”，部分学生对于园艺专业的优势、特点、发展前景等缺乏乐观预期，嫌弃果树、蔬菜等园艺专业学习任务重、未来就业较辛苦，缺乏扎实从事专业学习的信心和勇气，毕业后更倾向于在其他行业就业；二是专业核心能力欠缺。学生的专业知识、实践技能、综合素质等是衡量教学质量的重要标准[1]。由于缺乏专业自信，许多学生对专业核心知识及核心技能掌握不牢固。访谈过程中，专业课教师形象地描述了学生专业核心能力欠缺的表象——“苹果挂在树上时知道是苹果树，苹果落地后则无法辨认树种”。学生的专业基础薄弱、专业素养不高的现象堪忧。三是受到“求职”与“考研”的双重影响，学生的专业学习时间及精力投入不充分。许多学生将考研准备及求职择业“前移”，大学三年级就开始投入准备，致使专业学习关键时期没有得到很好的利用。

2. 园艺专业学生就业取向

就业状况是反映人才培养质量规格是否符合市场需求的重要标准，也是影响生源质量的重要因素。园艺专业毕业学生就业去向大致分为以下几种：一是到各级政府管理部门从事管理或农业技术推广工作，单位主要是农业局、基层农村或其他相关部门。二是到教学、科研单位从事农学或生物学教学与科研工作，这部分就业学生以研究生占绝大多数，学历要求上升趋势非常明显。三是到园艺公司等企业从事生产、管理、销售或研发等工作，这一部分所占比例越来越大，并呈逐年递增的趋势，目前以本（专）科、职业院校学生就业为主。四是到本专业外其他单位或部门工作，或是自主创业。

（五）园艺专业教师教学投入

学科专业建设的关键和核心是师资队伍建设，没有一流队伍，就没有一流学科专业，也难以培养高素质创新人才。园艺专业教师在提升自身教学水平及授课质量上存在几方面突出问题：一是重科研、轻教学。实证调研发现教师忙于科研、忽视教学，在教学上投入的时间精力较少，以职称评审条件为指挥棒，存在急功近利思想。二是“教授上讲台”尚未落到实处。教授很少给本科生上课，在教育部明文规定下，虽然不少教授开始为本科生授课，但仍存在着“讲讲专题”“集中授课”或“联合授课”等作秀现象，教授与学生深入互动、教学相长仍停留在表面。三是教师教学热情及实践能力不足影响教学质量提升。目前，高校职称评定标准仍存在重科研轻教学现象，缺乏体现教师本科教学成绩的导向机制和激励机制，成为教师投入教学的热情不高，投入的精力不足，教学积极性难以得到保护的重要原因之一。青年教师是本科教学的主力军，近些年比例增加较快，其授课水平高低直接关系到本科人才培养质量。然而，调研高校普遍反映出新进教师实践教学能力欠缺的问题，相当比例新教师擅长于撰写较高影响因子的学术论文，喜欢待在实验室，但专业基础知识不够扎实，专业实际认知和实践动手能力较差，短期内很难适应园艺这门实践性很强学科的专业课程教

[1] 孙泽平，何万国．新建本科院校的人才培养质量标准探析．教育探索，2010（11）：79.

学。由于新进教师疏于走入田间地头，对生产实际不了解，故不善于运用专业知识指导学生开展实践实习教学活动。此外，我国部分高校园艺专业教师队伍建设缓慢，难以引进优秀人才，学术梯队尚未形成，缺乏学科带头人，缺乏具有实践经验的中青年骨干教师，且优秀教师、青年教师思想不稳定，倾向于向名校流动，教师队伍状况不能满足学科专业发展需要。

（六）园艺专业实践实习教学

园艺专业具有实践性、应用性强的突出特点，要求学生投入时间精力参加专业实习和社会实践。园艺本科生的实践教学得到普遍重视，涉农高校采取多元化方式促进学生实践能力的提升。一是通过课程教学过程的实践操作，促进学生对园艺生产基本原理与基本理论的理解，培养学生从事园艺产业生产与管理的能力，掌握园艺作物生产栽培基本技术和新技术，为其从事园艺产业相关工作打下坚实的技术基础。二是依托校内外综合实践，促进学生加深对园艺学总论和相关理论教学内容的掌握。三是借助实地考察和体验，帮助学生了解园艺产业生产现状和发展趋势，体验园艺产业基地建设、新品种和新技术应用、市场研发和产品销售等方面实际情况。四是发挥毕业生产实习的作用。毕业生产实习主要在第八学期进行，所有课程已修完，结合自己将要从事的工作，进行最后实习，为即将毕业踏上社会或继续读研做好最后的准备，毕业实习期间同时完成毕业论文。

学科实力较强的农业院校多注重培养学生科研实践创新技能，鼓励和支持学生参加科研创新实践活动。如各类实验室面向学生开放，接纳优秀学生参加课题研究，在导师指导下从事科研创新活动。这一情况主要体现在部属和部分地方农业院校。此外，有条件的农业院校立足校内培养学生综合实践技能，如华中农业大学、山东农业大学等充分利用校内资源建设园艺植物生产教学实习基地，让每个园艺专业学生都有一小块地，按小组进行承包，选择一到几种园艺植物，独立从整地、播种及育苗、移栽、施肥、技术管理病虫害防治、产品采收、包装和销售等全过程操作，并由不同课程专业教师把相关课程实习、实验编成指导书，结合到园艺模拟承包课程中进行全程指导，使学生们了解一定专业知识去实践，在实践中发现问题再探讨解决的方法。同时要求学生分专题分阶段总结。课程按照各小组种植的植物生长管理情况、最终产量、销售情况和专题小结进行综合考评。通过为期一年的园艺模拟承包课程，既提高了学生的专业学习积极性，又提高了创新能力和专业核心技能，还提高了解决实际问题的综合能力。

职业院校以培养实用型、技能人才为目标，实践课就成为提高学生专业核心技能的主要方式，实践技能的培养更体现工学结合、半工半学特色，体现产前、产中、产后的综合训练，设置了大量实践学时，增加学生接触实际工作机会，模拟整个工作过程，慢慢熟悉整个工作环节。尤其是注重建设有浓厚的理论基础，又有丰富实践经验的“双师型”教师队伍来进行培养。此外，为提高实践技能，与企业联合实行订单培养，到园艺公司、大农场进行就业实习。尤其是就业技能顶岗训练，在学生临近毕业前半学期，学校借助于校外企业或实习基地，安排学生顶岗实训，进行真正意义上的就业培训，培养锻炼学生的综合技能，提高综合能力素质。

三、我国高校园艺本科人才培养存在的问题

实证研究表明，园艺专业本科人才培养存在生源质量欠佳、学生学业不专、教学投入不足、实践实习环节薄弱、基层就业吸引力缺乏等突出问题，制约了园艺人才培养质量的提升和园艺人才的市场供给。

（一）行业特点及传统认知导致生源质量欠佳

高校园艺专业生源不足，生源质量较差，一直困扰着园艺专业稳定发展。造成这一现象的原因有以下几点：一是我国农业发展相对其他行业而言有滞后性，农业和农村不发达，生产力水平较低，农村经济较落后，农业工作条件艰苦，农业科技人员待遇偏低等。二是园艺等农科专业学生大多来自农村，受传统思想观念影响，很多学生不愿投身农业，跳出“农门”意愿非常迫切，从而使园艺等农科专业成为冷门专业。三是园艺等农科专业缺乏吸引考生报考的优惠政策，包括园艺专业学生奖学金、本硕博贯通培养和国际化培养等方面支持，毕业生就业面比较窄，导致园艺专业吸引力不足。同等条件下，学生更愿意报考非农专业，且相当数量的学生是调剂而来的，对园艺专业不甚了解，专业思想不牢固，学习动力不足。四是学费问题，园艺专业的学生不少来自偏远的农村，家庭经济困难，支付学费有一定困难。因此，如何扩大生源，提高生源质量，是新时期园艺专业建设发展中必须研究解决的一个重要问题。

（二）学生轻视学业偏重就业，急功近利过犹不及

随着社会竞争的日益激烈，当代大学教育功利性也逐渐增强，学生不再是单纯地为了提升自我修养及获得更多知识，相反更多的是关注未来的就业状况。这使得大学这一象牙塔不再如以前那样纯洁，很多传统文化的精华被逐渐冷落。学生缺乏科学的指导思想，专业思想不牢固。相当数量学生由于对园艺专业不了解，加上他们思想浮躁，导致学习动力不足，学习不认真。近几年机关、事业单位面临机构改革，接收的毕业生减少，而公司企业要求应聘学生具备实战经验，加之一部分刚踏出大学校门的学生尚无工作经验却又心高气傲、眼高手低，园艺专业毕业生一度出现相对饱和或相对过剩的情况，毕业生面临比较严峻的就业形势。这一局势不可避免地波及在校大学生的学习，产生了负面效应，求职心切导致学习热情不高。因此，在大学生自主择业、人才供求市场化运作的新的历史条件下，如何引导学生正确看待大学生自主择业与人才供求市场化运作等问题，端正学习态度，牢固树立学农爱农的思想。这是新时期园艺专业建设面临的一个重要问题。

（三）教师队伍建设不能满足学科专业发展需要

首先，教师的教学理念仍显滞后。目前，大学教学大多以课堂讲授考核为中心，以教师为主体，难以带动学生学习的主动性；对教学质量的监控和考核只针对教师课堂讲授，而对课程设计、课程教学团队组成、实践课程考核未有明确规定；教研室承担课程门数多、方向广、教师少，各方向教师队伍组织建设存在较大随机性和差异性；青年教师刚参加工作就承担一门甚至几门课程的教学，教学经验空白致使新任教师备课压力和课堂压力很大，缺少传帮带过程；网络资源尚不够丰富，无法支撑教学，翻转课堂、慕课等运用较少，学生无课前预习、无课后辅导、无作业现象仍存在，试卷结果反馈以教师课堂讲授为中心的教学只做到“授人以鱼”的教学效果，如何实现“授之以渔”的教学效果是目前园艺专业本科教学急需面对的问题。

其次，教师“重科研、轻教学”的现象较为普遍。大量青年教师对教学投入缺乏热情，教学投入精力多但考核分值低，导致教师将更多的精力投入到科研而非教学，此外，教学团队的凝聚力、教学能力，团队带头人的个人风格、管理能力，教师对教学事业的热爱、职业感和职业道德这些非物质因素也对教学质量有着重要的影响。

最后，师资队伍数量不足。一方面是人才流失，随着经济发展，政策的开放，以及社会对园艺专门人才需求，致使一些优秀教师向名校流动，不少高校师资队伍出现青黄不接现象，更缺乏学科带头人，缺乏中青年骨干教师。另一方面是高端师资人才仍显不足，国际化水平欠缺，全英文课程难以开展，有实践经验和实践能力的“双师型”教师少之又少。兼职教师数量和质量仍需提高。少数高校聘请了校外兼职教师和校外导师，尽管具备丰富社会经验和实践能力，但囿于教学经验匮乏和教学环境所限，指导效果有待提高。

（四）课程体系陈旧，不能适应复合型人才培养的需要

园艺专业现行课程体系设置过于强调专业，忽视了综合素质的培养。专业的课程体系设置主要是围绕园艺作物生产技术，而对经营管理方面的课程开设很少，很难适应既有技术，又懂经营管理的复合型人才培养的需要。因此，如何改革课程体系，以适应复合型人培养的需要，是新时期园艺专业建设发展需要解决的一个重要问题。优化园艺专业课程群，注重“产、销”对接市场需求的课程群建设是实现园艺特色专业建设与人才培养的必经之路。专业培养目标是课程群的建设方向，课程建设，特别是课程群建设，是专业改革的重要内容。通过课程群建设，优化、重组课程体系，突出我国不同地区地域特色、产业特色，构建具有地域特色的园艺知识体系，培养具有特色的园艺专门人才。通过地方性特色教材和教辅资料的建设，实现特色课程体系物化，构建特色专业建设的物质基础。在保留传统系统的园艺学科知识的基础上，加强园艺产业经营与管理、都市园艺等知识与能力培养的课程设置。

（五）实践教学的条件支撑不足

园艺专业对实践动手能力要求高，客观要求实习实践环节作为重要支撑，特别是园艺栽培、育种、设施园艺、果树修剪等课程的教学工作高度依赖实习基地。由于种种原因，园艺专业目前专业建设经费不足，特别是实习、科研基地条件较差，基础设施不完善，生产工具也比较落后，难以适应现代化农业对专业技术人才培养的需要。

1. 校内实习基地不足及校外基地难以拓展的双重矛盾

一方面，学校基础设施等硬件条件扩张挤占了教学实习基地空间，且大部分高校地处市区，不具备扩大校内教学实习基地的可能性。另一方面，发展校外教学实习基地艰难。许多高校的校外教学实习基地缺乏或规模较小，不能满足学生需要，学生不能在园艺作物整个生长发育期连续进行观察和管理，影响对课堂教学内容深入理解和掌握。在这样的背景下，许多高校不得不建设校外教学实习基地，但是建设和运行过程增加了办学成本，学生和教师前往校外基地耗费大量时间，食宿安排等均成为顺利完成教学任务的障碍。此外，很多实践教学平台和技能实训基地建设，以人情和校友关系维系合作关系，没有签订正式的校企合作合同。有的学校校内外基地数量庞大，但合作仅停留在学生实习和实训，缺少产学研深度合作。

2. 实践教学安排尚不科学

部分高校园艺专业实践教学课程安排不足，且时间也得不到保障。根据调研结果，部分高校园艺专业每次实习安排时长仅为 1 天左右，只能走马观花，难以达到提高实践技能的教学目的；也有部分高校能够保障 1 ~ 3 周的实习时间，为完成预期目标提供了保障。另一方面，学生忙于应付考试或就业压力等导致实践学习投入不够，实践课程考核比较随意、缺乏科学评判标准等。实践教学虽很重要，但落实困难，没有起到提高学生实践动手及创新能力的目的。此外，大多普通园艺专业的实践安排在大学三年级下学期和大学四年级下学期。学校通过这两次实践活动来考察学生的专业素质和专业技能，从实践花费的时间和精力方面来说，显然还很不够。再加上某些学生忙于应付考试或者找工作的主观原因以及对实践课程的考核缺乏科学体系等客观原因，使得实践课流于形式，没有能够真正起到提高学生实践操作能力及认识社会、适应社会等能力的实践目的。

3. 实践教学与企业的合作不充分

企业参与到协同实践育人的意愿不够强烈，被动参与占大多数，企业校外导师责任感有待提高，校外实习期间各种保障机制不够，交通、食宿和安全问题均存在隐患，可供园艺人才培养使用的固定校外实习实践基地较少，基地建设标准缺乏，设施陈旧、理念落后，导致学生实践教学成效有所弱化。可以说，这也是造成当代园艺专业大学生走出校门，跨入企业和社会后，难以适应工作及社交环境，心理承受能力和社会适应能力相对较差的一个重要原因。

此外，实践教学经费投入不足的问题依然存在，经费投入不足，实验实习教学环节得不到保障，基础设施条件较差，不能适应现代农业发展的需要。

（六）园艺专业大学毕业生的就业问题

我国园艺专业大学毕业生就业存在三方面的突出问题：一是就业率高，但不愿到县级及以下基层就业的现象较为普遍。据问卷调查结果，2009—2013 年间，各院校园艺专业毕业生就业率集中分布在 80%～100%；省属院校集中在 90%～95%，且就业率较为稳定；部分重点农业大学则达到 95%～100%。然而，到基层就业的毕业生数量偏低的问题始终没有得到有效解决，例如，2009—2013 年间，部分重点大学园艺专业毕业生到基层就业的仅占 10% 左右，这一时期占比较高的西北农林科技大学也仅为 30% 左右。二是园艺专业高校毕业生有“离农、弃农”思想，对口就业率低。由于行业收入、经济回报、父母观念、家庭背景等因素的影响，农业相关领域就业无法成为毕业生首选，学生去往涉农岗位就业积极性不高。调查显示，重点综合性大学园艺专业毕业生对口行业就业率较低，表 3-7 展示了吉林大学园艺专业毕业生的去向情况。类似地，重点农业大学园艺专业毕业生对口行业就业率也较低，表 3-8 展示了西北农林科技大学园艺专业毕业生的去向情况。三是就业区域选择明显。一方面，毕业生倾向于选择经济发达地区或户籍所在省份的一线城市就业。例如，就读于江浙一带的大学毕业生就业首选或唯一选择意向为长三角地区，就读于广东省的大学毕业生就业首选或唯一选择意向为珠三角地区。另一方面，园艺专业大学毕业生基层就业学生数量偏低。据调查问卷，42

表 3-7　吉林大学园艺专业毕业生就业情况

年份	毕业生总数 / 人	就业率 /%	对口行业就业率 /%	考研率 /%	出国率 /%
2009	31	90.0	55.0	45.0	3
2010	36	90.0	50.0	25.0	3
2011	39	89.0	56.0	40.0	8
2012	38	84.0	48.0	34.0	5
2013	54	89.0	45.0	28.0	2

表 3-8　西北农林科技大学园艺专业毕业生就业情况

年份	毕业生总数 / 人	就业率 /%	对口行业就业率 /%	考研率 /%	出国率 /%
2009	228	94.7	54.8	28.9	0
2010	227	91.6	56.3	35.1	3
2011	279	90.0	52.7	32.6	4
2012	188	90.0	57.0	36.7	2
2013	216	91.7	58.2	31.5	6

注：表 3-7 和表 3-8 中统计的对口行业就业率包含了考取研究生和出国的园艺专业毕业生。

所高校园艺专业毕业生去往县级以下基层就业的毕业生比例的平均值仅为7%。

数据反映出，2009—2013年间，南京农业大学园艺专业就业率较高，除去考研及出国学生，专业对口率仅为30%左右。表3–9反映出南京农业大学园艺专业毕业生的去向情况。总体来看，涉农高校园艺专业毕业生去往农业企业积极性不高，常常受到行业收入、父母观念、家庭的影响等。部分省属涉农院校反映，对口行业就业率低，仅有1/3的学生坚定从事园艺专业，主要原因是果树、蔬菜等行业比较辛苦不愿意从事。因此如何建立知农、学农、爱农观念成为难题。

表3–9　南京农业大学园艺专业毕业生就业情况

年份	毕业生总数	就业率	对口行业就业率	考研率	出国率
2009	81	98.8	56.8	8.6	3.7
2010	96	100	57.7	8.3	3.1
2011	102	100	60.8	9.1	3.9
2012	109	100	57.9	10.1	4.6
2013	112	100	58.4	8.2	7.0

注：本表统计的对口行业就业率包含了考取研究生和出国的园艺专业毕业生。

（七）培养模式单一，滞后于现代社会发展需要

截至目前，园艺专业人才培养模式趋同、教学内容相对陈旧、实践创新能力不强等障碍尚未突破[1]。园艺专业由果树、蔬菜、花卉等专业合并而成，学习内容较多、专业面较广。目前绝大多数高校园艺专业本科人才培养模式较为单一，课程体系和教学内容往往滞后于现代农业发展需要。一是教学内容尚未打破原有专业体系。原有栽培课、育种课、生理课等内容前后重复、分散，没有进行整合优化；专业实践技能训练没有受到足够重视，实践教学比例仍偏低。处于学科前沿的生物技术和信息技术在园艺专业教学中亟须加强。二是课堂上教学方式方法较单一。课堂教学以教师讲授为主，很少开设讨论课程，师生在课堂上互动讨论的机会很少，没能有效开展研究性教学和探究式学习，精品资源共享课、慕课、翻转课堂等应用较少。此外考试考核方法亦不适应现代园艺教学要求。三是缺乏和企业联合培养学生实践，由校内教师培养的学生直接推向社会，学生对社会了解不够，在毕业后往往有一段对社会的不适应期。在“象牙塔单线培养模式”成长起来的学生往往滞后于现代社会发展需要。此外，国际人才培养合作模式及相应制度设计与建设还不完善，学生基本功不扎实、实践创新创业能力薄弱。

［1］史作安，王秀峰，李宪利，等.园艺专业特色化人才培养模式的研究与实践.高等农业教育，2014（5）：48.

四、我国高校园艺本科人才培养的发展趋势

随着世界农业技术迅速发展及我国现代农业的崛起，园艺学在农业经济中发挥越来越显著的作用，这对高校园艺本科人才培养提出了新的要求。园艺本科人才培养应以满足社会需求为第一要义，培养适应当前社会经济建设和社会发展需求的人才，培养大批各种类型的高质量专业人才。

1. 牢固树立新时代人才培养理念，提高人才培养质量

园艺本科人才培养应坚持党的领导和社会主义办学方向，以培养中国特色社会主义事业合格建设者和可靠接班人为目标，把立德树人贯穿到人才培养全过程。人才培养方案要将立德树人的成效作为根本标准，凸显提高教育质量这一首要任务，加强理想信念教育，厚植爱国主义情怀，把社会主义核心价值观教育融入教育教学全过程各环节，引导园艺专业学生养成良好的道德品质和行为习惯，崇德向善、诚实守信，热爱集体、关心社会。一要树立全面发展理念，全面实施素质教育，以培养学生社会责任感、创新精神和实践能力为重点。二要树立终身学习理念，为持续发展奠定基础。三要树立系统培养理念，注重学思结合、知行统一、因材施教，大力推进启发式、讨论式教学，激发学生独立思考与创新意识，重视培养学生提出问题、分析问题、解决问题的能力。通过建立弹性学制，在学生转学、转专业以及双专业双学位等方面给予支持与指导。

2. 优化园艺专业课程设置，完善学生知识结构

专业是人才培养的基本单元，是建设高水平本科教育、培养一流人才的“四梁八柱”。围绕园艺专业人才培养目标，要按照“宽口径、厚基础、强能力、高素质”基本原则，以建设面向未来、适应需求、引领发展、理念先进、保障有力的一流园艺专业为目标，引领支撑高水平的园艺本科教育。科学设计课程总量和结构，降低园艺学科基础必修课学分，增加园艺专业课程资源，确定核心专业课程，使学生具有园艺专业的基本知识与技能，淘汰“水课”打造“金课”；有针对性地采用差异化培养办法，建立学生对课程等的反馈机制，形成师生共同“治学”风尚；加强对通识教育的顶层设计，园艺专业一年级、二年级为通识教育，大学三年级、四年级为专业教育，大幅削减专业课程学分与学时，大量开设通识教育课程，赋予学生更多的学习自主选择权。同时，在学科方向交叉设置课程，重点关注智慧农业、园艺健康等新兴领域，拓宽知识结构、夯实专业基础，满足不同兴趣学生的学习要求。

3. 推动课堂教学改革，提升学生自主学习能力

园艺专业本科人才培养应以学生发展为中心，通过教学改革促进学习革命，积极推广小班化教学、混合式教学、翻转课堂，大力推进智慧教室建设，构建线上线下相结合的教学模式。因课制宜选择课堂教学方式方法，科学设计课程考核内容和方式，不断提高课堂教学质量。积极引导学生自我管理、主动学习，激发求知欲望，提高学习效率，提升自主学习能力。加强考试管理，严格过程考核，加大过程考核成绩在课

程总成绩中的比重。健全能力与知识考核并重的多元化学业考核评价体系，完善学生学习过程监测、评估与反馈机制。加强对毕业设计（论文）选题、开题、答辩等环节的全过程管理，对形式、内容、难度进行严格监控，提高毕业设计（论文）质量。综合应用笔试、口试、非标准答案考试等多种形式，全面考核学生对知识的掌握和运用，以考辅教、以考促学，激励学生主动学习、刻苦学习。

4. 创新实践教学，深化创新创业教育改革

实践教学是园艺本科人才培养中不可或缺的重要环节。园艺专业对动手实践能力的要求较高，加强对园艺专业学生实践动手及创新能力培养，是适应新时代高等教育人才培养的需要，也是园艺专业未来发展的要求。强化实践环节，促进学科间交叉与融合，支持学生参与科学研究。建立循序渐进的实践教学模式，通过基础课程实验训练、专业综合实习、毕业综合实习等逐步深入学习，使学生具备较强的专业综合运用能力。合理设置实验教学，重视基础性实验教学、突出专业综合实验教学、鼓励创新性实验探索，充分调动学生学习的积极性和主动性，培养学生科学思维和创新能力。此外，强化创新创业实践，搭建大学生创新创业与社会需求对接平台。加强创新创业示范基地建设，强化创新创业导师培训，发挥“互联网+”引领推动作用，提升园艺专业创新创业教育水平。

5. 深化推进国际合作与交流，提升园艺专业学生国际胜任力

2010年7月，我国颁布了《国家中长期教育改革和发展纲要（2010—2020年）》，提出要培养大批能够胜任全球化挑战、具有国际化视野、熟懂国际交流规则的国际化高素质人才。2013年“一带一路”倡议提出，农业科技人才肩负着促进我国及沿线国家农业发展的历史使命。“全球胜任力不是奢侈品，不是仅仅针对精英阶层，它是所有人必备的技能”（US Department of Education，2014）。原联合国秘书长潘基文指出，“我们需要能够超越国界采用跨文化的合作解决全球问题。”欧盟将开阔国际视野、提升全球就业力、培养世界公民作为全球战略。OECD新近公布的2018年国际学生评估计划（Program for International Student Assessment，PISA）首次将“全球胜任力”作为一个模块纳入PISA测验。

园艺专业本科人才培养应主动服务国家对外开放战略，积极融入“一带一路”建设，积极推进全球胜任力培养。具体而言，一是构建支持学生发展的课程体系。将培养全球胜任力纳入园艺专业本科人才培养方案，围绕全球胜任力核心素养，加强中国和世界文化等，以及全球议题、语言、写作与沟通等相关教育，帮助学生树立人类命运共同体意识，培养学生跨文化交流能力。二是加强园艺专业学生培养国际交流合作，开展学生交流交换、联合培养、联合科研，组织参加国际学术会议等，给学生提供更多跨文化交流机会，特别是针对“一带一路”沿线国家和广大发展中国家，拓宽国际视野，增强可持续发展的责任感和使命感。三是组织园艺专业学生赴我国政府部门和企业海外机构、国际组织、跨国公司等机构实习，赴国外开展社会调研、志愿服务、文化考察等社会实践活动，增进学生国际理解。四是通过举办园艺学科专业各级各类国际研讨会和文化交流活动，文化育人，让学生不出校门接受世界文化熏陶，涵育学生国际理解与跨文化交流素养。

第四章

我国园艺高等教育研究生培养

研究生教育是我国高等教育的最高层次，是国家创新体系的重要组成部分。我国园艺研究生教育体系自建立以来，培养了大批高级专门人才，支撑和推动了园艺产业的发展与进步。本章分析了我国涉农高校园艺学科设置情况，探讨了园艺研究生培养的招生选拔、导师管理、教学改革、学术管理、奖助体系和毕业就业等核心环节，就我国园艺研究生课程建设问题展开专题分析，同时对园艺毕业研究生的社会评价及认可程度进行了实证研究。

一、宏观概况：我国高校园艺学科设置情况

1876 年，美国约翰·霍普金斯大学（Johns Hopkins University）在本科教育基础上建立了研究生院，奠定了世界研究生教育发展的开端[1]，此后，研究生教育逐步成为世界高等教育体系的潮流和重要组成部分。我国于 1978 年恢复了研究生教育，园艺研究生教育也随之走过了从小到大、快速发展、内涵发展的道路，培养了大批高级专门人才，支撑和推动了园艺产业的发展和进步。

为了深入剖析我国园艺研究生教育发展的状况，笔者及研究团队多渠道收集了数据资料，包括：① 2018 年国务院学位委员会和教育部开展的高校园艺学位点合格评估材料。此次提交园艺学位点合格评估材料的高校共 37 所，其中包括园艺学一级学科博士点高校 19 所，园艺学一级学科硕士点高校 17 所以及蔬菜学二级学科博士点 1 所（内蒙古农业大学）；参评高校统计的数据时段为 2013 年 1 月 1 日至 2017 年 12 月 31 日。②依托“国务院学位委员会第七届园艺学科评议组”课题，于 2016 年 3—6 月调研期间，对全国拥有园艺学一级学科博士、硕士授权点的 47 家培养单位进行问卷调查。其中，面向园艺专业在读研究生发放并回收有效问卷 1 032 份；面向高校发放并回收有效问卷 29 份；面向园艺用人单位发放问卷并回收 53 份。③ 2016 年 3—6 月，实地走访了浙江大学、南京农业大学、四川农业大学、河北农业大学、沈阳农业大学等高校，与被访高校的园艺专业教师、管理者、在校生、毕业生等进行座谈、获取了一手资料，力求全面摸清园艺学科研究生培养的基本情况和主要问题，提出未来

[1] 杨汉清 . 比较教育学 . 3 版 . 北京：人民教育出版社，2015.

课程改革的方向，以期为全面提高研究生培养质量提供依据和政策参考。

园艺学科属于应用型学科，其理论与生产实践紧密结合，传统意义上的园艺学包括果树、蔬菜和花卉三个分支，而现代园艺学则包括果树、蔬菜、瓜果学、观赏园艺学以及设施园艺学，园艺学从单一学科走向多学科交叉融合。从园艺学的内涵及学科划分上看，园艺学是研究园艺作物育种、栽培、采后、流通及其应用的学科，包含果树学、蔬菜学、茶学、设施园艺学、观赏园艺学等5个二级学科方向[1]。

在专业方向设置上，调研统计数据表明，我国涉农高校开设的园艺专业方向最少是1个，最多是8个，学科方向名称多达102个。从各高校学科方向名称来看，涉及范围非常广，基本涵盖了与园艺学相关的各个子方向。除园艺学二级学科果树、蔬菜、茶学、设施园艺学、观赏园艺学5个方向之外，果树栽培与生理、园艺植物种质资源与创新、园艺产品采后生理与处理技术等一些较热门方向也作为园艺专业的重要研究方向。如沈阳农业大学则开设有观赏园艺、设施园艺、药用植物学、草坪资源学、设施农业、园艺等6个专业方向；华南农业大学将设施农业科学与工程升为专业方向，河北农业大学开设有园艺产品质量与安全、设施园艺与观赏园艺2个专业方向。

我国高校现有园艺学博士、硕士学位授权单位47个。其中，园艺学一级学科硕士学位授权点17个，涉及果树学、蔬菜学、茶学、花卉学、蔬菜采后生理及贮藏、园林植物与观赏园艺、观赏植物学等专业；园艺学一级学科博士学位授权点19个，涉及果树学、蔬菜学、茶学及农业工程等二级学科；博士、硕士二级授权点单位11个。硕士学科专业总数97个（含13个专业学位），博士学科专业总数44个。华中农业大学和浙江大学园艺学科在第四轮学科评估中获得A^{+}，入选国家“双一流”建设学科。附录9反映了2011—2015年我国高校园艺专业的硕士专业设置情况，以及这一时段各高校园艺相关专业的招生总量。表4-1反映了2011—2015年我国高校园艺专业一级学科博士点设置及人才培养情况。

表4-1　2011—2015年我国高校园艺专业一级学科博士点设置及人才培养情况

序号	院校	博士开设专业	开设时间	在读人数	2011—2015年获学位人数
1	中国农业大学	果树学	1986	57	68
		蔬菜学	2000	43	43
		观赏园艺	2003	21	9
		园林植物与观赏园艺	2003	11	35

[1] 国务院学位委员会第六届学科评议组．学位授予和人才培养一级学科简介．北京：高等教育出版社，2013.

续表

序号	院校	博士开设专业	开设时间	在读人数	2011—2015 年获学位人数
2	中国农业科学院	果树学	2006	14	4
		蔬菜学	1996	42	34
		茶学	2003	12	9
		观赏园艺	2006	1	—
3	浙江大学	果树学	1986	37	38
		蔬菜学	1981	63	44
		茶学	1986	22	19
4	华中农业大学	果树学	1981	64	69
		蔬菜学	2000	60	33
		茶学	2000	10	2
		园艺学	2000	3	4
		设施园艺学	2011	4	3
		观赏园艺学	2012	18	—
5	河北农业大学	果树学	1998	14	13
		蔬菜学	2006	9	5
		园艺产品质量与安全	2012	4	—
		设施园艺与观赏园艺	2012	1	—
6	沈阳农业大学	蔬菜学	1981	38	19
		果树学	1985	33	11
		观赏园艺学	2004	14	8
		设施园艺学	2005	11	12
		药用植物学	2008	6	4
		草坪资源学	2009	1	—
7	安徽农业大学	蔬菜学	2010	3	3
		果树学	2010	3	5
8	华南农业大学	园艺学	2003	59	37
9	西南大学	果树学	1995	9	12
		蔬菜学	1986	5	5
		茶学	2000	3	—
		观赏园艺学	2012	7	—
		花卉学	2002	2	8

续表

序号	院校	博士开设专业	开设时间	在读人数	2011—2015 年获学位人数
10	西北农林科技大学	果树学	1986	93	52
		蔬菜学	1986	47	37
		茶学	2000	5	3
		设施园艺学	2006	16	4
11	甘肃农业大学	蔬菜学	2010	16	1
		果树学	2010	12	—
		设施作物（园艺）	2004	5	8
12	石河子大学	园艺	2010	11	—
13	新疆农业大学	园艺（果树学）	2006	21	18
		园艺（蔬菜学）	2010	3	—
14	福建农林大学	园艺学	2005	53	26
15	四川农业大学	果树学	2003	—	—
		蔬菜学	2010	—	—
		茶学	2010	—	—
		园艺学	2010	24	18
总　计				1 010	723

园艺专业在不同层次类型的高校学校当中所归属的学院不同，有的园艺专业设立在植物科学技术学院（北京农学院），有的设立在农学院（石河子大学、广西大学、贵州大学），有的设立在农业与生物科技学院（浙江大学），多数都设在园艺学院或者园艺园林学院。

我国于 1984 建立了博士后制度，西南大学园艺学一级学科博士后流动站建于 1992 年，是园艺学科最早的博士后流动站。园艺专业经过几十年的发展建立了 12 个博士后流动站，设站高校普遍具有园艺学术水平较高、科研和后勤条件较好的特点，为我国园艺高层次优秀人才的培养做出了重要贡献。表 4–2 显示了我国高校园艺博士后科研流动站情况。

表 4–2　我国高校园艺博士后科研流动站情况

序号	博士后流动站	所在地	授权类别	设置时间	在站人数	2011—2015 年出站人数
1	中国农业大学	北京市	博一	1999	8	14
2	中国农业科学院	北京市	博一	2003	14	13

续表

序号	博士后流动站	所在地	授权类别	设置时间	在站人数	2011—2015 年出站人数
3	华中农业大学	湖北省	博一	1998	8	7
4	浙江大学	浙江省	博一	1991	8	18
5	西北农林科技大学	陕西省	博一	1998	28	2
6	河北农业大学	河北省	博一	2009	5	2
7	沈阳农业大学	辽宁省	博一	1995	6	23
8	安徽农业大学	安徽省	博一	2003	3	5
9	华南农业大学	广东省	博一	2003	1	8
10	西南大学	重庆市	博一	1992	3	13
11	东北农业大学	黑龙江省	博二	2007	7	21
12	福建农林大学	福建省	博一	1998	8	6
		总计			99	132

二、培养过程：园艺学科研究生培养的核心环节

园艺产业快速发展急需大量高级专门人才，这对我国高校园艺学科专业人才培养提出了更高要求。园艺学科专业培养出来的研究生既要具有扎实的专业知识和技能，又要具备人文素养、创新精神和创新创业能力，才能适应园艺产业结构多元化及市场经济条件下人才市场竞争激烈的社会潮流。为适应新形势发展和社会主义新农村建设需要，必须加快对园艺学科研究生培养体系的改革，抓好招生选拔、导师管理、教学改革、学术管理、奖助体系和毕业就业等核心环节，提升园艺学科研究生人才培养质量，提高用人单位对园艺毕业研究生的满意度，为新兴园艺产业和社会主义新农村建设培养高素质创新人才。

（一）园艺研究生招生选拔

园艺人才培养单位发挥自身的特色和优势，采取多元化措施保证生源质量，包括成立招生工作领导小组，完善招生办法等。主要举措涵盖强调学术导向，探索招生新模式，包括博士研究生“申请审核制”招生方式等；规范招生规则、审核标准和工作程序，切实遵循学术导向，重点考察研究生学术品德、创新能力和学术潜力；严格制度管理、加强制度建设，明确招生领导小组分工、权责清晰，维护招生工作的公平、公正、公开；多渠道开展招生宣传，借助优秀大学生创新论坛、大学生夏令营、设立优秀生源奖学金等措施，吸引优秀生源；加大推免生、直博生、硕博连读生招生力度，不断提高生源质量等。

如浙江大学园艺学科严格遵照学校招生选拔制度，始终遵循择优录取原则。通过暑期夏令营、赴各高校招生宣传等活动，邀请各高校相关学科专业的优秀学生来校参加交流；组织校内外优秀学生参与导师团队科研实习，加大导师自主遴选研究生，给予导师和学术团队更多招生权力和责任；积极探索统筹专业学位硕士招生指标，进一步完善专业学位硕士和博士学位贯通的长学制培养模式；在博士研究生培养中设立“博士生新生奖学金”，吸引优秀学生攻读博士学位；根据学校文件成立二级学科复试小组。严格按照规定复试，全程录像，并有专职督导组监督。目前，园艺学科各学位授权点生源较为充足。依据 2018 年国务院学位委员会和教育部开展的高校园艺学位点合格评估数据，我国高校园艺专业硕士在读人数为 3 550 人，近 5 年获学位 4 725 人。园艺专业博士在读人数为 1 031 人，近 5 年获学位 740 人。园艺学博士后科研流动站在站人数 99 人，近 5 年出站人数 132 人。

（二）园艺研究生导师管理

园艺学科重视并加强对研究生导师招生资格进行认定和管理。绝大部分高校研究生导师招生资格认定按年度进行，每年一次，打破遴选与导师终身制。同时，全面落实研究生导师立德树人职责，加强师德师风建设，明确研究生导师职责，对导师指导研究生规范管理，将师德师风作为年终考核、聘期考核和职称评定重要标准，采取一票否决制。导师及指导小组负责研究生思想教育、指导研究生开展选题和科学研究工作。在导师指导下，研究生需要参加学科组织的开题论证、中期考核、学术交流和毕业论文答辩等活动。大学分学科都建立了导师组，各导师组建立了每周进行业务学习和讨论研究进展的组会制度，有的要求导师年均指导频次达到 35 次以上。对研究生培养质量出现问题的导师，均要追究导师责任，视情况采取限招、缓招、停招等处理。

（三）园艺研究生教学改革

为确保课程教学质量不断改进和提高，我国高校园艺学科采取了一系列积极的改革措施。

一是加强任课教师监督与管理。在建设梯队合理、专兼结合的教学团队与师资队伍的基础上，不断强化监督与管理。任课教师必须按教学计划、教学大纲进行教学。为保证教学计划严肃性，凡列入课程表的课程必须按时开课，任课教师不能以任何理由随意停开或更改开课时间。实行教学督导制、领导听课制、青年教师助教制，采取不定期听课方式加强监督。每门课程在考试结束前要求研究生对课程进行评估，对存在问题的教师及时提醒、纠正，形成良性检查反馈机制，将教学质量作为职称晋升依据之一。

二是优化课程体系。培养方案作为研究生培养过程指导性文件，是组织实施培养工作的主要依据。立足各学科特点和基本要求，结合国内外知名高校的课程体系，修订完成既符合主流又具有特色的博士生、硕士生课程体系和教学计划。通常按一级学科设置课程体系，将研究生课程与本科生课程有效衔接；每年根据实际情况对培养方案进行适当修订，梳理专业课程及教学大纲。邀请国内外学者、企业工程师来校开设课程，不断探索教学新模式。与此同时，园艺学科高度重视研究生课程建设改革，无论是配套政策还是经费投入保障，都给予大力支持。一方面建设核心课程和模块化选修课程相结合的课程设置体系，另一方面则将新知识、新理论、新技术、新方法与日常教学内容结合，形成灵活多样的教学模式。

三是引导研究生主动学习，及时反馈教学效果。在教学方式上提倡采用讨论式、启发式方法，引导主动性、探究性学习方式，重视理论联系实际，合理配置授课、研讨、实验、自学、课程设计等环节；跟踪本领域国际高质量研究成果，利用案例式教学，通过分析与讨论使学生深入理解园艺学科研究国际前沿。例如，华中农业大学从与研究生课堂教学、实践教学等教学活动直接相关的多个主体入手，充分发挥各参与主体的主动性，采用学院教学自评、教师自评、专家督导、学生评教和管理评教五位一体监督评价体系，促进研究生教学质量提升。

四是加强研究生实习实践基地建设。部分园艺研究生培养单位逐步形成了行之有效的特色做法，如浙江大学充分利用互联网平台，实现网上教学资源管理、培养计划管理、课程教学安排、考试管理以及成绩管理、教学质量考核、教学经费核算等功能。

（四）园艺研究生学术管理

1. 强化学术素养培养及专业技能训练

园艺学科研究生参与的学术训练主要包括制订个人培养计划、参加研讨班、参加学术报告会、文献综述与开题中期考核、论文中期检查、论文审查与答辩等。具体形式有：研究生入学后学习《学术道德规范》和《处理学术不端行为暂行办法》，进入实验室前培训消防安全和规范操作技能，如专业设备仪器使用培训，各种专业技能培训会等；定期参加课题组或团队学术讨论活动，通过读书报告的形式提高研究生学术水平，促进不同研究领域之间交流，活跃思维，增强口头表达能力，更多了解当前学术前沿新问题、新方向，帮助学生融入良好的学术氛围之中；积极协助导师参与研究课题申请、汇报及总结等工作环节，从方案设计、试验实施、数据分析、论文撰写等方面进行系统学术训练，促进对研究课题的理解、学术动态的把握及科研流程的熟悉等，以提高研究生独立科研能力；积极参与学科仪器平台管理，随着实验平台建设和发展，大型仪器的不断引入，要求研究生根据科研要求，熟悉和掌握相关大型仪器的原理和操作方法。

2. 积极促进研究生学术交流

园艺学科应健全完善研究生学术交流制度，通过设立专项经费支持研究生参加国内外学术会议，积极开展学术会议与合作交流，将提交参会摘要和墙报作为参会交流必要条件，定期举办研究生学术年会。2013—2017 年园艺学科研究生开展学术研究情况如表 4–3 所示，园艺学科境外学生来校学习情况如表 4–4 所示。为持续提升研究生学术活跃程度，各学科点均要求研究生在校期间参加学术会议 2 ~ 3 次，博士作学术报告 2 ~ 3 次，硕士作学术报告 1 ~ 2 次。2013—2017 年涉农高校园艺学科研究生参与各级各类研究项目 3 473 项，发表学术研究论文 1 103 篇，参与项目获省部级奖 332 项。

表 4-3　2013—2017 年涉农高校园艺学科研究生开展学术研究情况

院校	参与项目 / 项	发表论文 / 篇	省部级科研获奖数量 / 项	参与国际学术交流数量 / 人次	参与国内学术交流数量 / 人次
中国农业大学	294	—	—	91	238
中国农业科学院	556	—	国家和省部级 25 项	82	277
华中农业大学	375	613	18	80	920
浙江大学	—	323	13	63	242
南京农业大学	363	1 026	18	103	238
西北农林科技大学	164	721	12	71	278
沈阳农业大学	289	287	10	12	470
山东农业大学	77	—	—	—	—
湖南农业大学	86	277	国家和省部级 14 项	78	148
华南农业大学	265	749	6	9	54
上海交通大学	328	328	5	18	26
河北农业大学		365	16	35	263
安徽农业大学	270	452	20+	100	150
西南大学	—	181	—	举办国际国内学术会议 11 次。研究生参加 500 余人次	
福建农林大学	170	402	16	—	500
四川农业大学	148	420	5	2	13
新疆农业大学	—	672	6	4	166
内蒙古农业大学	—	164	3	6	76
甘肃农业大学	—	258	10	9	98
石河子大学	—	108	7	3	41
北京农学院	—	195	13	36	43
山西农业大学	—	250	4	—	98
海南大学	—	450	15	15	65
扬州大学	—	131	7	—	—
云南农业大学	—	327	28	—	88
河南农业大学	—	325	10	—	—
广西大学	—	154	8	33	212

续表

院校	参与项目/项	发表论文/篇	省部级科研获奖数量/项	参与国际学术交流数量/人次	参与国内学术交流数量/人次
江西农业大学	—	189	5	5	147
西南林业大学	—	107	—	—	—
青岛农业大学	—	237	11	—	—
吉林农业大学	—	190	14	11	124
延边大学	—	260	1	5	30
宁夏大学	—	300	3	—	55
塔里木大学	—	178	5	4	158
河南科技学院	—	302	4	0	34
河北科技师范学院	88	92	—	—	—
总计	3 473	1 103	332	1 539	4 259

表 4-4　2013—2017 年涉农高校园艺学科境外学生来校学习情况（单位：人数）

高等学校	招生人数			授予学位人数			分流淘汰人数	
	博士	硕士	总数	博士学位	硕士学位	总数	博士	硕士
中国农业大学	190	290	480	—	—	—	—	—
中国农业科学院	103	200	303	—	—	—	—	—
华中农业大学	189	562	751	—	—	—	—	—
浙江大学	146	184	330	117	144	261	8	—
南京农业大学	188	569	757	161	426	587	1	8
西北农林科技大学	199	578	777	135	441	576	—	—
沈阳农业大学	140	407	547	74	354	428	2	—
山东农业大学	76	296	372	74	292	366	2	4
湖南农业大学	106	265	371	62	258	320	—	—
华南农业大学	74	256	330	57	285	342	—	—
上海交通大学	71	82	153	37	56	93	—	—
河北农业大学	35	175	210	20	186	206	3	—
安徽农业大学	72	504	576	72	503	575	—	1
西南大学	48	221	269	—	—	—	—	—
福建农林大学	36	261	297	22	268	290	29	13
四川农业大学	32	161	193	27	152	179	—	—

续表

高等学校	招生人数			授予学位人数			分流淘汰人数	
	博士	硕士	总数	博士学位	硕士学位	总数	博士	硕士
新疆农业大学	32	68	100	25	62	87	2	—
甘肃农业大学	52	118	170	20	118	138	2	2
内蒙古农业大学	—	69	69	—	67	67	—	—
石河子大学	—	51	51	—	43	43	—	—
北京农学院	—	134	134	—	135	135	—	3
山西农业大学	32	151	183	17	108	125	—	2
海南大学	—	65	65	—	43	43	—	—
扬州大学	—	71	71	—	84	84	—	—
云南农业大学	—	173	173	—	—	—	—	—
河南农业大学	—	57	57	—	—	—	—	—
广西大学	—	80	80	—	89	89	—	—
江西农业大学	—	70	70	—	73	73	—	—
西南林业大学	—	56	56	—	78	78	—	—
青岛农业大学	—	87	87	—	109	109	—	6
吉林农业大学	—	64	64	—	41	41	—	1
延边大学	—	57	57	—	57	57	—	—
宁夏大学	—	81	81	—	—	—	—	—
塔里木大学	—	29	29	—	21	21	—	—
河南科技学院	—	56	56	—	46	46	—	—
河北科技师范学院	—	26	26	—	—	—	—	—
总计	1 821	6 574	8 395	920	4 539	5 459	49	40

参加国内外高层次会议是研究生提高学术水平的重要途径，学术会议有利于研究生了解领域前沿及行业动态；积极总结、汇报和反思研究成果；借助思想碰撞拓展和启发科研思路，优化既有研究设计；提升自我认知的准确性，提升学术敏锐性和判断力。表 4–5 显示了 2013—2017 年涉农高校园艺学科国内外学术会议交流情况，参与国际或全国性学术会议交流达到 1 581 人次，反映出较高的学术活跃程度。另据统计，2013—2017 年我国园艺专业研究生参与国内学术交流多达 4 259 人次。

表 4-5　2013—2017 年涉农高校园艺学科国内外学术会议交流情况

学校	主办、承办国际或全国性学术年会 / 次	在国际或全国性学术年会上做主题主旨报告 / 次	邀请境外专家报告 / 次	资助师生参加国内外学术交流经费 / 万元
中国农业大学	14	329	—	—
中国农业科学院	66	80	124	761.00
华中农业大学	42	—	—	—
浙江大学	7	9	79	230.00
南京农业大学	8	115	74	377.00
西北农林科技大学	17	174	44	12.00
沈阳农业大学	9	195	29	93.00
山东农业大学	—	—	—	—
湖南农业大学	2	134	40	218.00
华南农业大学	7	93	35	75.00
上海交通大学	1	24	26	—
河北农业大学	10	16	32	109.28
安徽农业大学	20	50	30	—
西南大学	11	29	—	—
福建农林大学	—	—	24	—
四川农业大学	1	13	6	10.00
新疆农业大学	0	3	3	110.00
甘肃农业大学	9	36	6	23.00
内蒙古农业大学	3	6	5	24.00
石河子大学	0	5	—	35.00
北京农学院	7	9	15	80.00
山西农业大学	2	47	49	40.00
海南大学	9	10	10	65.00
扬州大学	3	15	12	12.00
云南农业大学	4	47	—	—
河南农业大学	—	20	—	—
广西大学	2	1	—	—
江西农业大学	1	20	3	31.00
西南林业大学	—	—	—	—
青岛农业大学	7	14	—	—
吉林农业大学	8	11	7	38.00
延边大学	5	30	8	4.00

续表

学校	主办、承办国际或全国性学术年会 / 次	在国际或全国性学术年会上做主题主旨报告 / 次	邀请境外专家报告 / 次	资助师生参加国内外学术交流经费 / 万元
宁夏大学	—	20	30	—
塔里木大学	4	16	78	129.20
河南科技学院	—	10	3	20.00
河北科技师范学院	2	—	—	—
总计	281	1 581	772	2 496.48

3. 严抓学术道德和学术规范教育

为保障学位论文质量，各学科点严把论文选题和强化过程管理，定期对新聘研究生导师和新入学研究生进行师德师风、学术道德、学术诚信和学术规范教育，建立研究生学位论文指导小组、论文质量指导小组责任追溯制等，严格控制论文质量，对申请答辩的硕士研究生学位论文随机抽样盲评，博士论文全盲评，严格执行学位论文复制比检测和答辩组成员学术回避制度。

4. 实行分流淘汰制度

为强化研究生学业管理，各学科点在所在学校研究生管理办法的基础上，明确了课程学习、中期考核、论文开题、论文评阅和答辩等各阶段分流与淘汰要求。入学后第二学期末或第三学期初进行中期考核，硕博连读的博士生在第四学期末或第五学期初进行中期考核。中期考核内容包括政治思想、课程学习、开题报告情况、学位论文工作进展和身体状况等。硕博连读学生经考核合格后，进入博士阶段学习，不合格者继续读硕士；优秀硕士生可以提前攻博；对在一定修业年限内未达到相关要求或不能完成学业的研究生，视具体情况，指导和帮助其适当延长修业年限，或以博转硕方式退出原学历层次学习，或以结业、退学等方式终止学籍。严重违纪不符合继续读研的勒令退学。2013—2017 年，园艺学科 49 名博士研究生、40 名硕士研究生延期毕业，或通过博转硕、退学等方式终止学籍，保证了研究生培养质量。

（五）园艺研究生奖助体系

园艺学科结合国家研究生教育实施收费制度的政策变化，按照“奖励为主、资助为辅、强调激励、兼顾公平”的原则，统筹各方资源，建立健全研究生奖助体系、配套政策和管理制度，全面落实研究生助研、助教政策，公平公正评审各项奖学金和奖励，形成了国家奖学金、校设奖学金、院设奖学金等奖助体系，从整体上提高了研究生的生活待遇。2013—2017 年园艺学科硕士研究生奖助学金情况较好，硕士生奖学金覆盖率达到 100%，据统计人均奖学金在 3 000 元 / 年左右；博士生奖学金覆盖率达 80% 左右，人均奖学金 7 000 元 / 年左右。

（六）园艺研究生毕业就业

园艺学科2013—2017年累计授予学位人数为5 756人，其中博士1 031人，硕士4 725人。培养单位高度重视就业工作，力图拓展园艺毕业研究生的就业渠道，提升就业质量。从具体实施策略上看，各学科点均成立以学院负责人为组长、由领导班子成员、导师代表和辅导员组成的就业工作领导小组，针对新形势下就业工作的特点和学科性质，积极引导学生合理定位，明确发展方向。建立就业资源库，提供就业信息，并通过QQ群、网站、微信向毕业生提供各项招聘信息，每年召开多场专场招聘会，提供丰富的就业渠道。

其次，创业成为园艺专业毕业研究生的“第三条道路”。“大众创业、万众创新”背景下，创业推动就业成为高校毕业生的从业选择之一，越来越多的毕业研究生积极自主创业，不仅解决了自身就业的问题，同时实现创业带动就业的倍增效应。例如，西北农林科技大学2009级硕士毕业生在杨凌汇承果业公司初创期加入创业团队，该企业现已发展成为全省知名有机苹果矮砧栽培示范基地，创业者本人也获得“杨凌示范区科技推广先进个人”等多项荣誉。又如，西北农林科技大学2015级博士毕业生创办了“杨凌普兆农业科技有限公司”，并担任法人代表。该公司是一家依托西北农林科技大学农业部西北设施园艺工程重点实验室、陕西省设施农业工程技术研究中心及中国旱区节水农业研究院等平台，依靠自身技术及人才优势成立的农业高新科技企业，目前是杨凌示范区青年创新创业协会副会长单位、杨凌设施农业协会会员单位。尽管涉农高校不乏研究生创业的优秀案例，然而园艺毕业研究生整体创业率在5%左右，体现出水平偏低、参与度不高的情况。表4-6展示了2013—2017年园艺专业研究生就业、创业情况。

表4-6 2013—2017年园艺专业研究生就业、创业情况

学校	类别	毕业生总数	毕业生就业率/%	就业情况/%					
				签订就业协议、劳动合同	升学		自主创业	其他形式就业	未就业
					国内	国外			
中国农业大学	博士	—	99	66.40	26		1.9	4.8	—
	硕士	—	96.8	57.70	14.6		2.4	22.1	—
中国农业科学院	博士	—	100	77.40	1.6		—	21	—
	硕士	—	92.5	28.90	23		—	40.6	—
华中农业大学	博士	151	94	—	—	—	—	—	—
	硕士	497	93.5	—	—	—	—	—	—
浙江大学	博士	117	95	100	—	—	—	—	—
	硕士	198	99.49	71.53	25.76	3.03	1.01	2.53	0.51

续表

学校	类别	毕业生总数	毕业生就业率/%	就业情况/%					
				签订就业协议、劳动合同	升学		自主创业	其他形式就业	未就业
					国内	国外			
南京农业大学	博士	189	96.83	94.18	2.12	—	—	0.53	3.17
	硕士	615	91.55	62.60	20	3.42	5.37	0.16	8.45
西北农林科技大学	博士	90	94.44	71.11	1.11	3.33	—	18.89	5.56
	硕士	441	97.28	53.04	17.23	9.98	—	17.01	2.72
沈阳农业大学	博士	74	100	81.08	—	—	—	18.92	—
	硕士	379	100	35.88	13.46	—	—	50.66	—
山东农业大学	博士	74	100	—	—	—	—	—	—
	硕士	292	100	90.88	8.78		0.34	—	—
湖南农业大学	博士	46	100	91.30	—	—	—	8.7	—
	硕士	263	100	90.11	4.94	—	0.38	4.56	—
华南农业大学	博士	73	50.68	45.21	4.11	1.37	—	—	49.32
	硕士	344	85.47	75.58	9.88	—	—	—	14.53
上海交通大学	博士	21	100	97.37	—	2.63	—	—	—
	硕士	43	100	82.14	5.36	12.5	—	—	—
河北农业大学	博士	24	100	91.67	—	—	—	8.33	—
	硕士	188	100	72.34	4.79	—	10.11	12.77	—
安徽农业大学	博士	—	100	96	—		4	—	—
	硕士	—	92	72	15		5	—	8
福建农林大学	博士	27	100	85.19	—		—	—	—
	硕士	268	89.92	67.91	7.84		0.75	11.19	—
四川农业大学	博士	26	100	100	—	—	—	—	—
	硕士	154	100	86.36	9.74	1.95	1.95	—	—
新疆农业大学	博士	25	100	100	—	—	—	—	—
	硕士	60	100	81.67	15	1.67	—	1.67	—
内蒙古农业大学	硕士	66	100	81.82	12.12	—	1.51	4.55	—
甘肃农业大学	硕士	112	100	66.96	25	—	0.89	7.14	—
石河子大学	硕士	43	95.3	81.40	11.63	—	2.33	—	2.33
北京农学院	硕士	136	98.53	70.58	14.72	—	—	13.23	1.47
海南大学	硕士	43	100	65.12	13.95	—	2.31	18.6	—

续表

学校	类别	毕业生总数	毕业生就业率/%	就业情况/%					
				签订就业协议、劳动合同	升学		自主创业	其他形式就业	未就业
					国内	国外			
扬州大学	硕士	74	100	93.24	6.76	—	1.35	12.16	—
云南农业大学	硕士	166	95.18	—	—	—	—	—	—
河南农业大学	硕士	65	—	—	—	—	—	—	—
广西大学	硕士	83	93.3	83.13	10.84	3.61	1.2	2.4	—
江西农业大学	硕士	73	98.63	82.19	9.59	—	4.11	2.74	1.37
西南林业大学	硕士	78	96.63	—	—	—	—	—	—
青岛农业大学	硕士	109	99.1	—	—	—	—	—	—
吉林农业大学	硕士	44	95.4	68.18	15.91	—	—	4.55	4.55
延边大学	硕士	56	85.71	—	—	—	—	—	—
宁夏大学	硕士	48	91.7	70.84	8.33		4.17	8.33	8.33
塔里木大学	硕士	21	100	90.48	9.52	—	—	—	—
河南科技学院	硕士	25	100	80	20	—	—	—	—
河北科技师范学院	硕士	25	100	96	4	—	—	—	—

最后，园艺毕业研究生就业渠道多元，就业率较高。据不完全统计，2013—2017年园艺博士和硕士就业率均在90%以上。毕业研究生中，71.13%从事与所学专业相关或相近工作，主要就业去向为科研院所、高等院校、企事业单位、政府主管部门等，从事现代园艺相关的教学、科研、管理、开发和利用等工作。例如。中国农业大学园艺学科学位点博士毕业生70%以上就职于国内高等学校或科研院所，部分已经成为所在学科学术骨干。硕士毕业生多在园艺相关领域企业或事业单位就职，表现出较高专业素养和工作能力。博士生职业发展满意度为100%，硕士生职业发展满意度为83.9%。另有18.71%的毕业生从事行业与所学专业相关度一般；工作了1～3年之后，有82.10%的毕业生认为所学知识和技能可以满足职业发展所需，对于在学期间的园艺研究生教育较为满意。此外，调查分析表明，绝大多数用人单位认为园艺学科研究生质量较高，踏实敬业、吃苦耐劳，实践动手能力较强。部分用人单位对于华中农业大学园艺毕业研究生的评价是"知识结构合理、富有团队精神、综合素质较高，适应工作环境较快，能够胜任相关工作。"

（七）学风建设

园艺学科重视导师和研究生学风教育，以科学道德与学术规范教育为重点，大力开展学风建设，将学风教育纳入研究生思想政治教育，高标准严要求，贯穿于研究生培养的全过程。每年新生入学的第一门课就是科研诚信和学术规范，使得学生一入学就懂得如何在科研活动中做一个诚实守信的人。对于公开发表论文，由导师负责学术规范，并承担相应的责任。对于研究生毕业论文，在进行评审之前必须经查重，规定论文与他人文献重复率不得超过 10%，查重结果作为毕业资格审查的参考。

部分高校在学风建设方面的制度健全、举措完善。例如，浙江大学根据《浙江大学研究生学术规范》《浙江大学学术道德规范》等文件精神，通过新生始业教育、优秀学长经验交流会、“爱院荣院”学术主题活动、新生党员培训班、党团主题教育等形式，形成全过程的学风建设体系。通过“求是”导师学校培训、“育人强师”德育导师培训和“五好”导学团队评选等活动，形成师生共建优良学风的合力育人机制。南京农业大学始终将学风教育贯穿于研究生培养整个阶段。通过举行科技文化节系列活动，举办学术讲座、园艺论坛、学术沙龙等营造良好学风。坚持立德树人，长抓学术道德和学术规范教育，邀请学校科学道德学风建设宣讲团和优秀研究生导师讲解学术规范，剖析学术道德案例，开展诚信主题教育和实践活动，牢固树立研究生诚信为本、操守为重、守信光荣、失信可耻的信用意识和道德观念。表 4–7 反映了 2013—2017 年我国园艺培养单位在学风建设情况方面的典型做法。

表 4–7　2013—2017 年园艺学科学风建设情况

学校	典型做法
中国农业大学	每年秋季新生入学之初第一门课就是科研诚信和学术规范教育；公开发表论文，由导师负责学术规范，并承担相应责任；研究生毕业论文进行评审前须经学校图书馆查重，规定论文与他人文献重复率不得超过 10%，查重结果作为毕业资格审查参考
中国农业科学院	制（修）订《学术道德与学术行为规范》等科研道德、学术规范、考风考纪等规定 5 项，为加强科研诚信和学风建设提供制度保障
华中农业大学	研究生入学后，集中学习教育部和华中农业大学关于加强学术道德和学术规范建设及处罚规定等规章制度，结合典型案例对研究生进行学术规范和学术道德教育、实验记录规范教育和培训。各团队、各实验室不定期对研究生进行学术规范和学术道德教育
浙江大学	通过新生始业教育、优秀学长经验交流会、“爱院荣院”学术主题活动、新生党员培训班、党团主题教育等形式，形成全过程的学风建设体系。通过求是导师学校培训、“育人强师”德育导师培训和“五好”导学团队评选等活动，形成师生共建优良学风的合力育人机制
南京农业大学	通过举行科技文化节系列活动，举办学术讲座、园艺论坛、学术沙龙等营造良好学风
西北农林科技大学	组建专门的宣讲教育专家队伍，将科学道德和学风建设宣讲教育工作纳入研究生培养环节，作为常态工作开展

续表

学校	典型做法
沈阳农业大学	重视科学道德和学术规范教育，在研究生入学就进行科研诚信教育。对采取不正当手段骗取毕业答辩者，按照学生管理办法及学术不端行为处理办法进行处理，不颁发给毕业证书；对已骗取毕业证书者，将追回已发毕业证书，并报教育行政部门宣布证书无效。有关处理材料装入其本人档案，如属在职研究生，材料寄送该生所在单位
山东农业大学	重视学生的学风和学术道德教育，认真执行“山东农业大学研究生学术道德行为规范”。对于学生在读期间发生抄袭、剽窃别人成果，编造数据的，根据严重程度和造成的影响情况，分别给予警告、严重警告、记过、留校察看和开除学籍处理
湖南农业大学	以严格、科学管理推进学风建设。在各类评奖评优、中期考核、论文答辩和学位授予等环节研究生的学风状况作为重要的考核和评价指标。研究生学术风气端正，不抄袭、剽窃、侵吞和篡改他人学术成果；不伪造或者篡改数据、文献；不捏造事实、伪造注释等
华南农业大学	注重良好学风传承教育，每年 10—12 月举行科技文化节系列活动，开展学术讲座，讲授领域内最新的专业知识；举办“园艺论坛”交流活动，加强师生间的交流；举办学术沙龙，由发表高水平 SCI 论文、在创新创业大赛中获奖等学术科研成绩突出的研究生传授科学研究的方式方法和经验
上海交通大学	严格按照“上海交通大学研究生学术规范”文件执行。加强对研究生的学术规范教育，在研究生的学习、科学研究、论文写作等过程中给予及时、有效指导和监管
河北农业大学	加强学术道德、学术规范教育及学术诚信建设
安徽农业大学	依据教育部文件和安徽农业大学学术道德行为规范执行，在每年研究生入学第一学期专门进行教育培训和文件政策解读
西南大学	制订了研究生教育学术道德规范和论文作假行为处理实施细则文件
福建农林大学	不定期地对研究生进行科学道德与学风建设宣讲教育。主要采取新生入学教育、学习宣传活动、学术道德专题讲座、学术规范专题培训、主题讨论会以及论文指导小组的例会等形式
新疆农业大学	根据《新疆农业大学学术道德行为规范》和《学术道德及学术规范管理条例》有关规定，充分重视学术道德和学术规范教育
内蒙古农业大学	严格执行《内蒙古农业大学关于研究生学术道德规范管理的规定》《关于通过盲审和答辩后论文查重结果不合格的研究生处理办法》和《内蒙古农业大学研究生学位论文学术不端行为检测结果处理办法》等规章制度
甘肃农业大学	根据《甘肃农业大学研究生学籍管理规定》《甘肃农业大学研究生学术不端行为处理暂行办法》，每年对新生进行入学教育，同时学科点每年协同学校组织低年级研究生聆听专家先进事迹报告会，重视研究生党支部建设，丰富研究生文化生活。为杜绝研究生在科研活动中的学术不端行为、学术失范和浮躁学风，设立《甘肃农业大学园艺学院学生诚信档案建立及实施办法（试行）》，每位新生入校便建立了诚信档案卡

续表

学校	典型做法
北京农学院	十分重视研究生的科学道德和学术规范教育，每周开展素质课堂，加强学风和学术道德教育；导师定期通过组会开展学术教育和学风督导；严格按照《关于使用学位论文学术不端行为检测系统进行学位论文检测的管理办法》《北京农学院教师学术道德规范（暂行）》《北京农学院硕士生导师工作职责规定（试行）》等文件对学术道德、学术不端行为等进行监管
山西农业大学	每年集中开展 2 ~ 4 次思政教育活动，具体主题包括“新生入学教育”“诚实做人，诚信考试”和“实验室管理安全事宜”等，平时通过班会、支部组织生活会等形式开展思政教育活动
海南大学	建立学术道德规范，加强学位论文的过程管理工作
扬州大学	开展学风建设座谈讨论、学术交流、签名承诺等多种形式的活动，寓教于学、寓教于乐，在活动中引导研究生求真务实、实事求是，弘扬扬大精神，恪守科学道德
云南农业大学	在新生入学时进行学风和学术道德宣讲，以后每学年都进行宣讲教育。出台了《学位论文作假行为处理办法》
河南农业大学	高度重视学术道德建设工作，制订有《河南农业大学关于处理研究生论文作假行为实施细则》和《河南农业大学学术道德规范实施细则》，对研究生论文的审查、作假行为认定、研究生指导教师责任追究等进行详细规定
广西大学	根据国家、自治区、学校等发布的相关学风教育、对学术不端行为处理文件规定，由研究生管理人员和学位点导师开展学风宣讲，与研究生培养各环节考核挂钩，贯彻执行对学术不端行为处理制度
江西农业大学	要求每位导师定期要对所带研究生进行科研指导同时，加强学风建设
西南林业大学	依据《西南林业大学研究生科学道德规范》《西南林业大学学位论文不端行为检测办法》《西南林业大学学位论文作假行为处理暂行办法》等管理办法，将学风教育贯穿整个培养过程，不定期开展学术道德教育活动，导师全培养过程对研究生进行学术道德教育
青岛农业大学	每年不定期对导师、研究生进行教风学风、科学道德和学术规范教育，组织观看“全国科学道德和学风建设宣讲教育报告会”，对于学术不端的师生，实行一票否决制
吉林农业大学	制订了《吉林农业大学学术不端行为的处理办法》《吉林农业大学研究生学术道德规范管理条例》等管理条例。每年定期开展针对导师和研究生的学术道德及学术规范教育，要求在科学研究中实事求是
宁夏大学	共组织研究生参加学风教育讲座 10 次，参与人数 161 人次
塔里木大学	将《学术道德及学术规范管理条例》作为研究生培养的必修环节，导师加强对研究生的学术规范教育，坚持开展研究生启发和渗透教育，开展研究生自律教育和诚信活动，提高研究生自身的学术修养和道德修养，真正做到诚信自律
河南科技学院	从研究生入学开始直至毕业，采用多种形式，全方位地对研究生进行科学道德与学风教育。新生座谈会由主管副院长强调学术道德与学术规范；学院结合学科授权点特色，每年组织知名教授或学科带头人进行科学道德专题讲座；学院组织研究生积极参与学校学风宣讲及主题征文活动，加深研究生对科学道德和学风建设的认识与理解
河北科技师范学院	重视学术道德宣传工作，定期组织学术道德宣讲报告，给研究生宣讲学术不端的危害性，并制订学术不端行为处理办法等规章制度

三、专题探讨：园艺学科研究生的课程建设

课程建设是研究生教育中一个重要环节，直接关系研究生教学质量，在研究生教育培养中起着至关重要的作用。2014 年教育部发布的《关于改进和加强研究生课程建设的意见》指出，课程建设是当前深化研究生教育改革的重要和紧迫任务，要高度重视课程学习在研究生培养中的重要作用，切实加强课程建设，提高课程教学质量。近年来，我国园艺产业迅猛发展，急需高校持续输出大量的既具有扎实专业知识和技能，同时具备人文素养和创新精神的高层次园艺人才。因此，必须加快推进园艺学科研究生课程建设，优化课程结构，更新教学内容，综合运用教学方法手段，调整课程体系，改革培养方式、培养目标和教学内容，强化质量保障。

英国教育家巴塞尔·伯恩斯坦（Basil Bernstein）曾对课程及相关概念的基本属性做出了阐释："课程规定什么是有效的知识，教学规定什么是有效知识的传递，评价规定什么是这些知识的有效实现"[1]。美国著名教育家拉尔夫·泰勒（Ralph Tyler）在其著作《课程与教学的基本原理》（*Basic Principles of Curriculum and Instruction*）中提出，课程与教学的根本目的是要对以下核心问题做出回应："学校应该试图达到什么教育目标？学校应提供怎样的教育经验，从而服务于教育目标？如何组织教育经验？如何有效推进教育目标的实现？怎样有效组织这些教育经验？如何保障确定这些目标正在得以实现？[2]"因此，当我们研究课程及教学的基本情况时，至少应包括课程设置、课程结构、课程类型、课程教学过程及其考核方式等层面。

（一）园艺学科研究生课程建设的基本情况

本部分重点考察园艺学科在读研究生对课程设置及教学效果的基本评价。基于 2016 年 3—6 月对全国 29 个园艺专业研究生培养单位和 1 032 名园艺专业在读研究生的实证调查，提炼了园艺专业研究生课程设置、课程类型、课程教学和课程组织方式等方面的基本结论。表 4-8 显示了参与调查的 29 所高校名单及其园艺学科硕士课程设置情况。依据研究生培养方案，园艺学科专业开设学位课和专业选修课。博士、硕士研究生在攻读学位期间，要求按照培养方案的有关规定修读课程并至少达到最低总学分要求。硕士层次的园艺研究生课程主要由公共课和学科必修课组成，各校依据人才培养方案及学校教学实际而有所差别，课程的具体组织形式多样。

[1] 伯恩斯坦. 论教育知识的分类和构架 // 扬. 知识与控制：教育社会学新探. 谢维和，宋旭东，译. 上海：华东师范大学出版社，2002.

[2] TYLER R W. Basic Principles of Curriculum and Instruction. Chicago：University of Chicago Press，1950.

表 4–8　园艺学科硕士课程设置情况

序号	院校	公共课/门	学分	学科必修课/门	学分	课程总门数/门	课程总学分
1	中国农业大学	4	7	7	11	13	22
2	中国农业科学院	3	6	14	8	13	28
3	河北农业大学	3	10	5	16	12	35
4	沈阳农业大学	4	9	14	44	32	79
5	安徽农业大学	3	9	9	14	28	34
6	华南农业大学	4	7	2	5	12	26
7	西南大学	3	6	8	18	16	27
8	四川农业大学	2	7	7	15	12	28
9	西北农林科技大学	3	7	5	14	25	53
10	甘肃农业大学	3	7	10	21	26	53
11	石河子大学	4	7	3	8	17	30
12	江西农业大学	2	8	5	15	12	32
13	青岛农业大学	2	7	9	15	13	20
14	河南农业大学	3	7	3	6	15	29.5
15	广西大学	3	7	4	9	12	32
16	海南大学	4	7	10	17	19	28
17	塔里木大学	3	7	6	12	13	28
18	天津农学院	3	9	3	8	15	30.5
19	东北农业大学	3	9	4	8	13	29
20	河南科技学院	4	9	8	17.5	22	36.5
21	河南科技大学	3	7	11	23	23	45
22	新疆农业大学	3	10	6	7	13	28
23	云南农业大学	4	8	5	11	21	46
24	北京农学院	3	8	8	13.5	17	30.5
25	福建农林大学	3	6	9	17	12	23
26	贵州大学	3	6	3	9	15	31
27	浙江大学	5	6	11	18	18	32
28	吉林农业大学	2	4	4	12	22	24
29	华中农业大学	3	20	6	45	80	175
平均值		3.0	7.8	6.9	15.1	19.3	38.4

园艺学科博士课程主要由公共课和学科必修课组成，各校依据人才培养方案及学校教学实际而有所差别，课程具体组织形式多样，表 4–9 显示了园艺学科博士课程设置情况。

表 4–9　园艺学科博士课程设置情况

序号	院校	公共课/门	学分	学科必修课/门	学分	课程总门数/门	课程总学分
1	中国农业大学	6	12	11	28	25	50
2	中国农业科学院	3	7	7	6	7	13
3	河北农业大学	2	7	4	13	6	16
4	沈阳农业大学	2	5	10	28	10	35.5
5	安徽农业大学	2	6	6	12	18	28
6	华南农业大学	2	4	1	3	6	14
7	西南大学	2	5	5	11	7	13
8	四川农业大学	2	5	3	6	9	19
9	西北农林科技大学	6	11	10	24	32	65
10	甘肃农业大学	2	5	4	9	21	39
11	石河子大学	2	5	6	5	9	16
12	东北农业大学	4	6	3	10	11	21
13	新疆农业大学	2	5	2	7	7	13
14	福建农林大学	2	5	2	6	10	15
15	浙江大学	3	4	2	13	12	21
16	华中农业大学	4	8	2	54	27	57
平均值		2.9	6.3	3	14.7	13.6	27

课程类型往往由不同的设计思想而产生，美国著名实用主义教育家约翰·杜威（John Dewey）依据教学内容侧重点的不同，将课程类型划分为学科课程和活动课程，前者专注于知识学习，后者侧重于生活经验的学习[1]。课程类型的发展与分化常常受到科学发展、知识更迭以及人才培养模式变迁的影响。表 4–10 显示出部分高校园艺专业研究生不同课程类型的开设情况，其中既包含了研究方法课、研讨课等在内的传统课程类型，也包括了新兴发展的全英文课程、合作开发课程等。

[1] DWIGHT E G，JANET E. The Theoretical Roots of Service-Learning in John Dewey：Toward a Theory of Service-Learning. Michigan Journal of Community Service Learning，1994，1：77–85.

表 4–10　部分高校园艺专业研究生的课程类型情况

序号	院校	课程类型									
		研究方法类	专题类 / 前沿类	跨学科	研讨类	实践类	精品课	全英文	合作开发	模块化	国际合作
1	中国农业大学	15.79%	26.32%	10.52%	21.05%	26.32%	—	—	—	—	
2	华中农业大学	33.58%	11.68%	3.65%	24.09%	24.81%	—	2.19%	—	—	—
3	吉林农业大学	14.29%	14.29%	7.14%	57.14%	7.14%	—	—	—	—	—
4	东北农业大学	—	42.85%	28.57%	14.29%		—	14.29%	—	—	—
5	云南农业大学	27.28%	18.18%	18.18%	18.18%	18.18%	—	—	—	—	—
6	河北农业大学	—	36.36%	—	—	45.46%	—	18.18%	—	—	—
7	沈阳农业大学	20.00%	65.71%	11.43%	2.86%		—	—	—	—	—
8	甘肃农业大学	68.85%	8.20%	1.64%	4.92%	8.20%	1.64%	1.64%	1.64%	3.27%	—
9	福建农林大学	28.57%	28.57%	—	14.29%	—	—	28.57%	—	—	—
10	浙江大学	16.13%	19.35%	16.13%	9.67%	12.90%	11.30%	11.30%	—	—	3.22%

注：本表统计的样本总体是本章注明的 29 个园艺研究生培养单位，此处仅列出 10 所高校的具体情况。

调查表明 29 所高校为园艺专业研究生提供的课程总量为 564 门。其中，研究方法类课程 163 门，占课程总数的 28.90 %；专题类 / 前沿类课程 130 门，占 23.05%；实践类课程 92 门，占 16.31%；研讨类课程 79 门，占 14.00%；跨学科课程 51 门，占 9.04%；全英文课程 33 门，占 5.85%；精品建设课程 11 门，占 1.95%；模块化课程 2 门、国际合作课程 2 门，分别占比 0.36%；合作开发课程 1 门，占比 0.18%。数据反映出研究方法类课程、专题课和研讨课构成园艺学科研究生课程类型的主体。然而，模块化课程、在线开放课程、全英文课程、国际合作课程等新兴的课程类型比较缺乏。从不同类型课程对研究生的帮助来看，1032 名在读园艺专业研究生当中，有 15.64% 的研究生认为讲授理论和专业知识的课程帮助最大，随后依次是实验和实践技能课程（14.70%）、研究方法类课程（13.58%）以及文献阅读相关课程（13.51%）。此外，在读研究生认为目前的课程及教学过程涉及学术规范和科学精神的内容较为有限。

整体上看，园艺专业（研究生阶段）在课程设置上依然遵循传统课程设置，注重基础理论和前沿类课程教学。研究方法类课程和专题前沿类课程属于园艺学科专业常规课程设置形式，在上述10类课中占比最大，园艺学科属于应用基础性和应用型研究学科，在实践类课程的设置上虽占有一定比重，但相比于研究方法类和专题前沿类课程来说，实践操作技能课程设置仍显不足，与学生实际需求还有一定差距。一是部分学科开设的专业必修课门数偏少，部分学科课程门数偏多，课程名称不尽相同，没有形成统一的课程必修课；二是理论课程内容多是对基础理论与基础技术介绍，实用性较小，缺乏实践技能操作课程；三是本硕博课程内容的衔接在内容上拉不开层次。

重点大学园艺学科建设资源丰富，其他高校相对欠缺；不同高校园艺学科专业发展及课程设置体现了本校学科特色及所在地区地域特色，在人才培养、实践教学基地和学科建设等方面取得了一定发展，但也面临一些突出的问题有待解决。研究提出，园艺研究生课程建设应从调整人才培养目标，科学合理设置课程和优化教学内容，改革课程教学模式，加强师资队伍教学能力建设，完善课程教学质量监控体系等方面入手。

（二）园艺学科研究生课程建设的特点

29所园艺专业研究生培养单位的相关数据显示出，园艺研究生课程主要由公共课、必修课、选修课三大模块构成，在课程设置上反映出以下主要特点。

1. 公共课与学科必修课占比较大

以硕士研究生课程为例，表4–9反映出园艺专业硕士研究生公共课开课数平均在3门左右，平均学分约为7分，主要由中国特色社会主义理论与实践研究、自然辩证法和英语组成。从学时、学分分配上看，大多数高校政治理论相关课程安排了32 ~ 48课时，极少数高校在20学时以内；英语课则安排32 ~ 200学时不等，学分在2 ~ 6之间，且在学时学分的配比上各校差异明显。例如，安徽农业大学、河北农业大学和天津农学院英语课程均为6学分，而课时分别是120学时、180学时和200学时。统计数据同时反映出公共课与必修课在学时、学分上占据园艺研究生课程总量的一半以上。

2. 不同高校学科必修课设置差异明显

学科必修课主要包含与本学科联系紧密的理论、方法与技能课程，侧重共同知识、技能、素质的养成，同时强调知识技能的基础性、系统性与完整性。世界各国课程改革的实践也愈发强调“基础知识”“共同知识”和“核心知识”对于学生发展的重要性[1]。数据显示，各校开设的学科必修课在学时学分上差异明显。表4–10反映出园艺专业硕士研究生的必修课开课数在2 ~ 16门之间，平均学分约为15分；据统计，博士研究生的必修课开课数在2 ~ 6门之间，平均学约为6分。另一方面，各校开设的学科必修课在名称上差异明显，很难通过各门学科必修课的频数统计，分析提出园

[1] 张建珍，郭婧 . 英国课程改革的“知识转向” . 教育研究，2017，38（8）：152–158.

艺专业研究生应具备的基础知识和基本技能。此外，大多数高校没有将实践技能操作相关课程纳入学科必修课的范围。

3. 专业选修课设置方式相对灵活

专业选修课在课程体系中的作用无法替代，德里克·博克（Derek C. Bok）在《大学与美国前途》中曾提出："最完满的课程应该处于完全选修制和完全必修制之间"[1]。在园艺专业研究生课设体系当中，选修课的开设方式不同于公共课和必修课，许多高校每学期为专业选修课程辟出专门时间开设，规定研究生在特定阶段内完成相关学习任务。被访高校的教学管理者普遍认为，通过相对集中的学习安排获取专业知识技能，有利于提高课时的有效利用，同时拓宽研究生的视野、提升教学质量。

（三）园艺学科研究生课程建设主要问题

园艺学科研究生课程在长期建设过程中取得了较好的成效，为我国园艺事业发展输出了大量高质量人才。然而，实地调查和数据统计反映出，园艺专业研究生课程建设依然存在一些问题有待解决。

1. 课程综合性不够，美育及文化内容欠缺

合理的课程设置能够促进研究生完善知识结构，激发知识整合的潜能，提升独立思维和开展科技创新的能力。园艺学科研究生的课程设置应满足专业培养目标和社会发展对高层次人才的需求，同时也要满足学生个性发展要求。调查研究发现，目前园艺学科研究生课程设置较为单一和随意，缺乏统筹安排，公共基础课程总课时偏多，专业课程中的跨学科课程及综合性课程偏少，甚至严重不足，部分高校尚未开设这类课程。与此同时，课程结构也较为单一，现有课程普遍侧重于专业理论知识学习、轻视实践能力培养，造成理论课与实践课的比例失衡，一个突出的例证便是软件分析及实践操作课程的普遍匮乏。园艺研究生课程中较少融入体验美、欣赏美和创造美的相关内容，美学原则渗透于园艺学教育教学过程不足，对于学生塑造美的品格和素养方面关注不够。另外，部分学校的课程设置在很大程度上取决于现有师资队伍的知识积累、能力结构及其科研兴趣，而非紧密结合园艺专业研究生的培养目标。

2. 选修课程门数偏少，自主选择空间不足

园艺专业研究生培养单位开设的选修课与学生的需求存在矛盾。一方面表现为开设的选修课门数较少，学生自主选择空间不足，不利于满足研究生对多元化、综合性知识获取的需求。另一方面，大多数高校对跨学科选修未做出规定或没有采取必要的保障措施，不利于扩大学生知识面和建构合理的知识结构。通常，课程资源的限制以及课程设计者提供的主观选择少是选修课程不足的主要原因[2]。此外，多数被访培养单位的管理者及在读研究生认为，所在学校开设公共课的课时太长，学分较少，授课

[1] BOK D. Universities and the Future of America. Durham：Duke University Press，1990：135.

[2] 马丽红 . 省域高校研究生课程建设的探索与实践 . 学位与研究生教育，2017（10）：24–28.

方式单一且枯燥。部分学校将公共课成绩与奖学金评定挂钩，一定程度上减少了专业课程学习时间，增加了学生的学习压力，并且长时间的单一课程学习容易产生懈怠心理，对于学习积极性的激发与保持产生了一定的负面影响。

3. 课程内容受局限，课程类型不够丰富

课程内容及课程类型中存在的主要问题可以归纳为三个方面。一是课程内容涵盖的知识面有限。目前，研究生课程主要依据二级学科设置，课程内容涵盖的知识面偏窄，较少关注跨学科知识的传授，导致了研究生知识结构窄化，限制了其探索新知识的热情以及未来的社会适应能力。二是课程内容未能充分反映学科发展前沿。近年来园艺学科发展迅速，但园艺专业课程尚未体现最新的学科知识和科研成果，尤其是本学科领域的热点和争议性问题。这一问题的根源在于，研究生专业课程教学存在“研究性”弱化倾向，课程教学对于研究生科研和创新能力的培养关注不够[1]。三是课程教学内容重复，缺乏有效衔接。在读研究生普遍认为现有课程内容与前置学历（硕士或本科）课程内容存在较大的重复，本硕博课程内容的衔接不够、没有拉开层次，部分园艺专业硕士研究生课程只是对本科阶段课程内容进行了“平面式”扩展，未能凸显研究生教育在课程内容上的新要求和特色。四是对于研究方法相关课程的重视不足。科研方法训练是提升研究生科研能力和创新能力的重要途径。然而，除了少数高校将研究方法列为专业基础课和专业必修课外，大部分学校仅把科研方法课程列为选修课程，无法保障每一个学生都接受较为系统的研究方法训练。

4. 教学方式方法单一，课程教学评价弱化

由“重教”走向“重学”是课程建设的发展趋势，也是课程改革的难点之一。在传统教学观念的影响下，“重教”的特点在园艺专业研究生的课程教学中较为突出，表现为教师的教学方法较为单一，课堂讲授占据主导地位，师生间交流与讨论较少，思想交锋与碰撞更少，导致教学效果欠佳。具体在教学实践中，研究生反映较多的问题是教师在教学方法的改革上缺乏探索精神，较少设计和运用一些新的教学组织方式，课堂上缺乏“师生互动”和“个性化的教学”。此外，教学评价和考核方式单一的问题较为突出。培养单位注重对研究生课程学习结果的量化测评，主要由授课教师形成总结性评价而非过程性评价，忽略了学生的主体性和创造性，不利于激发其内在学习动力。回收问卷显示，仅有19.9%的培养单位将平时成绩纳入研究生的期末成绩评定，绝大多数高校依然将闭卷考试和课程论文作为学生成绩评定的主要依据。这极有可能导致“为了考试而教学”和“分数膨胀”，而非关心学生对于教学内容掌握程度的真正提升。

（四）园艺专业在校及毕业研究生对课程的评价

为了探索园艺在校生对课程教学的评价，我们从课程建设评价、课程内容评价、教学组织形式、教师教学评价及专业技能提升效果评价五个角度综合设计三种类型的

[1] 杨文正，刘敏昆．研究生专业课程“研究性课堂”教学机制探析．研究生教育研究，2016（2）：53-58.

问卷，采用李克特五级量表计分方法，从“非常同意”到“非常不同意”分别赋值 5、4、3、2、1 进行统计，开展信度效度检验、多元回归分析和相关性分析。

1. 在校研究生课程学习情况

（1）园艺在校研究生课程学习评价的问卷结构

在 2016 年 3—6 月开展的实证研究过程中，共回收在校生问卷 1 032 份，覆盖 27 所高校。研究综合了课程建设评价、课程学习评价、教学效果评价、教师及其教学方法评价、教学组织形式效果评价以及专业技能提升效果评价等不同角度设计了相关量表问卷。在校生问卷分六部分，第一部分为基本情况，主要了解被调查者的基本信息，共设 12 个题项；第二部分为课程建设及课程学习总体评价，共设 13 个题项，主要是在读研究生对课程建设及课程学习进行评价；第三部分为课程建设与课程形式，共设 20 个题项，从课程内容相关设置和课程类型教学效果两部分内容进行评价；第四部分为教师及教学设计，共设 15 个题项，从教师及其教学方法和教学组织形式效果两部分内容进行评价；第五部分为培养环节，共设 21 个题项，从导师对培养环节重视程度和课程学习对专业技能提升效果两部分内容进行评价；第六部分包含课程学习收获途径、积极投入课程学习的原因及课程考核主要方式。

（2）园艺在校研究生课程学习的描述性分析及结论

依据回收的 1 032 份在读研究生问卷，主要从性别、年级、学位类别、专业、户籍性质、录取方式以及对与课程学习的基本评价等方面进行调查，并对数据进行具体的统计分析。

① 样本特征及基本信息

从被调查情况看，博士、学术型硕士及专业型硕士占比分别为 11.5%、67.2% 和 21.2%，样本分布与现实切合，基本可以反映园艺学科在读研究生课程满意程度普遍状况。户籍性质方面，样本中来自农村在读研究生有 675 人，占比约为 65.4%，来自城市有 357 名，占比约为 34.6%，可以看出园艺专业在读研究生主要来自于农村；在专业上，此次被调查在读研究生总计 1 032 人，涵盖果树学、蔬菜学、花卉学、茶学等学科专业。且其中大约 92.6% 在读研究生所读专业与前置学历专业领域相关；就录取方式而言，免试推荐录取占比为 23.93%，第一志愿报考录取占 51.55%，剩余约 24.52% 的研究生则通过调剂方式进入本专业学习；此外，针对前置专业非本专业的在读研究生开设补修课状况调查，数据显示，58.4% 在读研究生培养单位为其开设补修课，表明对于跨专业类研究生而言，开设补修课有其客观必要性。就业意向方面，希望从事与园艺相关工作的占 32.8%，期望从事非园艺相关工作的占比 4.8%；剩余 62.4% 的在读园艺学科研究生则认为未来就业与本专业相关与否均可接受；另外，研究生想要从事科研相关工作的约 56.2%，从事非学术相关工作的则占 43.8%。

研究调查发现，36.2% 在读研究生认为其课程内容设置与前置学历课程内容的重复程度很高，18.1% 的在读研究生认为课程资源共享程度很高，在读研究生中认为当前课程与园艺学科联系紧密的仅占 9.4%，园艺专业研究生对课程设置的评价如图 4–1 所示。

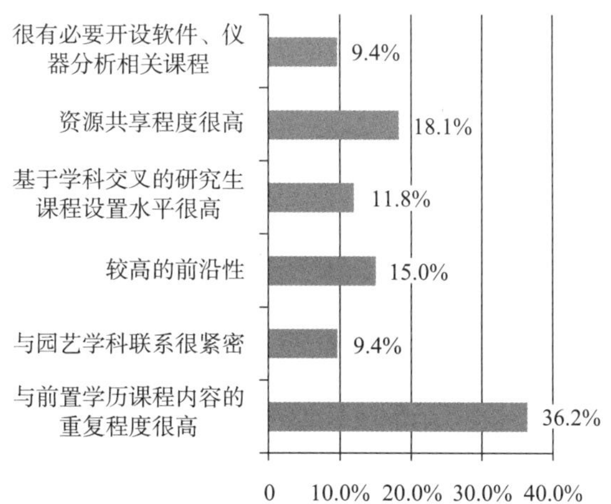

图 4–1　园艺专业研究生对课程设置的评价

② 关于导师对在校生培养环节重视程度

超过 50% 的受访者认为导师对研究生学位论文撰写与答辩、论文撰写与发表及学术规范与道德教育最重视，分别占 56.69%、54.75% 和 50.19%；其次依次为参加学术会议与交流、课题研究与科研训练、开题报告、课题检查及专业实践，分别占 48.55%、48.35%、49.22%、47.29%、45.06%；而研究生培养计划制订、入学教育及课程学习，导师并不是很重视。园艺专业导师对研究生各培养环节的重视程度如图 4–2 所示。

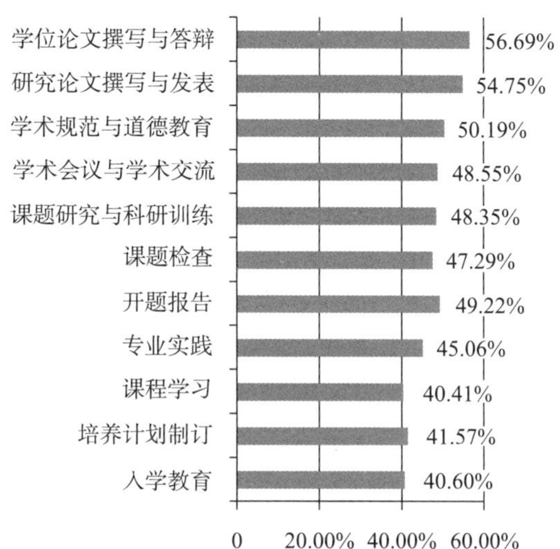

图 4–2　园艺专业导师对研究生各培养环节的重视程度

③ 关于在读研究生对于某门课程学习投入程度的原因调查

结果表明，个人研究兴趣是主导因素，占比为 23.1%；接着分别是课题研究相关性、教师学术魅力、就业相关性以及教师投入程度，依次为 19.5%、16.4%、12.8% 和 11.5%，而课程考试和教师要求严格两个因素占比均在 10% 以下，影响较弱。园艺专业研究生积极投入课程学习的原因分析如图 4–3 所示。

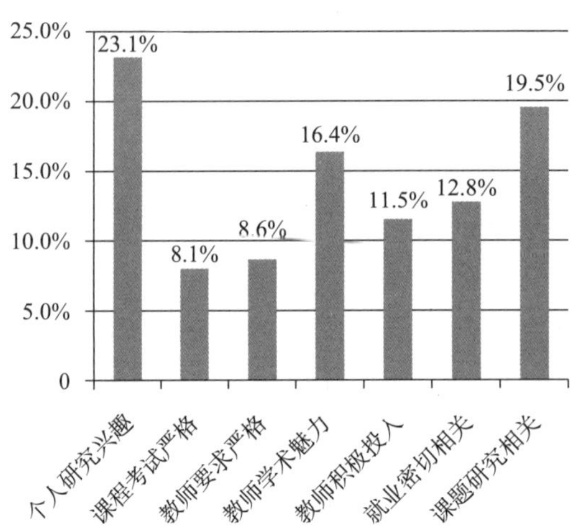

图 4-3　园艺专业研究生积极投入课程学习的原因分析

④ 有关在读研究生课程学习收获来源的研究

调查显示，在读研究生课程学习收获主要来源于理论和专业知识，占比 15.64%。其次为实验和实践技能、研究方法的学习与文献阅读，占比依次为 14.70%、13.58% 和 13.51%。而学术规范和科学精神对在读研究生学习收获的影响不是十分重要。园艺专业研究生学习收获的主要来源如图 4-4 所示。

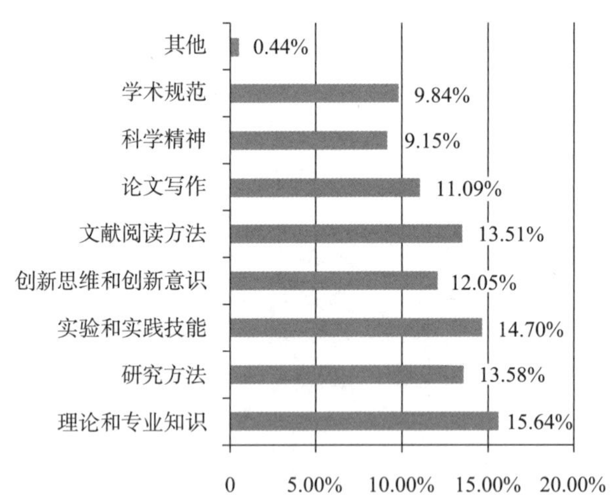

图 4-4　园艺专业研究生学习收获的主要来源

⑤ 课程考核方式的研究

园艺学科课程考核方式的研究数据反映，闭卷考试和课程论文这两种方式在课程考核方式中处于主流地位，占被调查的 21.2% 和 22.8%；18.9% 的会采用考试与课程论文相结合的考核方式；此外，将平时成绩列入课程考核的占 19.9%。园艺专业研究生的课程考核方式如图 4-5 所示。

⑥ 对不同教学方式的评价

《教育部关于改进和加强研究生课程建设的意见》明确提出，研究生课程教学要

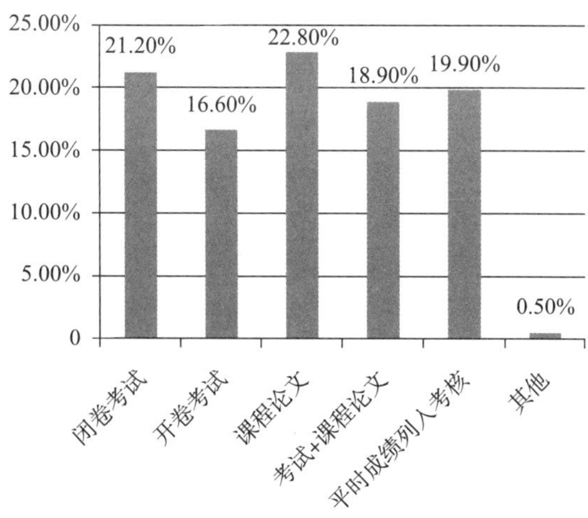

图 4–5　园艺专业研究生的课程考核方式

形成师生良性互动、注重提升研究生的自主学习能力。不同的课程教学组织形式，对于研究生的学习效果影响不同。因此，筛选和识别园艺专业研究生最受益的课程组织形式将有利于指导课程改革。目前园艺专业研究生课程教学组织形式主要包括“课堂讲授式教学”“论文写作式教学”“文献阅读研讨”“研究生参与授课”“多媒体教学”“项目作业形式教学”“学术沙龙讨论式教学”和“实验或社会实践教学”等多种形式。数据分析表明，1 032 名在读研究生当中，绝大部分同学认为以上各类教学组织形式较为科学和有效，其中最受学生欢迎的教学形式依次是多媒体教学（77.33%）、课堂讲授（71.32%）、文献阅读与研讨（70.74%）。值得注意的是，一些新的教学组织形式并未受到学生的一致认可，例如，有 5.52% 的研究生认为论文写作教学效果“较差”或“非常差”，有 4.27% 的研究生认为学生参与授课的形式效果“较差”，有 4.26% 的研究生认为学术沙龙教学形式与预期效果相去甚远。此外，在回收的样本中，还有 20% 左右的研究生对于教学组织形式及其效果没有做出倾向性选择，认为各类教学组织形式均未产生显著的正向或反向效果。

⑦ 对教师教学水平的评价

依据课程与教学的基本原理，对于任课教师教学水平的评价主要从六个方面展开：“教师的专业化水平”“课程内容呈现的清晰程度”“教学方法的使用与选择”“课堂时间有效利用的程度”“课堂师生互动”和“个性化教学方式”。从总体上看，1 032 名在校研究生给予园艺专业教师的教学能力较高的评价，且在以上六个维度上，分别有 84.89%、83.73%、78.19%、79.84%、70.92% 和 69.57% 的研究生表示“比较满意”或“非常满意”。然而，对于任课教师在“课堂师生互动”和“个性化教学方式”两个维度上分别有 4.75% 和 4.95% 研究生表示“不满意”或“非常不满意”。

（3）课程对园艺研究生技能影响的显著性检验

① 信度效度检验

本研究对研究生课程建设及课程学习评价量表、研究生课程类型的教学效果评价量表、教师及其教学方法评价量表和研究生教学组织形式效果评价量表及专业技能提升的效果评价量表进行了探索性因子分析，结果如表 4–11 所示。

巴特利特球度检验和 KMO 检验结果显示，五个问卷克朗巴哈系数依次为 0.972、0.963、0.961、0.949 和 0.972，说明数据具有良好信度。KMO 值分别为 0.970、0.950、0.937、0.944 和 0.950，且其中巴特利特球度检验统计值的显著性概率为 0.000<0.001，说明数据具有相关性。

表 4–11　园艺研究生课程评价量表的信度及效度

量表	Cronbach's Alpha	KMO
课程建设及课程学习评价	0.972	0.970
教学效果评价	0.963	0.954
教师及其教学方法评价	0.961	0.937
教学组织形式效果评价	0.949	0.944
专业技能提升评价	0.972	0.950

② 相关性检验

本研究对研究生课程建设及课程学习评价量表、研究生课程类型的教学效果评价量表、教师及其教学方法评价量表和研究生教学组织形式效果评价量表及专业技能提升的效果评价量表进行相关性检验，结果如表 4–12 所示。

表 4–12　园艺研究生课程评价量表的相关性检验

变量	1	2	3	4	5
课程建设及课程学习评价	1				
教学效果评价	0.774**	1			
教师及其教学方法评价	0.792**	0.734**	1		
教学组织形式效果评价	0.770**	0.824**	0.845**	1	
专业技能提升效果评价	0.738**	0.737**	0.786**	0.803**	1

** 在 0.01 水平（双侧）上显著相关。

研究生课程建设及课程学习评价量表、研究生课程类型的教学效果评价量表、教师及其教学方法评价量表和研究生教学组织形式效果评价量表、专业技能提升效果评价量表有显著正相关，符合回归分析的要求。

③ 多元线性回归分析

多元线性回归以课程建设及课程学习评价、教学效果评价、教师及其教学方法评价和教学组织形式效果评价为自变量，专业技能提升效果为因变量，对自变量和因变量进行标准化处理后，构建多元线性回归方程。园艺在读研究生课程评价的回归分析结果如表 4–13 所示，R^2=0.703 方程拟合优度良好，自变量可解释专业技能提升效果 70.3% 的变异量。

表 4–13　园艺在读研究生课程评价的回归分析结果

模型	R	R^2	调整 R^2	标准估计的误差
1	0.839[a]	0.703	0.702	0.54570501

a. 预测变量：课程建设及课程学习评价、教学效果评价、教师及其教学方法评价和教学组织形式效果评价对专业技能提升的效果评价。

园艺在读研究生课程评价的回归系数如表 4–14 所示，反映出，课程建设及课程学习评价（B=0.148，P<0.001），教学效果评价（B=0.138，P<0.001），教师及其教学方法评价（B=0.285，P<0.001），教学组织形式效果评价（B=0.334，P<0.001）均通过显著性检验，对专业技能的提升有显著正向影响。

表 4–14　园艺在读研究生课程评价量表的回归系数

模型	非标准系数		标准系数	t	Sig.
	B	标准误差	试用版		
课程建设及课程学习评价	0.148	0.031	0.148	4.717	0.000***
教学效果评价	0.138	0.033	0.138	4.242	0.000***
教师及其教学方法评价	0.285	0.035	0.285	8.137	0.000***
教学组织形式效果评价	0.334	0.039	0.334	8.671	0.000***

因变量：专业技能提升效果评价 *** $p<0.001$。

综上所述，课题组调查的数据研究表明，园艺学科在读研究生课程建设及课程学习、研究生课程类型的教学效果、教师及其教学方法和研究生教学组织形式均对专业技能提升有显著影响。

2. 毕业生对课程学习反馈分析

（1）园艺毕业生课程学习评价的问卷结构

针对园艺学科毕业生调查问卷，调查组主要从学位类别、录取方式、工作单位性质等方面进行了调研，问卷内容分六部分，第一部分，基本情况，13 个题项，主要有毕业生单位、毕业年限及单位性质等基本信息；第二部分，毕业生对研究生就读期间的课程建设进行评价，16 个题项，侧重于毕业研究生对就读期间课程设置的内容和教学设计方面内容回顾以及对其工作领域中所能运用到的专业技能产生的影响整体评价；第三部分，课程设置与课程内容，6 个题项，主要就在读期间对所学课程内容进行评价；第四部分，教学设计，7 个题项，主要是毕业生对在校就读期间教师教学过程评价；第五部分，专业技能评价，10 个题项，此部分主要针对在就读期间，课程学习对研究生专业技能提升效果评价。第六部分包含课程学习收获、积极投入某门课程学习原因及最受益的课程类型 3 个题项。

（2）园艺毕业生课程学习的描述性分析及结论

第一，样本情况及基本信息。实证研究共回收毕业生问卷 278 份，分别毕业于我国 26 所涉农高校。样本信息包括如下三个方面：一是学位类型上，博士、学位型硕士以及专业型硕士占比分别为 10.95%、60.58% 和 28.47%。二是录取方式上，主要考察了免试推荐、第一志愿报考、同专业调剂和外专业调剂四种类型，其中 23.72% 的研究生是通过免试推荐方式录取的，而第一志愿报考录取的占据大半，具体比例为 55.84%。三是毕业后的就业单位性质上，22.26% 的园艺学科毕业生毕业后在高校工作，14.96% 的毕业生在科研院所工作，20.80% 的毕业生则选择了民营企业。园艺毕业生工作单位情况如图 4–6 所示。

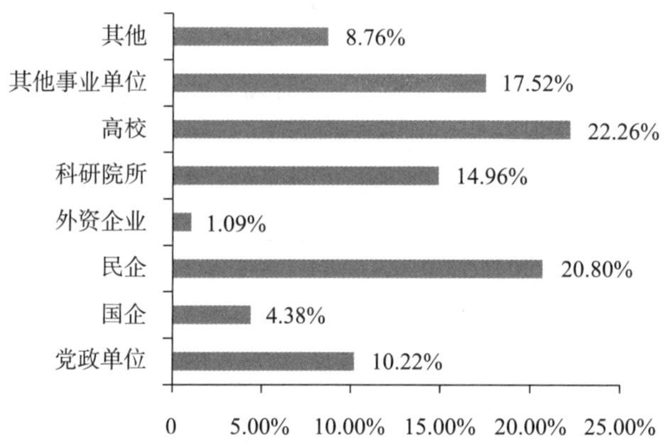

图 4–6　园艺毕业生工作单位情况

第二，就读时的学习收获。数据显示毕业生认为在校学习期间课程学习收获较大的学习内容依次为：理论和专业知识、实践实验技能和研究方法，分别占被调查毕业生的 14.27%、14.00% 和 13.87%，园艺毕业生认为的课程学习主要收获情况如图 4–7 所示。

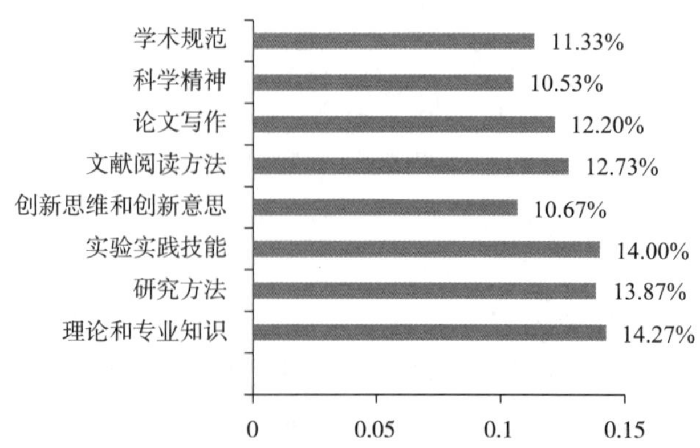

图 4–7　园艺毕业生认为的课程学习主要收获

第三，就读时的学习动因。本部分考察了毕业生积极投入课程学习的原因，数据显示，个人研究兴趣占主导地位，有 23.03% 的调查对象选择本项，随后分别是教师学术魅力和与就业密切相关，依次占比为 17.13% 和 12.55%；而教师严格要求和课程考试严格仅仅占 8.61% 和 6.84%。园艺毕业生认为的最受益课程类型如图 4–8 所示，同时，也可以看出内因才是事物变化发展的根本原因，在事物发展过程中起主导作用。

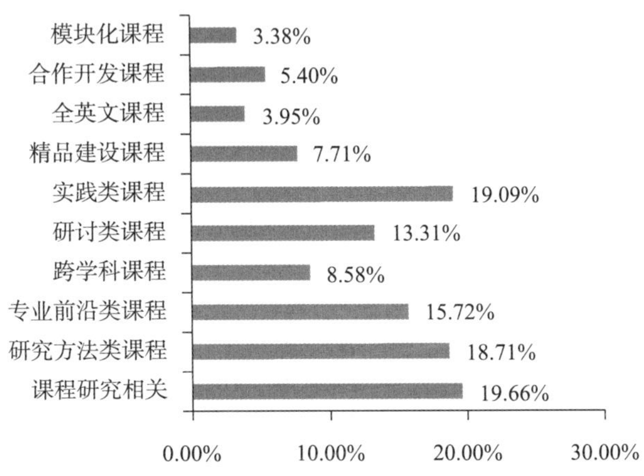

图 4–8　园艺毕业生认为的最受益课程类型

（3）课程对园艺研究生技能影响的显著性检验

本部分主要测量了研究生课程建设评价、研究生课程内容评价、就读时教师教学评价等对专业写作、口头表达、数据分析、论文发表等知识与技能习得的效果。

① 信度效度检验

本研究对研究生课程建设评价量表、研究生课程内容评价量表、就读时教师教学评价量表和课程学习对专业技能提升的效果评价量表进行探索性因子分析。

表 4–15　园艺毕业研究生课程评价量表的信度和效度

量表	Cronbach's α	KMO
课程建设评价	0.977	0.970
课程内容评价	0.883	0.879
教师教学评价	0.976	0.934
专业技能提升评价	0.974	0.941

如表 4–15 所示，巴特利特球度检验和 KMO 检验结果显示，四个问卷克朗巴哈系数依次为 0.977、0.883、0.976 和 0.974，说明数据具有良好的信度。KMO 值分别为 0.970、0.870、0.934 和 0.941，且其中的巴特利特球度检验的统计值的显著性概率为 0.000<0.001，说明数据具有相关性。

② 相关性检验

本研究对研究生课程建设评价量表、研究生课程内容评价量表、就读时教师教学评价量表和课程学习对专业技能提升的效果评价量表进行相关性检验（表 4–16）。

课程建设评价量表，课程内容评价量表以及教师教学评价量表与专业技能提升效果评价量表有显著正相关，符合回归分析的要求。

表 4–16　园艺毕业研究生课程评价量表的相关性检验

变量	1	2	3	4
课程建设评价	1			
课程内容评价	0.812**	1		
教师教学评价	0.826**	0.868**	1	
专业技能提升效果评价	0.846**	0.854**	0.897**	1

** 在 0.01 水平（双侧）上显著相关。

③ 多元线性回归分析

本研究以课程建设评价、课程内容评价和教师教学评价为自变量，专业技能提升效果为因变量，对自变量和因变量进行标准化处理后，构建多元线性回归方程。由表 4–17 可知，R^2=0.848，方程的拟合优度良好，自变量可以解释专业技能提升效果 84.8% 的变异量。

表 4–17　园艺毕业研究生课程评价的回归分析结果

模型	R	R^2	调整 R^2	标准估计的误差
1	0.921[a]	0.848	0.847	0.39147582

a. 预测变量：（常量），课程建设评价、研究生课程内容评价、就读时教师教学评价、课程学习对专业技能提升的效果评价。

表 4–18 显示了园艺毕业研究生课程评价量表的回归系数，课程建设评价（B=0.273，P<0.001），课程内容评价（B=0.200，P<0.001），教师教学内容评价（B=0.498，P<0.001），均通过显著性检验，对专业技能的提升有显著正向影响。

表 4–18　园艺毕业研究生课程评价量表的回归系数

模型	非标准系数		标准系数	t	Sig.
	B	标准误差	试用版		
（常量）	1.016E–013	0.023		.000	1.000
课程建设评价	0.273	0.044	0.273	6.145	0.000***
课程内容评价	0.200	0.050	0.200	3.976	0.000***
教师教学评价	0.498	0.052	0.498	9.534	0.000***

因变量：专业技能提升效果评价 ***p<0.001。

通过以上显著性检验和回归分析，可以得出以下结论：课程建设评价、程内容评价对专业技能的提升都有着显著正向影响，而教师教学内容的良好组织与设计对专业技能的提升有显著的正向作用。

四、基本评价：用人单位对园艺毕业研究生的质量反馈

社会声誉是世界大学主要排名中的重要指标，其评判标准主要包括大学的教学水平、毕业生质量及用人单位评价等方面。据此，本部分基于园艺用人单位回收的 53 份问卷，分析园艺毕业研究生的社会评价及认可程度。

1. 问卷设计与样本来源

为充分了解用人单位对园艺学科毕业生的基本评价，问卷内容涉及用人单位对毕业生的人才规格与单位用人需求吻合情况、胜任单位工作情况和整体满意度等。问卷的第一部分是基本情况，主要内容是用人单位性质以及是否为校企合作单位或实践基地等。第二部分共 5 个题项，主要内容是用人单位对园艺专业毕业生总体评价。第三部分共 10 个题项，调查用人单位对园艺专业毕业生知识与技能的评价，反映毕业生具备的专业写作技能、数据分析技能、口头表达技能、信息搜索能力和工作面试技能等能力状况。第四部分共 9 个题项，侧重用人单位对园艺专业毕业生工作胜任力评价，具体体现在毕业生的职业道德素养、团队敬业精神、工作技能、文化创新意识和适应能力等方面。样本来源共计 52 个园艺用人单位，包括企业、高校及园艺研究所等，具体如表 4–19 所示。

表 4–19　园艺毕业研究生用人单位的基本情况

单位名称	性质	校企合作或实践基地	单位名称	性质	校企合作或实践基地
天全县农业农村局	党政机关	是	瑞克斯旺（中国）农业服务有限公司	外企	是
昭通苹果产业研究所	科研院所	否	青岛农业大学海都学院	高校	是
安徽九洲方圆制药有限公司	民企	是	上海市上海农场种植事业部	国企	是
甘肃省农业科学院蔬菜研究所	科研院所	是	深圳市鑫荣懋农产品股份有限公司	其他	是
北京市农业技术推广站	其他事业单位	否	广州微凌教育科技有限公司	民企	是
甘肃省经济作物技术推广站	其他事业单位	否	茂名市城市管理和综合执法	党政机关	否
甘肃条山农工商（集团）有限责任公司	国企	是	正大贸易（中国）有限公司	外企	否

续表

单位名称	性质	校企合作或实践基地	单位名称	性质	校企合作或实践基地
甘肃省农业科学院林果花卉研究所	科研院所	是	武汉鑫艺源环境艺术工程有限公司	民企	否
甘肃省农业科学院	科研院所	是	广东如春园林有限公司	民企	是
四川胜泽源农业集团有限公司	民企	是	广东溧园春景观工程有限公司	民企	是
福建省花卉盆景有限公司	国企	是	武汉雨桐林建设工程有限公司	民企	否
西南大学	高校	是	铁汉生态环境股份有限公司	民企	是
江苏师范大学	高校	是	北京市农业农村局	党政机关	否
河南科技大学	高校	否	棕榈园林股份有限公司	民企	是
贵州贵茶有限公司	民企	是	广东如春园林上海公司	民企	否
阳光凯迪新能源集团有限公司	民企	是	武汉林业集团	国企	是
福建省农业科学院果树研究所	科研院所	是	顺茵绿化设计工程有限公司	民企	否
江苏庆丰林业发展有限公司	国企	否	蜻蜓 FM	民企	否
河北省农林科学院昌黎果树研究所	科研院所	否	广东如春园林设计有限公司	民企	是
新航道国际教育集团	民企	否	武汉花木公司	国企	是
上海市上海农场	国企	是	武汉大可环境艺术有限公司	民企	否
贵州道元生物技术有限公司	民企	否	山东省果树研究所	科研院所	否
黑龙江省农业科学院园艺分院	科研院所	是	青岛华垦进出口有限公司	民企	否
中国农业科学院郑州果树研究所	科研院所	是	金正大生态工程集团股份有限公司	民企	否
浙江省围海建设集团舟山有限公司	民企	否			

2. 用人单位对园艺毕业研究生的基本评价

（1）总体评价

数据显示，54.70% 的用人单位对园艺专业毕业生整体非常满意，50.90% 认为园艺专业毕业研究生能够较好地胜任单位工作，且其人才规格与单位用人需求较吻合，有 58.5% 单位通常安排园艺专业毕业研究生从事与专业相关的工作，具体如下图 4–9 所示。

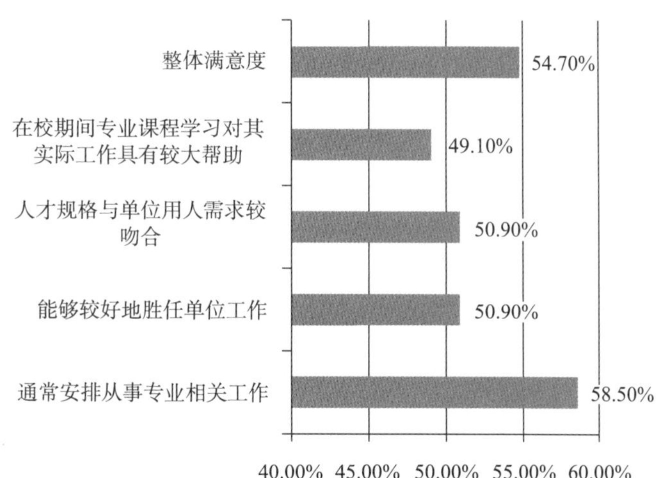

图 4–9　用人单位对园艺毕业生的总体评价

（2）知识技能评价

对毕业生知识与技能的调查数据显示，58.5% 的用人单位认为毕业生懂得选择恰当的数据分析技术，54.7% 单位认为毕业生懂得运用图书馆资源搜索与研究课题相关文献，47.2% 单位认为其数据分析技能和寻找研究信息来源的技能较强。但是，用人单位普遍认为园艺专业毕业生的写作能力、口头表达能力以及正式演讲技能相对较弱，具体如图 4–10 所示。

（3）工作胜任力评价

对园艺专业毕业生工作胜任力调查显示，60.40% 用人单位认为园艺专业毕业生拥有较好道德素养和团队精神，58.50% 单位认为其具有较好职业忠诚度和敬业精神，56.60% 单位认为其具备较好团队合作精神。然而，有 47.20% 单位也表示毕业生在工作技能、文化创新意识及适应能力方面表现相对较弱。从总体上看，用人单位对园艺

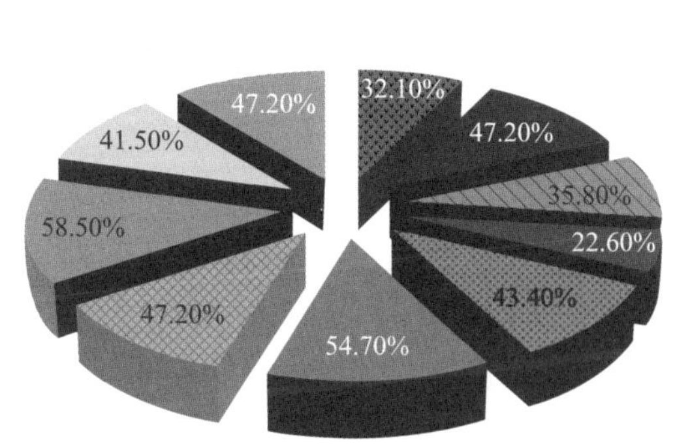

图 4–10　用人单位对园艺毕业生的知识与技能的评价

专业毕业生工作胜任力评价满意，表示毕业生具有从事当前工作所需要基本素质。如图 4–11 所示。

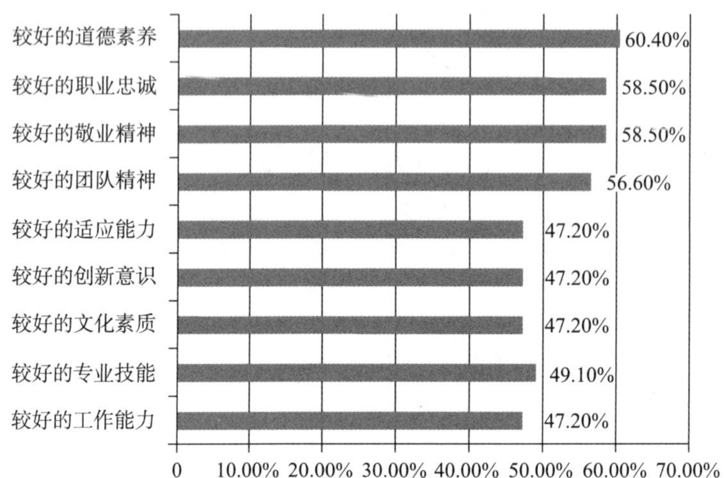

图 4–11　用人单位对园艺毕业生工作胜任力的评价

第五章

我国园艺高层次人才成长规律

园艺高层次人才队伍是推进园艺事业持续、健康和高效发展的关键。本章在厘清园艺高层次人才内涵与作用的基础上，探索了园艺高层次人才的成长状况，分析了园艺学领域10位院士的成长经历，归纳了园艺高层次人才成长的共性特征与基本规律，为提出园艺高层次人才培养的路径与基本策略奠定基础。

一、园艺高层次人才及其重要性

园艺产业在我国种植业中的地位突出，在乡村振兴战略和社会主义新农村建设背景下，园艺产业正朝着绿色、生态、休闲等方向蓬勃发展，园艺高层次人才是园艺产业发展及园艺科技进步的重要动力，大力培养园艺高层次人才对于促进园艺学科发展及产业进步意义重大。

（一）园艺高层次人才的内涵

1. 人才的内涵

人才是一个多序列、多层次和动态性的有机整体。司马光在《资治通鉴》里写道，“才德全尽谓之圣人，才德兼亡谓之愚人”，将人才解释为才德兼备的人。《人才学概论中》提及：“人才，是指那些在各种社会实践活动中，具有一定的专门知识、较高的技术和能力，能够以自己创造性劳动，对认识、改造自然和社会，对人类进步做出某些较大贡献的人[1]。社会贡献性是人才的典型特征，人才能够“在一定社会条件下，以其创造性劳动，对社会发展、人类进步做出较大的贡献，人才是人群中比较精华、先进的部分”[2]。中共中央、国务院2010年6月6日印发《国家中长期人才发展规划纲要（2010—2020年）》中指出，人才是具有一定的专业知识或专门技能，进行创造性劳动并对社会做出贡献的人，是人力资源中能力和素质较高的劳动者。

---

* 由于本书于2019年8月完成校对和定版，湖南农业大学茶学学科带头人刘仲华教授于2019年11月当选中国工程院院士，故本章的统计数据未将刘仲华教授纳入院士统计，特此说明。

[1] 叶忠海. 人才学概论. 长沙：湖南人民出版社，1983.

[2] 王通讯. 人才学通论. 北京：中国社会科学出版社，2001.

人才是国家和社会发展的主要推动力。马列主义的人才观指出，人才、干部是世界上最有决定意义的宝贵资本，在伟大的革命斗争中做出了一系列突出的贡献。党的十九大报告明确指出："人才是实现民族振兴、赢得国际竞争主动的战略资源。要坚持党管人才原则，聚天下英才而用之，加快建设人才强国"。《国民经济和社会发展第十三个五年规划》明确提出"把人才作为支撑发展的第一资源，加快推进人才发展体制和政策创新"。习近平在欧美同学会成立100周年庆祝大会上的讲话中指出："致天下之治者在人才"。人才是社会发展的第一资源，是衡量一个国家综合国力的重要指标，没有一支宏大的高素质人才队伍，全面建成小康社会的奋斗目标和中华民族伟大复兴的中国梦就难以顺利实现。当今世界各国的竞争不管是在经济方面还是综合国力方面，最终都体现在人才的竞争上，在科学技术日新月异的今天，人才成为党和国家发展的关键所在。

2. 高层次人才的内涵及特点

在人才队伍中，高层次人才属于层级较高的一部分群体，在人才队伍结构中处于上层部分，往往表现为突出的模范带头作用。高层次人才指知识层次较高，在某一行业领域承担重要工作，具有较深造诣，创新能力强，在行业发展及科研活动中发挥统领、骨干作用或做出突出贡献的高级人才，主要包括科学高层次人才、工程高层次人才、技术高层次人才、技能高层次人才四类，其中各个学科领域的科研工作者被称为科学高层次人才，一般为院士、具有正高或副高级职称的专业技术人才，博士、博士后、高级经营管理人才等，突出表现为高学历、高层次、高创造性等特点。科学高层次人才不仅具备扎实的专业理论及突出的创新能力，而且具有丰富科研实践经验及优秀的综合能力，能够在高校师资队伍中发挥科研带头作用及学术团队建设作用[1]。

高层次人才是国家最为重要的人才资源，在推动创新型国家建设和社会进步中都发挥着关键性的作用。《国家中长期教育改革和发展规划纲要（2010—2020年）》《国家中长期人才发展规划纲要（2010—2020年）》《国家中长期科技人才发展规划（2010—2020年）》等均指出，以高层次创新型科技人才为重点，努力造就一批世界水平的科学家、科技领军人才、工程师和高水平创新团队。高层次人才的特点至少包含四个方面。

（1）创新的思维品格

人的创造力主要表现为能够打破常规的思维习惯和方式，独辟蹊径，敢于走别人没有走过的路的能力。富有创造力的前提是具有创新的思维品格，这对于成为高层次人才是非常重要的。如果缺乏创新思维和创造力，就很难在科研上取得较高成就，而没有较为突出的成就也就不可能成为高层次人才。因此，要成为一个高层次人才，就必须锻炼并提高自己的创新思维能力，让创新成为生活或工作中的一种习惯，通过不断实践来形成一种适于创新的稳定的心理特征。创新思维品格形成，必须经过较长时

[1] 刘洋，岳云鹏，张巧月，等.高校高层次人才引进存在的问题及对策研究[J].智库时代，2019（17）：95.

间磨炼，往往与明确的个人价值追求相伴而生。有关调查表明，科技人员在创新实践中创新思维趋于成熟的年龄段是30—40岁。有学者对1500—1960年全世界1249名杰出自然科学家和1928项重大科学成果进行统计分析，发现自然科学发明的最佳年龄区是25—45岁，峰值为37岁。这一结果说明，创新思维品格形成有一个积极的蓄势阶段，培养高层次人才，就要给予年轻的创新人才获得积累创新经验的时间，为他们尽早树立人生目标培养和锻炼自己的创新素质和能力提供必要的条件。

（2）正确的研究方法和较强的学习能力

科学史表明，科学与方法同生共长，任何科研成果的取得，都是运用正确的研究方法的结果。俄国生理学家巴甫洛夫指出，科学是随着研究方法所获得的成就而进步的。所谓正确的研究方法，就是科学工作者在从事某项科学发现、技术开发或实验研究时所采用的适合研究工作规律和特点的方法。科研人员只有采用正确的研究方法，才能循科研道路打开科研难题的大门，取得突破和进展。而学习能力则是从学习中获得知识、经验从而转化成一种能量。对于从事创新活动的人员来说，掌握正确的研究方法和具备较强的学习能力是通向成功的必要途径。调研结果显示，要成为高层次人才，排在第二位的行为特点是个人必须具备正确的研究方法和较强的学习能力。

（3）执著的探索精神

对科研工作热情、并具有十分执著的探索精神，是高层次人才之所以成功的重要原因之一。创新活动具有不确定性，时常面临失败的风险，如果缺乏执著的探索精神，在挫折和困难面前灰心丧气徘徊彷徨，就不能把科研工作坚持到底，更不用说取得满意的成果了。要成为一个高层次人才，还必须具有“耐性”和坚忍不拔的品质。一名从事科技创新活动的人员从参加工作到能够在工作中独当一面，大约需要五到十年的时间，因此，坚持是难能可贵的一种品德。

（4）良好团队合作意识和能力

道格拉斯·史密斯（Douglas K. Smith）在《团队的智慧》中指出：“团队是拥有不同技巧人员的组合，他们致力于共同的目的、共同的工作目标和共同的相互负责的处事方法”。团队合作就是一种为达到既定目标所显现出来的自愿合作和协同努力的精神，它可以调动团队成员的所有资源和才智。团队合作意识是一种主动性的意识，将自己融入整个团体对问题进行思考。良好的团队合作意识和能力是科研人员取得突破的一个重要法宝。在科学研究日趋复杂的今天，创新已经不再是一个人能够单独面对的，而是需要团队的共同努力和分工协作。科技人才如果不具有良好的协调沟通能力，不善于与他人密切协作，就很难在学术上有更大的作为，也必然会阻碍自己成为高层次人才。

3. 园艺高层次人才及其类型

园艺高层次人才是我国高层次人才体系的重要组成部分，具体指在园艺领域有较高专业素养和技能的优秀人才，在园艺学科（果树学、蔬菜学、花卉学、观赏园艺、茶学）领域承担重要工作，具有较深造诣，创新能力强，在园艺学科发展及园艺教学科研活动中发挥统领或骨干作用的高级人才，既具备扎实的园艺专业理论知识和突出的创新能力，又具有科研实践经验、良好的综合能力，同时在园艺领域有较高水平的科研成果和突出贡献的人才，普遍具有突出的专业知识和研究成果。

园艺领域高层次人才主要包括院士、国家杰出青年基金获得者（简称“杰青”）、国家“百千万人才工程”第一、二层次人选、国务院政府特殊津贴、教育部“新世纪优秀人才支持计划”、农业部有突出贡献的中青年专家、农业部“神农计划”、中华农业英才、国家现代农业产业技术体系岗位科学家等[1]。园艺高层次人才作为园艺科研和产业发展的重要引擎和动力，是一种高智能型、实践型、稀缺型人力资源。依据园艺学科及园艺产业的特殊性，与之相对的园艺高层次人才不仅有扎实的专业知识和技能，又具备脚踏实地的实践精神和创新能力，不断适应农业转型及园艺产业结构多元化下的市场经济需求，保证园艺产业的可持续发展。

（二）园艺高层次人才推进园艺产业发展

1. 园艺高层次人才契合现代园艺产业的发展新要求

随着我国农业发展水平不断提高，农村产业结构不断调整，园艺作物的种植面积在逐年扩张，我国园艺产品种植面积在我国种植业总面积中名列第二，产值名列第一，其可持续发展是保障我国国民健康的基础，带动农民致富的手段，平衡农产品进出口贸易的工具和社会进步的标志[2]。我国人口多耕地少，发展园艺生产能因地制宜地利用山地、丘陵、沙地和旱地等荒山荒地，有效利用土地资源，保持水土和改良生态环境，增加农民收入，出口创汇。我国园艺产业发展相对较晚，并未形成健全的体系，目前我国正处于传统农业向现代农业转型的关键时期，园艺产业作为我国种植业的重要组成部分，正朝着绿色农业、生态农业、休闲农业、科技农业等方向蓬勃发展，园艺产业发展面临着发展时期长、任务重、困难多等问题，园艺人才匮乏已成为制约我国园艺产业发展的瓶颈，促进园艺产业发展归根结底还需要依赖园艺人才队伍全面建设[3]，需要一批优质园艺高层次人才队伍。我国在园艺产业技术推广、生态绿色园艺、园艺作物栽培技术标准化和现代化等方面还存在较大的发展空间，推动园艺优势产业和园艺农产品的品牌化战略，打造世界一流的园艺大国，急需高等学校输出更多园艺高层次人才。

2. 园艺高层次人才是推动园艺产业发展最活跃的因素

科学技术是第一生产力，科技创新依赖高层次人才的创新。为了推动科技创新，我国出台与实施了高层次人才培养政策、激励政策、安全政策、使用政策、人才流动

[1] 朱黎．我国园艺学科研究生课程建设研究．武汉：华中农业大学，2018.

[2] 国家发展和改革委员会，中华人民共和国农业部．全国蔬菜产业发展规划（2011—2020年）．中国蔬菜，2012（5）：1-12.

[3] 郑晓倩，张厚喜，陈娟，等．园艺专业高层次应用型创新人才培养模式的建设．园艺与种苗，2018，38（9）：41-43.

政策等一系列政策。在此背景下，我国园艺高层次人才队伍不断发展壮大，人才梯度结构趋于合理化，高层次人才构成类型日渐丰富，持续促进着我国园艺产业的现代化可持续发展。

园艺高层次人才是园艺科研成果的主要贡献者，为产出高质量园艺产品提供科学技术支撑。园艺高层次人才在相关技术推广上作用突出，培训数以万计的果农、花农、茶农、蔬菜种植者，指导农村地区的果、蔬、花、茶四大产业发展，提出创新驱动、品牌化发展、绿色发展等园艺产业发展战略，催化园艺事业在产量不断提高的基础上向产业优质化、现代化不断转变，为我国园艺事业的发展做了突出贡献，进而推动农业农村的发展，加快乡村振兴战略的实施与社会主义新农村的建设。园艺产业的发展与人们的生活息息相关，果、蔬、花、茶逐渐成为人们生活不可或缺的农产品。园艺技术是推动园艺产业发展的前提，提高单产、提升品质、增加效益、确保安全，科技要在未来的园艺产业发展中起到更大的支撑作用[1]。只有充分运用科学技术才能提高生产效率，提高我国农业发展的质量和效益，推动社会主义新农村建设，切实增加农民的生产性收入，推动工业化、城镇化和农业现代化的进程，促进我国社会、资源和生态环境的改善。为切合现代园艺产业发展，高校园艺人才培养要高度重视其创新能力的提升，丰富知识结构，加强实践科研能力，为我国园艺产业发展提供强有力的人才和科技支撑。

3. 园艺高层次人才促进产品优质化发展

园艺高层次人才陆续推出一系列绿色、健康、生态的园艺农产品，积极探索将科研成果转化为农民易懂、好掌握的技术，促使园艺农民真正掌握相关园艺技术，提高种植效率和产品产出率。近年来，我国园艺高层次人才注重将论文写在祖国大地上，长期深入生产实践调研，因地制宜指导农民发展园艺产业，为农民生产种植过程中遇到的困难和问题提供切实可行的方法和途径，不断促进园艺领域产学研融合发展。由此，园艺产品逐渐从高速增长向农产品的优质化发展，从“重视产量”向“注重品质”转变。园艺教育科研工作者的成果在提高农民生活水平和促进农业产业发展的同时，提升了农民的获得感，推进了我国迈向现代农业大国的步伐，一批园艺领域基础研究、重大技术取得突破性进展，为我国园艺产业的可持续发展提供了有力保障。

（三）园艺高层次人才推动园艺高等教育发展

随着世界农业技术的迅速发展及我国外向型农业的崛起，园艺学及园艺产业发展在农业经济中发挥越来越显著的作用，对园艺高等教育改革与发展也提出了更高的要求，园艺高层次人才在适应变革、推动园艺高等教育发展中承担重要角色。

1. 园艺高层次人才促进园艺高等教育发展

《教育部、农业部、国家林业局关于实施卓越农林人才教育培养计划的意见》

[1] 邓秀新，项朝阳，李崇光．我国园艺产业可持续发展战略研究．中国工程科学，2016，18（1）：34-41.

（〔2013〕14号）文件中明确指出要“创新体制机制，办好一批涉农学科专业，着力提升高等农林教育为农业发展输送人才和服务能力，形成多层次、多类型、多样化的具有中国特色的高等农林教育人才培养体系”。园艺高层次人才作为园艺教育事业发展的重要资源，承担着推进园艺高等教育事业发展、园艺专业人才培养及队伍建设的重任。园艺高等教育事业创新依赖于园艺高层次人才的创新，不断壮大的园艺高层次人才队伍，积极响应国家创新驱动发展战略，持续提升着园艺人才的整体素养。园艺高层次人才师资队伍的创新理念、创新教育思想及科研经验等影响着一代又一代的园艺青年成长，促进着园艺高等教育事业的创新协调发展。

2. 园艺高层次人才持续促进园艺一流学科建设

我国园艺高等教育事业不断发展，教育规模持续扩大，特别是“双一流”建设背景下，园艺学科面临更新创新理念、完善教学体系、调整专业设置、优化课程结构，改善人才培养模式的任务，从而促进一流园艺学科建设。园艺高层次人才发挥自身优势，发挥脚踏实地、艰苦奋斗、不惧逆境的榜样作用，同时发挥科研实践经验、扎实专业知识的传承作用，促进着园艺高等教育发展。

3. 园艺高层次人才为高校发展营造良好的环境及学术氛围

园艺高层次人才队伍是一支专业理论知识过硬、综合素质能力优良的队伍，在促进园艺高等教育发展以及园艺学科发展的同时，不断影响着高校园艺学科发展环境。通过园艺高层次人才为核心的师资人才队伍，持续发挥帮、带、传的作用，带动园艺青年教师的成长与发展，形成具有良好氛围和环境的人才发展空间，增强园艺高等教育师资队伍的凝聚力，为园艺学及高校的持续快速发展提供人才保证和优良的氛围。

二、我国园艺高层次人才的成长分析

（一）我国园艺高层次人才概况

园艺高层次人才是各高等院校园艺学科综合实力的重要表现，园艺高层次人才的培育能够推动园艺教育与园艺产业的互动发展，促进现代农业发展。近年来，我国园艺高层次人才逐渐增加，主要集中在高等院校、科研院所等单位。总体来看我国园艺高层次人才总量有限，园艺人才队伍呈现“底层多、顶端少”的金字塔结构。

我国高校园艺高层次人才队伍形成了以院士为领军人物，国家杰出青年基金获得者（简称杰青）、国家优秀青年科学基金获得者（简称优青）、万人计划、现代产业技术体系岗位科学家为骨干的结构。依据园艺学科点合格评估报告，2013—2017年我国高校园艺学科高层次人才共计82人。其中，园艺领域院士有8人，其中蔬菜学3人，果树学2人，茶学、设施园艺、西甜瓜各1人。表5-1列出了2013—2017年担任导师的6位院士所在的单位，另外2位院士在省级农科院，目前没有招收学生。园艺领域共有杰出青年科学基金获得者 4 人、优秀青年科学基金获得者 7 人，分别占园艺高层次人才总数的 4.9% 和 8.5%；万人计划 10 人，占园艺高层次人才总数的比例为 12.2%。值得指出的是，园艺学科高校教育部新世纪人才达到 33 人，占总量的 40.2%。表 5-1 反映了 2013—2017 年我国园艺学本科及以上人才培养单位高层次人才情况。

表 5-1　2013—2017 年我国园艺学本科以上人才培养单位高层次人才情况

学校	院士	杰青	优青	万人计划	百千万人才工程	教育部新世纪人才
中国农业大学	—	1	1	—	1	7
中国农业科学院	2	—	—	—	—	—
华中农业大学	1	—	—	4	—	—
浙江大学	—	1	1	3	—	5
南京农业大学	—	2	1	2	1	9
西北农林科技大学	—	—	1	1	—	6
湖南农业大学	1	—	—	—	—	—
沈阳农业大学	1	—	1	—	—	1
山东农业大学	1	—	—	—	—	—
华南农业大学	—	—	—	—	1	—
上海交通大学	—	—	1	—	—	2
河北农业大学	—	—	—	—	—	—
福建农林大学	—	—	1	—	—	—
四川农业大学	—	—	—	—	—	1
石河子大学	—	—	—	—	—	1
北京农学院	—	—	—	—	—	—
宁夏大学	—	—	—	—	—	1
合计	6	4	7	10	3	33

注：① 资料来源于各校园艺学学位点合格评估材料。
② 此表显示在岗的园艺高层次人才情况。

自我国院士制度建立到 2017 年，园艺学科共有 10 位院士，其中 9 位科学家当选中国工程院院士，1 位科学家（俞德浚）当选中国科学院院士。园艺学的四大领域当中，果树学领域有束怀瑞、邓秀新 2 位院士，分别致力于研发苹果和柑橘优良果品，先后培育多个优良新品种，提高了果树的种植效益，提升了人们的生活品质。蔬菜学领域先后有方智远、侯峰、邹学校 3 位中国工程院院士，他们分别致力于甘蓝、黄瓜和辣椒等蔬菜的遗传育种及产业化，在蔬菜产业发展，为农业增收、农民致富、农产品创汇方面发挥重要作用。吴明珠院士扎根新疆，毕生致力于甜瓜的资源与育种研究，为民族地区的经济发展做出了突出贡献。花卉学领域的院士陈俊愉为我国花卉学发展和观赏植物的培育做出了卓著贡献。设施园艺领域的李天来院士为我国蔬菜等园艺作物的设施栽培提供了技术支撑，通过改进大棚结构将设施栽培向北推移。茶学领域有中国工程院院士陈宗懋，他善于把握世界茶业科技动态，在茶树病虫害防治、减少茶叶农药残留、茶树害虫化学生态学等领域都有突出贡献，推动了我国茶产业的健康绿色发展。表 5–2 反映了我国园艺学科 10 位院士基本情况。

表 5–2　我国园艺学科 10 位院士基本情况

姓名	性别	出生年份	当选年份（当选时年龄）	研究领域	工作单位
俞德浚	男	1908	1980（72）	植物分类学、园艺学	中国科学院植物研究所
方智远	男	1939	1995（56）	蔬菜学（甘蓝遗传育种）	中国农业科学院
陈俊愉	男	1917	1997（80）	花卉园艺学	北京林业大学
侯　峰	男	1928	1999（71）	蔬菜学（黄瓜遗传育种）	天津市农业科学院
吴明珠	女	1930	1999（69）	蔬菜学（瓜果）	新疆农业科学院
束怀瑞	男	1929	2001（72）	果树学	山东农业大学
陈宗懋	男	1933	2003（70）	茶学	中国农业科学院
邓秀新	男	1961	2007（46）	果树学	华中农业大学
李天来	男	1955	2015（60）	设施园艺学	沈阳农业大学
邹学校	男	1963	2017（54）	蔬菜学（辣椒遗传育种）	湖南农业大学

园艺高层次人才是推动园艺事业持续、健康和高效发展的动力之源。以果树学为例，束怀瑞院士研发的苹果栽培技术有力推动了山东等地苹果产业发展；邓秀新院士在从事柑橘遗传改良和品种选育的研究中，将细胞工程、分子标记技术与常规育种有机结合，提高了柑橘育种效率，培育出多个柑橘新品种，并在生产中大面积推广应用。邓秀新院士及其团队首次建立了柑橘原生质体分离、细胞融合和培养及再生技术体系，揭秘了“甜橙基因组”，支撑赣南地区柑橘发展。园艺学高层次人才具有较高影响力，对园艺学科及园艺事业的发展做出了突出贡献，一系列科研成果和技术极具国际影响力，被农民广泛应用，促进农民增产增收的同时不断改善人们的膳食结构、生活环境等。

（二）园艺学领域院士基本情况分析

本部分以 10 位园艺学领域院士为分析对象，探究其成长成才的历程和基本规律，以期探索出具有可操作性的高层次园艺人才培养路径。园艺学领域院士的数据资料主要来源于人物传记、采访报道、教育部网站、中国知网等库。

1. 园艺学领域院士以男性为主

新中国成立以后，随着园艺学科的设立发展及园艺高等教育的推进，园艺学领域院士高层次人才不断增加。10 位园艺学领域院士当中只有吴明珠一位院士为女性，其余 9 位均为男性，男女比例差异明显，园艺学领域院士高层次人才以男性为主。乔纳森·科尔（Jonathan R. Cole）指出，科学体制是一个高度分层的体制，男性科学家比女性科学家更容易获得升迁，有更高的科学声望[1]。2007 年科技人力资源调查表明中国科学院、中国工程院院士中女性仅占 5.0%，国家重点基础研究发展计划“973 计划”首席科学家中女性仅占 4.6%，中国青年科技奖获奖者中女性仅占 8.4%[2]。即使是人文社会科学领域，2011 年入选中国校友会网中国杰出人文社会科学家名单的女性仅占 6.9%。园艺高层次人才中的女性人才数量相对不足，仍需进一步扩增。

2. 园艺学领域院士的籍贯情况

生活环境及成长经历对个体成才具有重要影响。表 5-3 反映了园艺学领域 10 位院士出生地情况，主要位于山东、湖北、湖南、北京、天津、辽宁、上海等地。其中，湖南籍园艺学领域院士有 3 人，位居第一；山东次之，有 2 人；湖北、北京、天津、辽宁、上海地区各 1 人。总体来看，园艺学领域院士出生地主要集中在经济发展水平较好的地区，这些地区往往在科教文卫等领域都呈现较高水平，尤其是北京、上海、天津等地是我国政治、经济、文化的繁荣之地，教育资源丰富，雄厚的区域经济基础可以为当地的文化发展水平及教育事业的发展提供良好的物质保障，同时也对园

表 5-3　园艺学领域 10 位院士出生地情况

院士姓名	出生年份	出生地
陈俊愉	1917	天津市
侯　峰	1928	山东省
俞德浚	1929	北京市
束怀瑞	1929	山东省
吴明珠	1930	湖北省
陈宗懋	1933	上海市
方智远	1939	湖南省
李天来	1955	辽宁省
邓秀新	1961	湖南省
邹学校	1963	湖南省

[1] COLE J，ZUCKERMAN H. The Productivity Puzzle：Persistence and Change in Patterns of Publication of Man and Women Scientists［M］. Stein kempt M W，Mae hr M L. Women in Science（Vol 2）. New York：JAL Press，1984：217-258.

[2] 中国科学技术协会调研宣传部，中国科学技术协会发展研究中心 . 中国科技人力资源研究报告 . 中国科技信息，2008（12）：8-10.

艺人才的成长起到促进作用。束怀瑞院士出生在孔孟之乡的山东，文化渊源深厚，在他的人物访谈及相关报道中多次提到孔孟文化及齐鲁文化对他的启蒙和引导。俞德浚院士生活在北京，首都作为政治、文化、经济的交汇地，文化底蕴浓厚，人文环境及风土习俗对他们的成长成才都具有潜移默化的作用。

3. 园艺学领域院士的年龄情况

园艺学领域院士们当选的平均年龄为 65 岁，当选年龄最小的是邓秀新院士，当选年龄为 46 岁，当选年龄最大的是陈俊愉院士，80 岁当选。其中，当选年龄为 40—50 岁的 1 人，当选年龄为 50—60 岁的 3 人，当选年龄为 60—70 岁的 1 人，当选年龄在 70 岁以上的 6 人。事实上，人的生理与心理发育成熟阶段有较高的相关性，当两者处于相对平衡的阶段，个体常常表现出精力充沛、思维活跃、创新能力强，能够将理论与实践经验有效结合，是产出高水平成果的最佳年龄段。一项以 1901—1972 年 286 名诺贝尔奖获奖者为对象的研究表明，他们获奖时的平均年龄为 38.7 岁[1]。总体来看，我国 10 位园艺学领域院士当选年龄跨度为 46—80 岁，入选两院院士的年龄偏高。

（三）园艺学领域院士成长成才的影响因素分析

个体的成长成才是多方因素共同作用的结果，受到外部因素和内部因素的共同制约。伊万·凯洛夫（Ivan.A.Kairov）把影响人才成长和发展的因素归结为遗传、环境和教育三个方面，人才成长是以创造实践为中介的内外诸因素相互作用的综合效应[2]，园艺高层次人才的成长成才也是多方因素共同作用的结果。

1. 家庭因素对园艺高层次人才的影响

家庭是社会系统的重要组成部分，家庭作为园艺高层人才的初始成长环境，是其接受教育和熏陶的起点，是人类个体成长发育过程中感知到的第一个外部环境。良好的家庭环境可以给予个体成长优质的保障，家庭环境中的父母教育、亲友往来及夫妻关系等都在不同程度地影响着人才的成长。父母是孩子第一位启蒙者、幼儿第一个学习的榜样，父母的素质、思想、作风、生活态度等都有深刻的影响，因此家庭因素对个体成长的作用不容忽视，家庭因素在个体成长过程中较其他影响因子具有明显的首因效应，作用时间长、持续时间长。家庭不仅为个体成长提供有力的保障，而且家庭成员的行为和思想都会对个体成长起到示范榜样的作用。

我国 10 位园艺学领域院士大多在农民家庭中成长，农村家庭背景锻炼了他们吃苦耐劳、坚忍不拔、脚踏实地的品质，并坚定了他们的理想信念，将解决贫困问题、提高农民的生活品质、提供真正优良的产品作为奋斗目标，用知识改变命运。邓秀新院士曾多次谈到“顺境出产量，逆境促品质”的思想，如生长在东北寒冷地带的稻米

[1] 朱克曼 . 科学界的精英：美国的诺贝尔奖金获得者 . 周叶谦，冯世则，译 . 北京：商务印书馆，1979：403.

[2] 吕学斌 . 论地理环境对人才成才的制约 . 浙江师范大学学报（社会科学版），1998（2）：96-99.

质量最佳、干旱山区长出的黄连药效特别高、山沟里长出的柑橘最好吃等，人的成长成才与农作物的生长机制有着异曲同工之处。正所谓“有钱难买少年贫”，在物质匮乏、“学工学农”的中学时代，邓秀新奔波于田野，实践于农村，幼年丧父和勤工俭学的经历锻炼了他的意志和品质，是高层次人才成长的重要内在因素。吴明珠院士出生于教育之家，其祖父吴德亮是晚清进士，以吴德亮为主编纂的《植物学大辞典》这一著作被称为农学史、植物学史、中药史上的一座丰碑，祖父吴德亮在农学上取得的成就深深影响着吴明珠，吴明珠院士后来选择园艺系与其祖父在植物学上的影响密切相关。吴院士在西南农学院园艺专业毕业后，坚持要到环境、气候等利于瓜果生长的新疆去，扎根边疆，她虽为女儿身，但她具有的坚定的理想信念和吃苦耐劳的品质丝毫不亚于男生，逐渐成为边疆瓜田事业的一颗璀璨明珠。吴明珠院士取得的一系列成就除了父母的支持以外，也与其丈夫杨其祐的鼎力支持和默默奉献密不可分，杨其祐作为新中国培育的第一批北京农业大学小麦专业的研究生，为了支持吴明珠的瓜田梦想，将自己的理想变成了与吴明珠的共同理想，用自己所学的遗传知识辅助吴明珠院士的西甜瓜事业，助力吴明珠院士的事业。陈俊愉院士与吴明珠院士有着相似的家庭背景，深受他的两位舅父的影响，他的两位舅父都是美国留学生、教授，他的母亲是一位知书达理的女性，且略懂英文，是子女心目中的榜样，为陈俊愉院士提供较好的文化成长环境。

2. 教育因素对园艺高层次人才的影响

高等教育的学习经历是园艺高层次人才知识结构、素质结构形成的重要阶段，也是其获取高深专门学问、实现人生理想的重要途径。高等学校的历史传统、教学理念及文化底蕴等能够为高层次人才成长提供潜移默化的良好氛围。10位园艺学领域院士都具有本科以上高等院校的学习经历，分别毕业于武汉大学、北京农业大学（中国农业大学）、南京农业大学、湖南农业大学等，大学是他们获得扎实的理论知识、基本技能以及科研能力的主要场所。总体来看，园艺学领域院士均毕业于办学条件较好的涉农高校，这些高等院校在教育政策支持、教育资源投入、科研水平、师资队伍、教育教学质量等方面都具有一定的优势，表5–4反映了10位园艺学领域院士受教育情况。涉农高校普遍为学生提供较好的专业教育和通识教育，邓秀新院士曾回忆说，他在华中农业大学求学期间，“哲学概论”及“自然辩证法”等课程对其知识体系、世界观和价值观的形成帮助很大。他认为，作为一个农业科技工作者，除了专业知识外，还要多学一点社会学、经济学等学科知识，这样所做出的指导才具有可行性，老百姓才会从中得到好处[1]。高层次人才成长过程既需要广泛的基础知识，也需要扎实的专业理论知识已成为普遍共识。一项围绕诺贝尔自然科学奖得主与大学的关系研究得到了类似的证据，“一流大学之所以能成为诺贝尔奖获奖人的苗圃，是因为一流大学盛行的通识教育、科学研究与学生培养一体化，拥有一流学术水平的优势学科和一

[1] 橙香满神州：记中国工程院院士、华中农业大学教授邓秀新．农村工作通讯，2013（1）：44–45.

流的师资队伍，也具有培养和造就创新人才的独特模式与机制”[1]。

表 5-4　10 位园艺学领域院士受教育情况

院士姓名	本科毕业院校	硕士毕业院校	博士毕业院校	留学、访学、国际交流情况
俞德浚	北京师范大学	—	—	英国爱丁堡皇家植物园和英国皇家植物园邱园访学交流
方智远	武汉大学	—	—	多次参加国际果蔬加工研讨会
陈俊愉	金陵大学	金陵大学	—	留学丹麦皇家兽医和农业大学园艺研究部并获荣誉级科学硕士学位
侯　峰	北京农业大学	—	—	多次主持参加国内外黄瓜研究会议
吴明珠	西南农学院	—	—	多次赴日本交流学习
束怀瑞	山东农学院	—	—	北京农业大学苏联果树专家研究班学习
陈宗懋	沈阳农学院	—	—	—
邓秀新	湖南农业大学	华中农业大学	华中农业大学	美国佛罗里达大学柑橘研究及教育中心，高级访问学者
李天来	沈阳农业大学	沈阳农业大学	沈阳农业大学	先后两次赴日本留学和合作研究并获日本山形大学硕士学位
邹学校	湖南农学院	湖南农业科学院	南京农业大学农学博士、华中科技大学管理学博士	带领团队访问日本武藏野大学、日本名樱大学等进行友好交流

注：校名采用毕业时的名称。

海外学习经历有助于学习者开阔视野，提升研究水平，指引和启迪后续的研究方向及研究思路，是科学技术工作者成功成才的捷径[2]。海外学习经历在园艺高层次人才成长经历中作用突出。邓秀新院士、吴明珠院士、方智远院士、邹学校院士、陈俊愉院士等均有出国交流及访学的经历。邓秀新院士曾谈到其在美国佛罗里达大学柑橘研究及教育中心留学交流的经历，充分利用先进的设备和有利的条件，利用业余时间帮助该中心解决了一个世界性技术难题，即三倍体胚乳愈伤组织再生成株，并移入大田，从而使该中心的实验室一举而成为世界上第一个大田具有三倍体柑橘胚乳植株的实验室。邓院士表示，这段留学交流经历在其科研路上发挥着重要的作用，不同文化背景的思想碰撞及共同的科研理念都为其柑橘之路打下了坚实的基础。

3. 社会因素对园艺高层次人才的影响

（1）时代进步与发展对园艺高层次人才的发展不断提出新要求

时代选择人才，时代造就人才[3]。时代是人所处的社会大背景，每个人都生长和

[1] 陈其荣．诺贝尔自然科学奖与世界一流大学．上海大学学报（社会科学版），2010，17（6）：17-38.

[2] 张笑予．拔尖创新人才成长规律研究．兰州：兰州大学，2014.

[3] 朱文根．环境与成才论略．江淮论坛，1990（1）：69-73.

生活在一定的社会时代里，社会时代对个体的成长和发展起到很大的影响作用，园艺高层次人才的成长是嵌套在社会大时代背景之下的，无法脱离时代背景孤立存在。

从成长经历上看，束怀瑞院士、吴明珠院士、侯峰院士、方智远院士、俞德浚院士、陈俊愉院士、陈宗懋院士 7 位院士成长环境经历过解放战争年代，战争年代延长了他们成长成才的过程。从入选年份来看，7 位院士当选中国工程院院士时的年龄均偏大，反映出战乱及动荡的年代使得人才成长普遍滞后，影响了他们科研的时间投入及专注程度，但艰苦的环境也进一步磨炼了他们的意志和爱国情怀等。邓秀新院士谈到，从自己读大学以来，时代进步及科学技术发展对自身成长成才起到了重要的作用，赶上了好时代。与前辈们在风华正茂时期历经社会动荡和变化的时期相比，邓秀新院士的成长成才时期处于社会稳定发展阶段，有一定的科技、经济基础，国家及社会对园艺产业的发展给予重视和支持，为其致力于科学研究提供了良好的环境，促进了他的高水平科研成果产出。

马克思在《1848 年至 1850 年的法兰西阶级斗争》中写道："每一个社会时代都需要有自己的伟大人物，如果没有这样的人物，它就要创造出这样的人物来"[1]。个体的成长成才历程受制于所处时代的科学技术发展水平，相应地，时代的发展、科学技术革新等对人才成长提出新的挑战，园艺人才在不断满足现实社会需求的过程中积累知识与经验，力求在研发新品种、新技术方面做出突出贡献，这一过程也促使其在思维方式、研究方法、知识结构、科研水平等方面契合实际需求。诸如，随着人们对生活品质的不断追求，邓秀新院士的柑橘育种、束怀瑞院士的苹果栽培、吴明珠院士的优质抗病甜西瓜等都是适应产业和社会发展的新成果。

（2）环境因素锻炼园艺高层次人才的综合素质

环境支持和环境制约都在不同程度上影响着园艺高层次人才的发展。人才的成长是内在因素和外在因素相互制约的结果，在主观条件和个人努力基本相同的情况下，关键取决于客观环境因素。任何人才的成长与活动都是在一定的环境中发生的，环境为人才提供了成长的土壤和活动的舞台[2]。人才环境就是指人才成长和发展的一切外界条件的总和，马克思主义认为"环境也创造人"[3]。环境在一定程度上影响着人的发展方向，以及在这个范围内加快或延缓成长的速度。环境在人才成长发展的过程中持续发生作用，有时甚至是主导性的作用，但环境并不是人才成长的决定性因素，环境对人成长的影响最终取决于个体主观能动性的发挥。

荀子《劝学》中的"居必择乡，游必就士"，王充《论衡・率性篇》中的"譬犹练丝，染之蓝则青，染之丹则赤"，《三字经》中妇孺皆知的"昔孟母、择邻处"等都强调了环境对人的影响。适宜的环境可以激励、促进人才的成长与发展，恶劣的环境

[1] 陈昌曙，远德玉．论技术．沈阳：辽宁科学技术出版社，1985：72.

[2] 高岩．高技能人才成长探析．沈阳：东北大学，2008.

[3] 中共中央马克思恩格斯列宁斯大林著作编译局．马克思恩格斯选集：第一卷．北京：人民出版社，1991：43.

可以制约、阻碍人才的成长与发展[1]。逆境能够促进高层次人才的成长与成才。通常，人的成长过程中会面临资源问题、技术问题、资金问题等各类困难及难题，我国古代不少思想家都认为“多难兴才”，魏源甚至说：“逆则生，顺则夭矣；逆则圣，顺则狂矣”[2]。逆境在一定程度上会激发人才改变现状克服逆境的能动性，在一定程度上促进人才的成长。

园艺学领域院士的成长成才的环境支持主要表现为科研经费项目支持、校园环境、科研平台建设等诸多方面。良好的团队协作以及和谐的团队人文环境对园艺高层次人才成长具有重要的作用，不仅有助于学科发展以及园艺新产品开发，还有利于团队成员之间营造互相学习、协同配合、共同进取的优良氛围。束怀瑞院士重视人才成长环境的影响作用，鼓励其科研团队的学生发挥每个人的特长，为团队每一个学生提供耐心的指导和舒适的科研环境，促进学生们在科研路上积极探讨，不断前进。邓秀新院士指出，在园艺学领域的科研过程中往往会面临多种困难，要发挥团队协作的凝聚力，尤其是对于一些多年生作物要发挥团队成员角色作用，多角度展开探索。

4. 智力因素对园艺高层次人才的影响

智力是个体对客观事物认识活动的稳定心理特征，是人们在认识客观事物的过程中所形成的稳定的心理因素的综合，智力突出地表现为观察力、注意力、想象力、记忆力、学习能力、创造力、思维能力、解决问题的能力等[3]，即认知能力的总和。智力因素属于先天因素，它是人们在对事物的发展认识过程中表现出的心理特征，是认识活动的操作系统。

美国心理学家罗伯特·斯腾伯格（Robert J. Sternberg）提出了“成功智力”的概念，指“用以达成人生主要目标的智力，它能使个体以目标为导向并采取相应的行为”[4]。大多数园艺学领域院士接受大学教育之时，我国高等教育正处于“精英教育”时代，当时接受高等教育的机会十分有限，高等院校选拔大学生的制度以及要求都较为严苛，只有具备较高的学习能力和聪明的才智才能在层层严格的选拔中脱颖而出，获得进入高等学府求学的机会。进一步来看，园艺学领域院士就读的专业在当时发展基础较好，对于人才选拔的要求也更高，从某种程度上说，园艺学领域院士具备较好的先天智力条件。智力因素在个人知识储备、学习效率、理解能力、表达能力等方面都发挥着关键作用，智力水平的高低很大程度上决定着人们对事物的认知理解、对问题的思考分析解决、对未知领域的探索预测的能力，较高的智力水平是园艺学领域院士高层次人才成长成才的重要内因。

---

[1] 高岩. 高技能人才成长探析. 沈阳：东北大学，2008.

[2] 吴东莞. 逆境成才现象透析. 人才开发，2006（2）：20-22.

[3] 燕国材. 非智力因素与教育改革. 课程·教材·教法，2014，34（7）：3-9.

[4] 人力资源和社会保障部. 中国高技能人才楷模事迹读本. 北京：中国劳动和社会保障出版社，2006：61.

“科学的最重要目标是增加知识，除非一份科学文献在某些方面是独创性的，否则它对科学共同体无用”[1]。独创性及其所需的创新能力是一切人才成长过程中的共性智力因素，也是园艺高层次人才成长过程中的重要影响因素。创新能力是创新主体在创新活动中表现出来并发展起来的各种能力的总和，主要是指产生新设想的创新性思维和能产生新成果的创新性技能[2]。对于园艺高层次人才来讲，创新主要表现在园艺产品开发、园艺作物生产技术研发等过程中表现出的创新力，如园艺新品种培育、园艺作物栽培技术、改良技术、新品种发明创造等。通过对 10 位园艺学领域院士成长经历的分析发现，他们在成长成才过程中注重理论知识积淀和实践经验的运用，注重普遍知识的学习和扎实专业技能的养成，勇于实践、敢于突破，具有较高的创新能力。例如，邹学校院士被人们誉为“辣椒大王”，他潜心科学研究，成功选育出“湘研系列辣椒品种”，让人们的菜篮子真正地绿起来。邹学校院士的研究在辣椒亲本的选择与扩繁、杂交规模制种技术、种子规模贮藏技术、种子质量的快速检测技术等方面都取得了重大创新，在辣椒品种育种、雄性不育育种和加工专用品种的选育等方面表现出突出的创新力[3]。束怀瑞院士汲取农民群众在实践中总结的种植果树的经验，创新了果树栽培管理技术，在对冗余消耗、优质叶发生、土壤微生物系统、根系诱导等问题进行深入研究的基础上，创造了果园根区局部优化、土壤分层管理技术，起到了养根壮树的效果。该技术能节水 70%、节肥 30%，并可提高产量至每亩 5 000 kg（1 亩≈666.67 m^2）。邓秀新院士在从事柑橘生物技术的研究工作中，通过细胞融合技术，攻克了柑橘原生质体培养及植株再生技术。邓秀新院士带领团队在全球率先完成了甜橙基因组序列图谱的绘制与分析，创新性地破解了甜橙基因“密码”，培育出多种优良新品种，使我国的柑橘产业一年四季都有新鲜品种上市，让人们一年四季都能吃上新鲜的柑橘。从资源到品种培育、新栽培模式的创新，到产后处理，再到市场营销，邓秀新及其团队的研究覆盖了整个产业链。总体来看，创新因素促使着园艺学领域院士在其成长过程中不断创新，顺应时代发展，不断开创更多惠及国民的新技术、新产品。

5. 非智力因素对园艺高层次人才的影响

非智力因素与智力因素犹如硬币的两面，都是人才成长成功过程中不可或缺的因素”[4]。“非智力因素是指人们在行为活动中表现出来的比较稳定的个性特征，它主要包括动机、需要、兴趣、情感、意志、性格、习惯等心理过程。非智力因素不直接参与对客观事物的认知过程，不体现一个人的智慧水平，但对认知活动起着重要的辅助作用[5]。非智力因素对智力因素有促进作用，与智力因素相比，非智力因素侧重于后

[1] 加斯顿 . 科学的社会运行 . 顾昕，译 . 北京：光明日报出版社，1988：30.

[2] 赵卿敏 . 创新能力的形成与培养 . 武汉：华中科技大学出版社，2002.

[3] 致力于辣椒新品种开发的科技能人：邹学校 . 科协论坛，2005，20（1）：2.

[4] 彭介寿 . 创新教育与学生非智力因素培养 . 中国高教研究，2003（5）：81.

[5] 孟昭霞 . 从非智力因素视角探索创新人才的培养 . 成都师范学院学报，2019，35（2）：48-53.

天的养成，在后天的锻炼中，非智力因素能够促进智力活动目标的实现，如园艺科研工作者在探索和研究的过程中，会面临各种各样的困难和问题，然而较高的成就动机、顽强的意志力、积极乐观的态度、坚定的自信心、勤奋坚毅的品格等不断促进他们克服困难进行下去并最终达成目标。非智力因素中的创新因素、目标因素、自我价值实现因素等都对园艺高层次人才的成长起到重要的促进作用。此外，个体幼时理想信念的养成对成年后的价值选择有重要影响，吴明珠院士、束怀瑞院士等都谈到自己从小对园艺领域相关方向产生了浓厚的兴趣，立志为我国园艺事业做贡献的远大理想。

明确的目标导向是人才成长中的重要非智力因素。目标导向通过影响人的潜意识进而控制思想和行为，表现为自我克制不利于目标实现的行动，以坚韧毅力、强大信心和顽强不屈的精神状态去实现目标。进一步来说，适当的目标能激发人的潜力，指引行为的方向；明确的目标促使个体克服困难，排除各种干扰，战胜游离于目标之外的意识和行为，做到始终如一，抵住各种诱惑。心理学家指出，人的行动是为了达到一定的行动目标，当人们有意识地明确自己的行动目标时，会把自己的行动与目标进行反复对比寻找存在的差距，使自身的行动不断向目标靠近，当与目标的距离不断缩小时，行动的积极性就会更加高涨。通常，目标能把需要转变为实现目标的动机，动机越大，对行为产生的推动力量越大，实现目标的概率就越大[1]。20世纪中后期，戴维·麦克利兰（David C. McClelland）与约翰·阿特金森（John W. Atkinson）共同出版了《成就动机》一书，第一次通过测验方式对成就动机进行了研究，在整合动机理论和归因理论的基础上，麦克利兰提出了三种重要的动机需求理论：对成就的渴求（need for achievement）、对亲密关系的需求（need for affiliation）及对权力的向往（need for power）[2]，他认为在这三种成就动机的推动下，充分利用好这三种动机，能够使人们提高工作效能、实现人生目标。从我国园艺学领域院士的成长经历来看，目标导向在其成长过程中发挥着重要的作用。吴明珠院士在大学毕业时被分配到西南农林局经作处工作，但她心系祖国边疆，力图让全中国都吃到优良蔬菜和水果。她曾自述："我从小生在学校，长在学校。没出过学校的大门，我多么向往，也需要到基层，到农场，到广阔的天地里去实际锻炼啊！"1955年，吴明珠终于如愿以偿，被组织批准到新疆工作。吴明珠心中一直有为祖国事业贡献自己力量的宏伟目标，正是这份目标指引着她不断前行。她的卓著成就不仅得益于新疆的地理环境、气候条件适宜果蔬品种研究，更得益于其坚定的价值追求。邓秀新院士怀着深厚的爱国情结，致力于让老百姓四季都吃到优良品质的柑橘。比起在国外从事科学研究，他感到"在国内开展科学研究，心里很踏实，因为干出了成果是我国自己的"，他从果树生物工程技术的突破到柑橘属间和种间融合的研究，再到甜橙基因组序列图谱的建立、柑橘的色泽研究

[1] 周建新，汪芳．论高素质新型军事指挥人才成长规律．中国军事科学，2016（5）：118-127.

[2] ZIMMERMAN B J. Self-efficacy：An essential motive to learn. Contemporary Educational Psychology，2000（25）：82-91.

都是为培育中国优质多抗的丰产柑橘品种、建立中国特色柑橘品牌。我国园艺拔尖创新人才普遍树立了为国家园艺事业做贡献的宏伟目标，并为此不懈努力，促进了我国园艺事业的发展。因此，真正支撑科学家痴迷于科学研究的是精神利益，用默顿的话说，这才是科学家的真正的“私有财产”[1]。

自我价值实现的需要引领园艺高层次人才成长。美国人本主义心理学家马斯洛提出了著名的需求层次理论，马斯洛的需求层次理论指出人有五个层次的需要，分别是生理需要、安全需要、社交需要、爱和尊重的需要、自我实现的需要。这五个层次之间是从低到高不断递进的关系，生理的需要是最低层次的需要，在这一层次的需要里需要满足生理上的如水和食物、睡眠等基本需求；自我实现的需要是最高层次的需要，是指实现个人理想、抱负，发挥个人的能力到最大程度，达到自我实现的境界，接受自己也接受他人，解决问题能力增强，自觉性提高，善于独立处事，要求不受打扰地独处，完成与自己的能力相称的一切事情的需要。自我实现的需要是努力实现自己的潜力，使自己越来越成为自己所期望的人物。调查研究显示，园艺学领域院士从事科学研究之路充满艰辛。10 位园艺学领域院士青年时期成长的科研环境、物质条件、社会进步程度、科技发展水平等与现在有所差距，在当时艰苦的条件下园艺高层次人才积极进取，通过不懈奋斗，在园艺领域不断创造新成果，不断挖掘自身潜能，实现人生的自我价值，引领园艺事业的可持续发展。

三、我国园艺高层次人才成长的基本规律

择天下英才而用之，关键是要遵循社会主义市场经济规律和人才成长规律。人才成长规律包含师承效应规律、扬长避短规律、最佳年龄规律、马太效应规律、期望效应规律、共生效应规律、累积效应规律、综合效应规律八大规律[2]。园艺高层次人才的成长具有自身的学科特点、技术特点及行业特点，有其独特的成长规律。

（一）内在品质是园艺高层次人才成长的要素

品质是人才内在素质的重要组成部分，人才的内在品质与个体奋斗目标息息相关，园艺高层次人才的内在品质主要概括为三部分：一是思想政治品质，包括世界观、价值观、人生观；二是内在精神品质，包括奉献精神、拼搏精神、创新精神、敬业精神等；三是内在品格，包括诚信、道德、人格、毅力、风度、气质、性格、修养、心态等。三部分都是园艺高层次人才成长成才过程中不可或缺的因素，各个部分之间相辅相成，共同促进园艺高层次人才的成长。

2008 年开展的一项大范围实证研究表明，决定一个人成为成功者的关键要素中，

[1] 陈仕伟 . 杰出科学家管理的理论与实践 . 合肥：中国科学技术大学，2014.

[2] 王通讯 . 人才成长的八大规律 . 决策与信息，2006（5）：53-54.

80% 属于个人自我价值取向的"态度"类要素，如积极、努力、信心、决心、意志力等；13% 属于后天自我修炼的"技巧类"因素，如各种知识和能力；7% 属于运气、机遇等因素[1]。园艺高层次人才内在品质至少表现在 3 个方面：首先是心系"三农"，热爱农业。园艺科研工作者忠于社会主义事业的发展，关心农业农村发展，不断将园艺优质的科研成果转化为最简单、最朴素的方法和程序传授给农民，全身心致力于提升农民的生活水平，带领贫困山区的农民发家致富。其次是具有较强的奉献精神。园艺学高层次人才心怀深厚的爱国主义热情，扎根试验田，克服种种困难，深入贫困山区等地展开实地调研，亲自指导农民进行农业生产，推广农业科技技术，持续坚守在扶贫攻坚战的第一线。束怀瑞院士提到，农民是最困难的群体，研究技术、推广成果首先要考虑农民能否接受，必须时刻关注农业、关心农民，对他们负责[2]。束院士通过"山东省百万亩苹果幼树优质丰产综合技术研究"项目，带领农民开发果园 108 万亩，仅用三年的时间，亩产由 100 kg 提高到 1 010 kg[3]，带领农民脱贫致富，取得了巨大的经济效益。吴明珠院士为了我国瓜田事业的发展，从西南农学院毕业后毅然离开机关工作岗位，坚持要到适宜西甜瓜生长的新疆去，她常说："哪里需要我的帮助，我必义无反顾，只要群众满意了，就说明我们的工作是真做得好"。邓秀新院士海外学成后，毅然回到了祖国的怀抱，坚守在华中农业大学，开始"橘香中华"的征程。多年来，邓院士多次奔赴在山区、丘陵等柑橘产区，无偿指导农民进行引种培育、病虫害防治、采后处理等生产环节，使农民真正受益。

最后是将精深的专业知识和园艺生产实际相结合。"搞农业科研，必须一头连着理论，一头连着生产实践，不断解决生产实际问题。"园艺学领域院士坚持理论联系实际的方针，深入生产实际研究问题，总结实验，不断创新。1981 年，束怀瑞等来到沂蒙山区的蒙阴县进行扶贫开发，由于土地干旱贫瘠，这个县多数果园单产不足 30 kg，许多果园不结果，束怀瑞选择条件最差的野店乡和高都乡为开发基地，在这里探索出了"地膜橙盖穴贮肥水技术"，采用这一技术的第二年，就使高都乡九里岭 7 年生的从未结果的苹果园单产达 50 kg，蒙阴县目前已成为鲁南地区重要的果品生产基地。随后这项技术被列为国家"七五""八五"重点推广项目，在 17 个省推广了 32 万公顷，创经济效益 7.6 亿元[4]。邓秀新院士两次远渡重洋，被公费派往美国佛罗里达大学柑橘研究及教育中心进行合作研究。期间他独立完成了 20 余个柑橘属间和种间融合的研究，其中柑橘属与金柑属融合的体细胞杂种为世界首创。他强调科技推广必须要讲经济效益，让农民增收的技术才是真正的好技术。结合国外的园艺经验，邓秀新院士提出了柑橘覆膜技术、隔年交替结果和果园密改稀等一系列技术方案，最终提

[1] 陈国荣，杨曙光 . 论成功素质的构成及其培养模式 . 成功（教育版），2008（10）：40–41.

[2] 束怀瑞 . 聚焦产业难点，攻克发展难关：束怀瑞院士访谈录 . 落叶果树，2019，51（4）：1–3.

[3] 郝玉金 . 扎根农业沃土 培育青年英才：记中国工程院院士、博士后合作导师束怀瑞 . 山东人力资源和社会保障，2016（6）：50–51.

[4] 杨宇，刘观浦 . 不断探索创新 建设一流学科：访中国工程院院士束怀瑞 . 山东农业，2002（3）：17–18.

升了当地柑橘品质。从实验室到田间地头，到产后处理，再到市场营销，邓秀新及其同事的研究覆盖了整个产业链条，形成了完整的产业体系，成功地拯救了国内柑橘产业[1]。

（二）师承效应是园艺高层次人才发展的基础

韩愈有言，“师者，所以传道授业解惑也”，教师在人才成长过程中发挥着重要的引领作用。人才培养过程中的师承效应既有“名师出高徒”之意，也有名师“择天下英才而教之”之意，具体指在人才教育培养过程中，徒弟一方的德识才学得到师傅一方的指导、点化，从而使前者在继承与创造过程中少走弯路，达到事半功倍的效果，有的还形成“师徒型人才链”[2]。据调查，在1972年以前获得诺贝尔物理学、化学、生理学或医学奖的92名美籍科学家中，有48人是诺贝尔奖得主的学生、博士后或研究助手[3]。教师自身的智力、知识素养、科研水平、品德素质等方面在教育教学中具体实践，潜移默化地影响着学生，为学生的成长成才奠定良好的基础。教师指导在学生的成长过程中至关重要，教师对学生的学习能力、自我探究能力、科研创新能力等方面都发挥着重要的引导性作用。在优秀教师的指导下，可以解决并减少园艺高层次人才在成长过程中及科研之路上的困难和问题。吴明珠院士曾在给她的大学老师刘佩瑛教授的书信中写道“您对我的教育和影响，是我终生难忘的，也是我为人和进行科研工作的准则”。从吴明珠院士给刘佩瑛教授的信中，可以看到优秀的教师不仅能够传承给学生知识，同时会对学生的事业产生终身的影响。邓秀新院士的导师是我国著名的果树学家、园艺学家、柑橘专家章文才教授，被誉为“中国柑橘之父”“中国柑橘学奠基人”。邓秀新院士攻读研究生期间，章文才教授让他承担了农业部“七五”攻关项目的子专题，使他得到了很好的锻炼，将专业理论知识应用于实践。在章文才教授的指导下，邓秀新以锦橙为试验材料，开始了攻克生物工程技术领域里的难关——柑橘原生质体培养及植株再生技术的研究[4]。邓秀新院士曾说，章教授对基础研究的重视和坚持科研服务生产实际的作风，深深影响着他几十年的学习和工作。

（三）产业需求是园艺高层次人才成长的动力

马克思主义历史唯物主义的成才观认为时势造就人才，特定时代的特殊环境及社会经济发展需求等因素影响着人才成长与发展的基本过程。“每一个社会时代都需要有自己的伟大人物，如果没有这样的人物，它就要创造出这样的人物”[5]。“时势造就伟大人物”强调了特定的历史时期、特定的经济文化发展背景及水平在个体成长成

[1] 橙香满神州：记中国工程院院士、华中农业大学教授邓秀新 . 农村工作通讯，2013（1）：44–45.

[2] 王通讯 . 人才学通论 . 天津：天津出版社，1985.

[3] 王若虹 . 利用人才成长规律培育高技能人才 . 经济师，2009（8）：24.

[4] 鲁大安 . 橘秀赞：记华中农业大学青年柑橘专家邓秀新 . 高等农业教育，1993（4）：9–10.

[5] 兰文巧，邓丽丽 . 高技能人才内涵界定与队伍建设的理论透视 . 人才资源开发，2007（3）：38.

才过程中的关键作用。一般情况下，“时势”既包括特定时代的社会需要，也包括特定时代的社会条件[1]，两者相互作用，促进高层次人才成长。时势能够造就人才的规律，就是指一定时代的政治、经济、文化等诸方面的社会需要与社会条件必然会造就出它所需要的各种人才，并且它决定了人才出现的数量、结构、水平、特点，它反映了人才与社会两大系统间的本质联系[2]。我国自古以农立国，重农是历代的基本国策。现代农业发展要求夯实农业基础，保障重要农产品有效供给，稳定粮食产量，调整优化农业结构等。与此同时，农业发展目标包括了脱贫致富、乡村建设、壮大乡村产业、拓宽农民增收渠道、完善乡村治理等诸多方面。我国园艺产业向生态农业、休闲农业、高效农业和数字农业转变的进程中，促进了高层次人才在知识积累和能力结构的调整，不断适应新形势要求，对于园艺产业的科技、经济和社会贡献持续提升。

（四）逆境历练是园艺高层次人才成长的条件

环境作为人类生活的重要载体，对人的成长与成才过程产生重要影响。研究表明，顺境下的克制者和逆境下的坚韧者走向成功的可能性较大，反之，顺境下的依赖者和逆境下的屈服者往往难以成才[3]。顺境能够加速个体能力发展，园艺人才成长中的顺境包括积极创新的研究氛围、自我掌控的节奏、公平的制度环境、良好的工作平台、技术信息交流平台、培训体系、畅通的发展空间、导师引路等，均能加快园艺高层次人才成长成才的发展。

然而，我国园艺学院士的成长过程中，经历“逆境”几乎成为了他们的共性。逆境在人才成长中是否能发挥积极作用，关键看个体的主观能动性以及是否可以适应逆境，并克服其中的不利因素，积极进取，实现人生的价值。逆境条件下往往会出现各种各样的困难，如科研实验平台缺乏、实践基地不足、科研资金短缺等，抑或是成长过程经历了贫寒、苦难，甚至失去亲人等变故。邹学校院士出身于衡阳县桐梓乡的一个农民家庭，虽然家境贫寒，但是邹院士通过自己不懈的努力，考上了湖南农学院，他的父亲通过打工才凑齐他的路费和生活必需品。正是艰辛的生活经历促使邹学校院士发奋读书，致力于辣椒品种的研发培育，发展辣椒等特色产业。他能够深深体会农民疾苦，并借助科研成果转化去带领农民脱贫致富。艰苦的环境能够激发人的危机意识和潜在的才能，促使人在与逆境抗争中树立正确的人生观和价值观。园艺高层次人才在逆境中塑造了坚忍不拔和顽强的意志，学会了转变思维、寻求解决问题的方法，实现了飞越。

---

[1] 李维平．人才成长的共同规律．中国人才，2006（7）：38–39.

[2] 文苗．高技能人才成长规律及培养模式研究．长沙：湖南农业大学，2016.

[3] 王通讯．人才学教程．郑州：河南人民出版社，1986：12.

（五）优势累积是园艺高层次人才成长的保障

一方面，理论及实践经验的积累对园艺人才的成长尤为重要。人类认识事物是由感性到理性，由经验上升到理论的，知识的获取及知识的积累需要一定的时间跨度。辩证唯物论阐释了人类社会当中，个体的知识、经验之获得并非与生俱来，必须通过学习和实践才能获得，通过实践—认识—再实践—再认识这样一个循环的过程[1]。进入高等院校学习是园艺高层次人才积累专业理论知识最有效的途径，教师传授人类社会的经验知识，学生则积累和内化人类精神文明，并在头脑中建构不同知识和逻辑体系之间的关联。园艺高层次人才在大学的求学阶段积累了较好专业知识基础和科学研究训练基础，随后经历了"再实践—再认识"的过程，通过实践锻炼，促进理论与实践的结合，厚积薄发成长为园艺领域的领军人物。例如，陈俊愉院士曾回忆在丹麦攻读研究生的经历，其就读高校非常重视对学生实践技能的训练，要求学生在学校试验田里反复训练，技艺不精就无法过关。绝大多数周末和所有的寒、暑假，他都得到园艺场去参加生产劳动。陈俊愉院士回忆道，有一段时间做芽接月季，头一天，扎得满手都是刺儿，费了很大的力气，才接了 80 株，而来自欧洲各国的学生们却每个人接了 800 多株——差距 10 倍！为了赶上他们，需要在实践技能上下大工夫，苦练基本功[2]。这些经历为陈俊愉院士以花铭志，创造中国梅花北移之奇迹奠定了重要基础。

另一方面，高层次人才的突出贡献还要得益于基于团队建设的人力资源积累。团队建设及人力资源的积累在某种程度上体现了马太效应。20 世纪 60 年代，著名社会学家罗伯特·莫顿（Robert K. Merton）认为，社会上任何个体、群体或地区，一旦在某一个方面（如名、权、利等）获得成功和进步，就会产生一种优势积累，进而有更多的机会取得更大的成功和进步。在人类社会中，有时精英人才的形成在某一地域或某一组织中相对集中[3]。园艺高层次人才在团队建设上积累了优势，体现出一定的"群落共生效应"，园艺学领域院士能够运用科研及平台优势、发挥传帮带作用，打造人才高地，形成高层次人才链，形成"1+1>2"的效应。

[1] 汪睿．人才学视阈下的精英人才成长规律研究．科教导刊（下旬），2019（5）：138–139.

[2] 孙洪仁，汪矛．紧要的问题是培养实践技能：访中国工程院院士、著名花卉学家陈俊愉教授．中国高等教育，2002（2）：30–31.

[3] 汪睿．人才学视阈下的精英人才成长规律研究．科教导刊（下旬），2019（5）：138–139.

第六章

国外园艺高等教育的比较与借鉴

本章从国际比较的视角探讨了美国和俄罗斯高校园艺教育体系的差别；分析了瓦赫宁根大学和康奈尔大学的园艺教育的典型做法及成功经验；比较了6所世界一流涉农高校的园艺研究生课程设置；探索了国内外园艺科学研究前沿领域的变化，并对关键性指标展开国际比较，提出世界一流大学园艺学科发展的共性特性及反思。

一、制度设计：美国和俄罗斯的学位制度及园艺专业设置

俄罗斯和美国的高等教育历史背景、发展进程及主要特征差异显著。从高等教育行政体制上看，俄罗斯体现中央集权管理特点，美国则实行地方分权教育行政管理体系，两国的园艺高等教育具有代表性。学位制度和专业设置是研究园艺高等教育的制度基础。具体来说，学位制度规定了学位授予的级别、学位获得者的资格、学位评定和学位管理。园艺高等教育学位制度是隶属于高等教育学位制度的一个分支，遵循特定国家高等教育学位制度的一般规律。

（一）俄罗斯的学位制度及园艺专业设置

1. 俄罗斯高等教育的学位制度

为了与世界高等教育体系接轨，俄罗斯高等教育学位制度保留了新旧两种体系，且允许高校依据自身情况自主选择。一是旧教育体制。旧教育体制框架下的学制一般为5年，学生毕业后获“高等教育毕业证”和“农艺师”专家称号，可直接攻读副博士学位（相当于我国的博士学位）。二是新教育体制，为多级高等教育学制，分为不完全高等教育、基础高等教育、完全高等教育等阶段。不完全高等教育阶段为高等教育的初级阶段，学制2年，完成这一阶段学习后可领取“不完全高等教育毕业证”后就业，也可继续接受基础高等教育。基础高等教育阶段是第二级高等教育阶段，学制为4（2+2）年，学生毕业后获得“高等教育毕业证”，同时可获得学士学位。完全高等教育是高等教育的第三级阶段，学制2年。获得学士学位后可进入完全高等教育阶段，相当于我国的硕士学位培养。

2. 俄罗斯园艺高等教育的专业设置

俄罗斯园艺学科一般设置在国立农业大学下的果蔬系，果蔬系下设专业，每个

专业下设专业方向。如俄罗斯季米里亚捷夫国立农业大学果蔬系下设两个专业，分别是“果蔬和葡萄栽培”及“农作物遗传育种”。“果蔬和葡萄栽培”专业下设6个方向：果树栽培、保护地蔬菜栽培、药用和芳香植物栽培、果蔬贮藏加工与检验、观赏园艺、葡萄栽培与加工。“农作物遗传育种”专业下设果树育种和蔬菜育种两个方向。俄罗斯大多数农业院校的园艺专业设置都基本和俄罗斯季米里亚捷夫国立农业大学相同，但所设专业方向不如其齐全。

（二）美国的学位制度及园艺专业设置

1. 美国高等教育的学位制度

美国学位制度是在19世纪借鉴德国教育模式发展建立起来的。美国的学位层次虽然名目繁多，但基本上分为四级。一是副学士学位，社区学院（2年）毕业授予；二是学士学位，大学本科（4年）毕业授予；三是学术性研究生学位教育，毕业生拿到的学位都是学术性的学位，拿到这些学位的硕士、博士们通常都留在大学或研究机构从事教学研究；四是职业性研究生学位教育，培养各种应用型的职业人才，所授学位不同于学术性的硕士、博士学位，而是本行业认可的职业学位，也就是说，在这些学院中，学习的目标就是为了以后在该行业工作。相关数据表明，美国所有的硕士学位中，专业学位的授予率高达80%以上，反映出在美国专业硕士学位教育的发展超过了传统的学术性研究生学位教育。

2. 美国园艺高等教育的专业设置

美国实行地方分权教育行政体制，园艺高等教育的专业设置呈现多元化态势，不同大学园艺专业设置差异显著。表6-1显示了加州大学戴维斯分校（University of California，Davis）、密歇根州立大学（The University of Michigan）和康奈尔大学（Cornell University）的园艺专业设置情况。

表6-1　3所美国涉农高校园艺专业设置情况

学校	学科归属	专业名称	授予学位类型
加州大学戴维斯分校	园艺与农学（horticulture and agronomy）	农学（agronomy）	硕士/博士学位
		环境园艺学（environment horticulture）	硕士/博士学位
		果树学（pomology）	硕士/博士学位
		蔬菜学（vegetable crops）	硕士/博士学位
		葡萄栽培学（viticulture）	硕士/博士学位
		草业科学（weed science）	硕士/博士学位
密歇根州立大学	农业与自然资源（agriculture and natural resources）	园艺（horticulture）	园艺学博士
		园艺（horticulture）	理学硕士
康奈尔大学	综合植物科学（integrative plant science）	园艺学（horticulture section）	理学硕士
		园艺学（horticulture section）	园艺学博士

表 6–1 反映出，密歇根州立大学园艺专业（horticulture）的隶属学科为农业与自然资源（agriculture and natural resources），具有理科硕士和园艺学博士两类学位类型授予权。康奈尔大学园艺专业实行跨学科设置，具体设置在农业与生命科学学院（College of Agriculture and Life Sciences，CALS），隶属综合植物科学类，农业与生命科学学院为促进学生多元化的发展要求，提供了各种各样的硕士学位。该院的发展目标是在食品和能源系统、生命科学、环境科学和社会科学领域进行教学研究和项目推广，引领科学和教育走向一个富有活力的未来。

3. 康奈尔大学园艺专业研究生的学位类型

康奈尔大学的园艺研究生人才培养主要在农业与生命科学学院完成，该院为学生提供科学硕士学位课程，学位课程研习完成后授予理学硕士学位和园艺学博士学位；康奈示尔大学同时还进行农业和生命科学专业研究硕士学位的授予，包括受控环境农业（controlled environment agriculture）、葡萄栽培（viticulture）、民众领导力（public garden leadership）三个专业领域。

农业与生命科学学院授予的相关学位类型主要包括三类：一是专业研究硕士（master of professional studies，MPS）。农业和生命科学专业研究硕士的课程周期为 1 年，专为希望在园艺方面获得更多学科专业知识或正在将自己的领域转向园艺的学生而设置，同时关注了正在进入或已经进入园艺相关职业，且又意愿提升自身知识技能的人群的实际需求。专业研究硕士需要完成 30 个学分的课程，课程作业和最终项目结合，为学生在工业、政府或非营利机构的职业生涯做准备。包含专业研究硕士，景观建筑硕士和教学艺术硕士学位。二是理学硕士学位（master of science，M.S.）。理学硕士学位要求学生至少完成 2 学期的课程，并在 2 年内完成学位要求，最多不超过 4 年；攻读园艺理学硕士学位的学生要求掌握园艺生物学、园艺生产与管理、园艺方法三个核心领域的知识。理学硕士学位的课程和学分要求由专门委员会（special committee）商议确定，专门委员会由一名代表主要领域的教授和不少于一名代表次要领域的教授组成，由学生选出并对学生的论文选题、研究问题、研究进展等环节提供咨询和建议。三是博士学位（doctor of philosophy，Ph.D）。农业与生命科学学院培养的园艺专业博士至少要完成 6 个学期的课程，修业年限通常是 4 ~ 5 年，最多不超过 7 年。学院通过博士生专门委员会吸纳不同专业方向的教授指导学生，促使学生能与不同院系及专业的教授一起研讨。值得一提的是，农业与生命科学学院允许直接招收没有硕士学位的学生进入博士阶段学习，学生可以根据荣誉学位、发表论文和学术成就的形式展示研究能力，获得入学资格。

（三）俄美园艺人才培养的特征

不同教育行政管理体系下，高等教育管理及人才培养各具特色。俄罗斯实行集权制教育行政体制，园艺专业发展具有显著的科层、纵向管理特点；美国实行地方分权制教育行政体制，它的地方分权制是以州集权为标志，注重教育过程的公众参与。

1. 美国园艺人才培养基本情况

美国园艺人才培养培养具有以下几个特点。一是园艺专业学生通常要学习人文科学、社会科学和行为科学知识。二是数理等基础知识的学习受到重视。高等数学、物理学、化学成为必备知识。在此基础上，园艺专业学生围绕专业基础，修读植物学、遗传学、植物生理学、土壤学、病理学及昆虫学相关知识。三是开设系列针对性较强的专业课。专业课通常涵盖了普通园艺学、果树学、栽培学以及园艺产品商业生产的相关课程并组织研讨会。为提高学生对于专业知识的掌握能力，专业课程都配有实验课。四是注重学生实践能力培养。美国高校通过实习、实践相关课程加强实验及技能训练，提升园艺专业学生的生产操作能力。美国大部分院校对园艺学硕士研究生的实习课主要分为教学实习、研究实习和工作实习三类，其中都设置了教学实习这门课，并给予学分[1]。园艺专业给学生开设诸如果树或蔬菜“作物实习”（1～4 学分）的课程供学生选修，对于关键性技术，例如嫁接、修剪等没有硬性要求；鼓励学生个人自主联系单位进行毕业实习，毕业论文则以一门选修课程的形式要求学生完成。

2. 俄罗斯园艺人才培养基本情况

俄罗斯通常在一年级就开设专业实践课，在二年级开始就选择导师做毕业论文，毕业论文一般要求至少两年的实验结果。俄罗斯学生生产实践活动持续时间长。学生从一年级就开始参加生产实践活动，并且几年不间断。每年参加生产实践活动的时间较长，如季米里亚捷夫国立农业大学学生在 5 月份大部分园艺作物生长期就进入课题实习，而暑假（7—8 月）学生采用轮流休息一周的方法，这样学生从 5 月到 8 月这个主要生产季节都能在田间开展实践活动。

俄罗斯园艺高等教育注重学生对综合性知识的掌握，同样以季米里亚捷夫国立农业大学为例，为促进学生全面获取相关知识，该校将园艺专业理论课程分四大模块：一是人文、社会、经济学课程模块，其教学内容主要涵盖了哲学、历史、外语、文化、体育、法律、社会学、政治学、心理学和教育学、经济理论基础、西欧艺术史、俄罗斯宗教哲学、农业商务基础、农业史等。二是数学、自然科学模块，主要讲授数学、物理、化学、植物学等相关知识。三是园艺专业基础课模块，主要涵盖植物生理生化、土壤化学、园艺作物昆虫和病理、遗传学、田间试验统计等。四是专业课模块，该模块的重点依据专业方向而有差别，但是果树栽培学、蔬菜栽培学、园艺作物遗传育种等相关课程内容要求所有专业方向的学生必须掌握。

与俄罗斯、美国不同，我国园艺高等教育的四级学位制度分别是专科（2 年）、本科（4 年）、硕士（3 年）和博士（3～6 年），同时在专业设置上呈现出多元化特点，设有园艺、园林、茶学、园艺教育、草业、城市规划、果树、蔬菜和中药等专业方向。

[1] 王忆，张新忠，罗飞雄，等. 中美园艺学科硕士研究生课程设置比较研究. 中国农业教育，2013（4）：74-78.

二、案例分析：瓦赫宁根大学和康奈尔大学的园艺教育

我国园艺产业正处于快速发展的关键时期，园艺产业发展及园艺高层次人才培养对于推进乡村振兴、精准扶贫以及建设创新型国家意义重大。借鉴国际先进理念和标准，明确园艺人才培养模式的规范、基本过程，并建立科学的园艺人才培养体系，将为培养高素质的园艺人才提供重要的支撑。美国的康奈尔大学（Cornell University）和荷兰的瓦赫宁根大学（Wageningen University & Research，WUR）是典型的世界一流涉农高校，2 所大学经过长期的办学过程在独特的园艺人才培养制度和途径等方面形成了特色化发展路径，其园艺人才培养模式和经验对促进我国园艺人才培养的综合化改革具有重要的借鉴意义。

（一）瓦赫宁根大学园艺学科发展研究

1. 愿景与使命：追求“绿色领域”的领先地位

大学的使命（mission）反映了大学“为何”及“何为”的问题，揭示了大学存在的目的、大学的核心价值、大学的信念、大学的原则以及大学的自我定义。大学的愿景（vision）则体现组织中所有成员发自内心的共同意愿，是具体的能够激发组织成员为之奋斗的未来目标，相比“使命”更加具体并赋予可操作性[1]。大学使命与愿景深刻影响着大学的人才培养、科学研究、社会服务及文化传承。瓦赫宁大学在其特定的使命及愿景的影响下，形成了特定的价值追求、贡献及人才培养模式。

瓦赫宁根大学的农业科学在 QS、US NEWS 2016 年世界大学排名中位居第一，是世界顶尖农业大学，其使命是“农业和生命科学领域世界一流，通过卓越的科学研究扩大影响力（science for impact）”。瓦赫宁根大学力图建设成为最好的教育和研究机构，致力于保持“绿色领域”应用科学研究的全球领衔地位，其发展愿景包括：①致力于探索自然的潜力，提高人类生活质量。②不断增加人类在“健康食品和生活环境”领域的新知识，并促进这些知识在全球实践中的应用。③与政府、商界及国内外其他知识机构和大学紧密合作，为世界面临的重大挑战寻求解决方案。④在食物、水、生物多样性、气候、行为和健康等领域提供专业知识，帮助世界应对面临的严峻挑战。⑤促进教学与研究的结合，实现协同增效。⑥关注外界环境变化，从而确定需关注的重要问题；了解利益相关者的需求，与合作伙伴共同制订解决方案，推进创新。瓦赫宁根大学的愿景与使命对学校的学科发展及人才培养产生了深刻的影响。

在此大学使命和愿景的引领下，瓦赫宁根大学建立了复合型人才培养目标，将广泛的基础及专业技能作为人才培养目标的核心构成。瓦赫宁根大学坚持宽口径、厚基础的本科生培养方式，提出“激发年轻人的心灵”的倡议，通过多种多样学习方式、

[1] 赵文华，周巧玲．大学战略规划中使命与愿景的内涵与价值．教育发展研究，2006（13）：61-64.

灵活有效的途径，激发年轻人的热情，强调对学生个体的关注，通过让学生明确个人需求及社会发展需求，激发学生的学习热情并广泛获取相关知识。

2. 教学管理组织及制度建设

（1）园艺学的归属及教学单位

瓦赫宁根大学主要涵盖5个学科领域，分别为农业技术和食品科学、动物科学、环境科学、植物科学和社会科学，共有教员（faculty member）3 787名。园艺科学研究及人才培养隶属于植物科学领域，植物科学领域的教员数为957人，占总教员数的25.3%。植物科学硕士申请者的先修专业包括园艺、生物学、农学及生命科学相关领域。园艺相关专业的人才培养由植物学研究领域下属的5个不同研究团队完成，分别是：生物信息学团队（bioinformatics group，BIF）、园艺与产品生理学团队（horticulture & product physiology group，HPP）、作物系统分析中心团队（centre for crop systems analysis，CSA）、农业系统生态学团队（farming systems ecology group，FSE）、生物系统学团队（biosystematics group，BIS）。多样化的研究团队或学术团体为学生提供了较大的选择空间。其中，园艺与产品生理学团队是荷兰唯一专注于园艺的教育与科研团体，在瓦赫宁根大学的园艺教育和研究方面拥有重要的地位。

（2）教学管理组织及制度建设

教学管理组织及制度建设是高等学校各项工作顺利进行的基础。瓦赫宁根大学为实现其使命及愿景，保障学校管理的高效有序运行，建立了完备的管理组织及制度。具体由9个职责分工各异的委员会构成，包括监督委员会（supervisory board）、执行委员会（executive board）、师生委员会（student-staff council）、教学委员会（board of the education institute）、科学委员会（science board）、教授委员会（professor board）、课程委员会（curriculum board）、审核委员会（examining board）和招生委员会（admission committee）。各个委员会均在不同层面、不同程度承担人才培养管理的职责。具体来说，教学委员会的职责包括了制订教学预算、确定教学内容及质量保证；执行委员会具有组织教学、研究和学生事务的职责；师生委员会有审议教学质量、科学研究和国际化等职责，且与教学和考试相关的事务均需师生委员会审议通过；课程委员会则依据教学委员会制定的原则框架来组织课程修订，推进课程的持续改进及评估等工作；审核委员会负责确保考试的质量并对考试情况进行最终评估，负责对部分特别学生的学习计划进行审批及学位授予审核。此外，招生委员会负责处理学生的入学申请；监督委员会对质量保障系统进行监督。

（3）研究生院组织架构促进园艺学与相关学科的交叉融合

瓦赫宁根大学的研究生院主要完成各学科博士研究生的培养工作。瓦赫宁根研究生院系统由6个不同分支领域的研究生院构成：①实验植物科学研究生院（Experimental Plant Sciences，EPS）。②生产生态及资源保护研究生院（Production Ecology & Resource Conservation，PE&RC）。③瓦赫宁根动物生态研究生院（Wageningen Institute of Animal Sciences，WIAS）。④瓦赫宁根环境与气候研究生院（Wageningen

Institute of Environment and Climate Research，WIMEK），WIMEK 同时也是国家研究生院的一部分。⑤食品技术、农业生物技术、营养与健康科学研究生院（Food Technology，Agro-biotechnology，Nutrition and Health Sciences，VLAG）。⑥瓦赫宁根社会科学研究生院（Wageningen Graduate School of Social Sciences，WASS）。

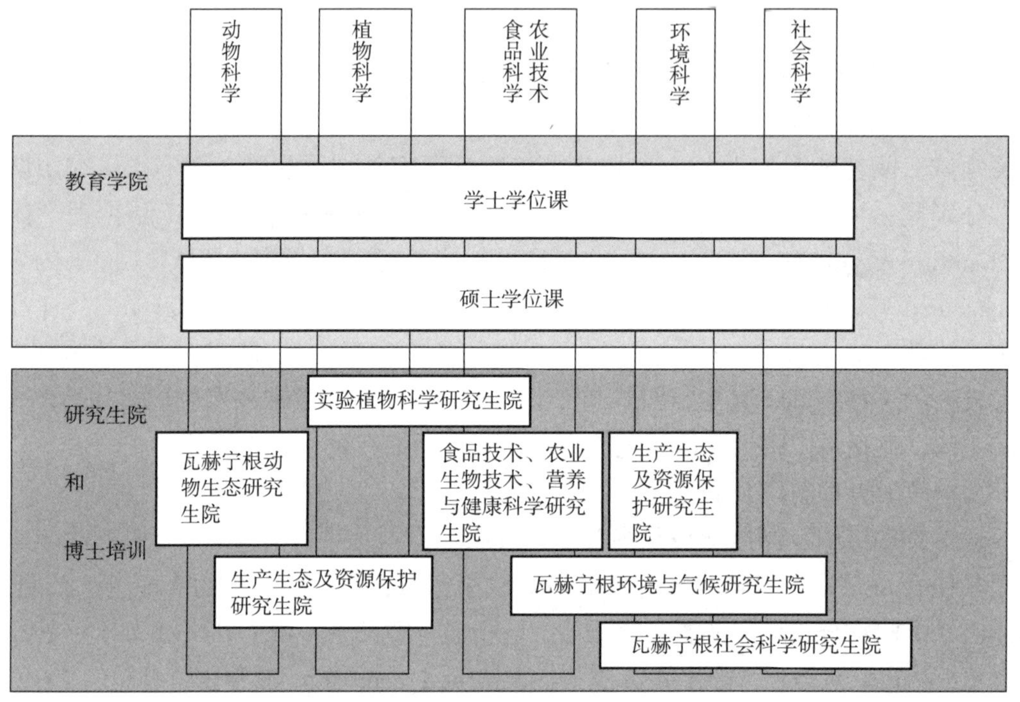

图 6–1　瓦赫宁根大学研究生院体系结构

园艺学隶属于植物科学，园艺博士研究生培养工作主要由“实验植物科学研究生院（EPS）”和“生产生态及资源保护研究生院（PE&RC）”完成。图 6–1 反映出，瓦赫宁根大学的每一个研究生院完成的人才培养都涵盖了多个学科。实验植物科学研究生院培养的园艺博士研究生主要和食品技术、农业生物技术、营养与健康科学领域进行交叉融合；生产生态及资源保护研究生院培养的园艺博士研究生主要和动物科学、植物科学实现交叉融合。与此同时，社会科学通过与环境科学的融合逐步渗透到园艺人才培养的过程之中。

3. 园艺学科的国际化发展路径

（1）瓦赫宁根大学的国际化措施

瓦赫宁根大学园艺学科的国际化发展以瓦赫宁根大学国际化发展为背景，注重提升生源、教师员工的国际化构成，培养学生的国际胜任力。一是扩大国际生源。2015 年，瓦赫宁根大学招收了来自 150 多个国家和地区的学生。其中，硕士生当中的非荷兰籍学生占比 39%，来自其他欧盟国家学生的比例达到 16%；在博士生当中，非荷兰籍博士生占比 60%，国际化程度高于硕士生。瓦赫宁根大学鼓励学生“走出去”，

2008 年有 53%的毕业生在国外实习，14%的毕业生在国外求学，国际化特色显著。二是教职员工（faculty and staff member）来源的国际化。瓦赫宁根大学的教职员工来自 80 多个国家。非荷兰国籍的教职员工数量比例从 2008 年的 13.6%上升到 2011 年的 19.1%。这一数字在世界涉农高校中处于领先地位。三是提升学生的全球胜任力。瓦赫宁根大学几乎所有的课程都要反映出国际化和全球性问题，且多数课程的学习目标包含了能够胜任国际化工作环境、能适应多元文化交融等。自 2005 年，瓦赫宁根大学的人才培养目标就提出，本科生要从专业内容和社会文化两个方面了解国际背景，硕士生要求能够在国际范围内独立开展工作[1]。此外，瓦赫宁根大学是相关领域许多协会、国际组织的成员，与外部建立了广泛的合作往来，为学校以及各学科的国际化发展提供保障。

（2）建立国际化合作网络

瓦赫宁根大学注重与企业、政府之间的合作，立足全球伙伴关系推动人才培养的国际化进程。瓦赫宁根大学的合作网络遍布全球 100 多个国家和地区，3 500 多个组织涵盖了各种各样的合作伙伴，包括政府科学机构、学术和商业伙伴，还有非政府组织、民间社会组织、公民等。

在荷兰国内层面，瓦赫宁根大学主要与荷兰国内的各级各类政府部门、商业界、非营利组织和市场化研究机构合作，图 6–2 显示了瓦赫宁根大学的国内利益相关者。

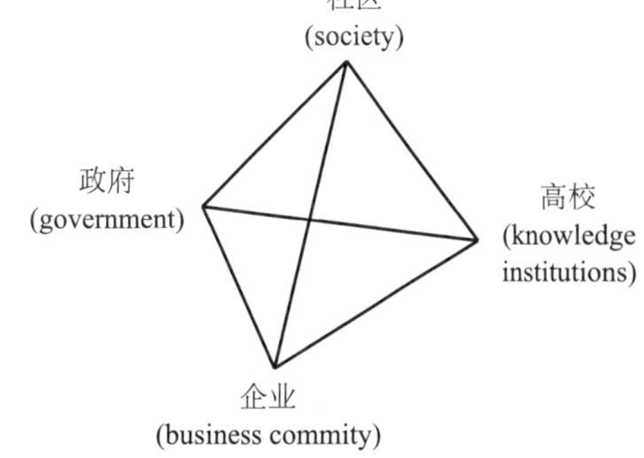

图 6–2　瓦赫宁根大学的利益相关者

在国际层面，瓦赫宁根大学加强与欧盟的深度合作，同时与发展中国家广泛合作，选择了金三角地区具有战略意义的国家作为合作伙伴。瓦赫宁根大学建立合作伙伴关系的基本理念是将整个世界都纳入合作范围之中，在行业领先和重要战略领域选择全球合作伙伴，互补性、卓越性是合作伙伴选择的标准，以促进共同挖掘新市场和开发项目机遇。合作推进方式包括建立政、校、企等多主体协同育人模式，推进科教结合、产学融合、校企合作的协同育人机制；依托合作开发在线学习课程与不同国家、不同领域的协会、国际组织产生广泛、深度的联系。瓦赫宁根大学在世界各地都设立了项目办公室，依据国际化策略确定优先和重点合作的区域及国家，推进了园艺学科的多元化国际合作项目的发展。

（3）园艺学科完备的国际化合作项目体系

一是与欧洲的园艺学合作项目，欧洲被视为瓦赫宁根大学的本土市场。瓦赫宁根大学建立了为期 4 年的 Clever Robots for Crops（CROPS）项目，具体工作由瓦赫宁根大学的温室园艺专业（greenhouse horticulture）组织实施，荷兰园艺产品委员会共同资

[1] 李忠云，陈新忠，陈焕春 . 供需视域下中国高等农业教育发展调研报告 . 北京：高等教育出版社，2019.

助，由来自10个不同国家的13个合作伙伴组成，目的是开发园艺和林业机器人。

二是拓展与美洲国家的园艺合作项目。在瓦赫宁根大学的国际化战略合作体系中，巴西和智利是优先国家，阿根廷、哥伦比亚和墨西哥是重点国家。2017年3月瓦赫宁根大学在阿姆斯特丹“荷兰－阿根廷商业论坛”期间与阿根廷签署备忘录，意在推进双方在园艺、农业、畜牧业、水产养殖和渔业、生物技术、生物能源及综合企业发展方面的合作。

三是强化与大洋洲国家的园艺学合作。瓦赫宁根大学通过建立跨国、跨校研究基地与澳大利亚的高校合作。2014年7月，瓦赫宁根大学温室园艺专业与西悉尼大学（UWS）、澳大利亚园艺有限公司（HAL）携手，在西悉尼大学校园内建造一座新的高科技温室研究基地，利用温室设计模型搭建温室设施，围绕气候与作物生理学互动、气候与病虫害相互作用、水分利用效率与盐度效应和温室气候与作物模拟等技术以及经济学等领域研究结果推进合作研究。瓦赫宁根大学在荷兰拥有类似的研究设施，积累了建设及运行的经验，为该项目的完成奠定了基础。

四是与亚洲国家的园艺学合作项目。中国、印度、日本和缅甸是瓦赫宁根大学合作的优先国家；印度尼西亚、马来西亚、泰国、越南和韩国是重点国家。亚洲人口众多，对高质量园艺产品的需求持续增加，为瓦赫宁根大学与亚洲在园艺领域的合作提供了广泛的空间。瓦赫宁根大学的温室园艺专业及相关业务部门，通过开展大型农业生产开发、温室改进、种植系统改进、技能培训、热带及干旱条件下的温室设计等方式推进与亚洲国家在园艺领域的合作。

五是与非洲国家的园艺学合作项目。瓦赫宁根大学与非洲合作的优先国家是埃塞俄比亚和加纳，重点国家是马里和莫桑比克。非洲园艺发展水平较好的地区主要位于北非的摩洛哥、阿尔及利亚、埃及；东非的肯尼亚、埃塞俄比亚、乌干达和卢旺达；西非的加纳以及南非。瓦赫宁根大学的温室园艺专业及相关业务部门通过开展温室建设、培养系统开发、可持续栽培方法推广以及质量控制和认证等方式与非洲国家合作。此外，瓦赫宁根大学将中东的沙特阿拉伯视为重点合作国家，推动解决中东农业生产发展、节水生产、自给自足等问题。

（二）康奈尔大学园艺学科发展研究

1. 愿景与使命：促进师生全面发展

康奈尔大学始建于1865年，是美国私立常春藤盟校和纽约州的赠地大学，其创始人之一埃兹拉·康奈尔（Ezra Cornell）提出的教育理念是“建造一所任何人都能够上得起、学得到知识的学校”。

“创新”被喻为康奈尔大学的灵魂，其使命是保持高质量的教育和广阔的学科结构的有机结合；持续传承和营造开放、协作及创新的文化；推进办学过程的多样性和开放性；建设充满活力的，既富有乡村气息又具有城市特色的校园。康奈尔大学发布的2010—2015年战略规划［*Cornell University Strategic Plan*（2010—2015）］不仅提出大力促进师生全面发展的目标，同时详细阐述了学校发展的愿景：①吸引、招收、培养和输送最合适、最有前途的大学毕业生。②为所有学生提供具有创新性、独特性和最高品质的教育，激发他们学习的热情。③在研究、学术和创造力上占据世界领先地位。④招募、培养并留住优秀的学者和教师，吸引优秀的、多样化的工作人员，为教师和学生提供最大力度的支持。⑤维持、促进和支持卓越学术组织的建立及有效运行。在此使命和愿景的引领下，康奈尔大学园艺学科的发展目标被表述为，通过产出和扩展水果、蔬菜和观赏植物等园艺作物有关的知识，为纽约州、美国乃至世界的园艺相关专业人士提供研究服务，为学生和公民服务，最终维持生态环境、增强经济活力，提高个人以及社区的生活质量。

2. 康奈尔大学的园艺高等教育

（1）园艺学科的建立

康奈尔大学园艺学科的创始人是美国著名植物学家利波提·贝利（Liberty H. Bailey），贝利毕业于密歇根农业学院并获得植物学学位，系统研究了栽培植物，他的研究成果使美国的园艺从手工艺提高到应用科学的水平，并对遗传学、植物病理学和农业的发展产生直接影响。贝利著有影响世界的园艺著作，包括《美国园艺学百科全书》（*Cyclopedia of American Horticulture*）和《园艺学标准百科全书》（*The Standard Cyclopedia of Horticulture*）等。贝利曾在密歇根从事园艺和景观园艺教育工作，1888—1903 年，贝利就职于康奈尔大学，任植物学和园艺学教授，开设了实用园艺和实验园艺新课程，把园艺研究、教学和实践建立在植物科学的基础上。

康奈尔大学的园艺专业隶属于农业与生命科学学院，该院以推行世界一流的教育，培养学生终身学习的热情为宗旨。农业与生命科学学院推崇师生开展具责任心的科研探索，关注的领域包括农业体系全面建设、粮食和营养安全、人类健康和可持续发展等；借助生命科学教育提高师生对于生命样态统一性和多样性的认识，并提出有利于环境资源管理和能源可持续发展的解决方案。康奈尔大学园艺研究机构主要由位于伊萨卡的园艺部（The Horticulture Section Based in Ithaca）、位于纽约州日内瓦镇的纽约州农业实验站（New York State Agricultural Experiment Station）以及博伊斯·汤普森研究所（Boyce Thompson Institute）组成，研究范围涵盖植物生物学、植物育种和遗传学、作物和土壤科学及环境分析等。

（2）园艺人才培养目标

康奈尔大学是美国常青藤盟高校当中，唯一一所设立了园艺研究生人才培养项目的大学。康奈尔大学的农学学科从学校成立之初起，始终围绕培养与吸引优秀人才作为学科发展的中心，秉持“学术自由”的理念，旨在帮助学生寻找未来发展方向，成为适应社会生产发展的综合型人才。康奈尔大学明确指出园艺研究生人才培养目标——“培养未来园艺研究、园艺教育方面的领导者，缔造园艺产业及公共景观领域的开拓者。”康奈尔大学园艺人才培养呈现出典型的导向：促进人才积极服务社会、关注社区。康奈尔大学积极呼吁和组织师生在纽约州探索并传播有关水果、蔬菜和景观植物的知识与技能，并呼吁政府官员、农民、城市林业工作者，甚至高尔夫球场经理等行动起来共同解决全球园艺问题。

（3）跨学科人才培养方式

康奈尔大学注重促进不同领域知识的交叉与融合，对于本科生实行宽口径培养。例如，植物科学是由作物学、园艺学、土壤科学、植物生物学、植物遗传与种植学、植物病理学等学科共同组建的一个交叉本科专业。该专业整合多学科教师实力，开设近 70 门课程，保证每一个学生都能够在其中找到感兴趣的科目[1]。康奈尔大学园艺专业研究生入学申请人数见表 6–2。

表 6–2　2014—2018 年（秋）康奈尔大学园艺专业研究生入学申请人数（单位：人）

学位类型	年份				
	2014	2015	2016	2017	2018
博士	13	13	16	22	17
专业型硕士	3	4	6	2	6
学术型硕士	19	12	15	13	22
总计	35	29	37	37	45

表 6–2 反映出，康奈尔大学园艺专业研究生的入学总量稳中有增，且博士研究生和学术型硕士研究生的招收总量较为接近。此外，康奈尔大学为园艺学科设置专门的园艺奖学金，主要用于奖励学生实现园艺研究和沟通交流技能目标的达成，通过课程内容的学习使学生掌握科学方法和实验设计。

（4）实践教育环节

康奈尔大学园艺专业提出，有效的实习和实践能够帮助学生更加专注于课程学习和职业目标，园艺专业的实习与实践过程要达到如下几方面的目标：①学习校外与植物科学相关单位或研究机构的运行方式。②将课堂理论与专业实践经验紧密结合。③在实践过程中寻找未来的职业定位。④通过实践接触潜在就业单位，获取未来求职的推荐及其他协助。⑤感受多元文化体验，了解不同群体的文化差异以及不同区域和国别在传统观念、生活方式上的差别。⑥帮助学生在智力和情感上成长为独立的个体，提升独立思考及学习研究能力。康奈尔大学开设了系列园艺教学实习项目，例如，“温特图尔花园实习项目”主要针对刚毕业的园艺、植物科学、环境科学和景观建筑专业的毕业生，围绕树木培植、园艺植物、土地管理等领域开展实习。

（5）园艺专业毕业研究生的就业情况

康奈尔大学园艺专业人才培养过程显著提高了学生的动手能力及社会适应能力，园艺专业博士研究生毕业后的就业前景较为乐观。图 6–3 显示了 1994—2018 年康奈

[1] 李忠云，陈新忠，陈焕春．供需视域下中国高等农业教育发展调研报告．北京：高等教育出版社，2019.

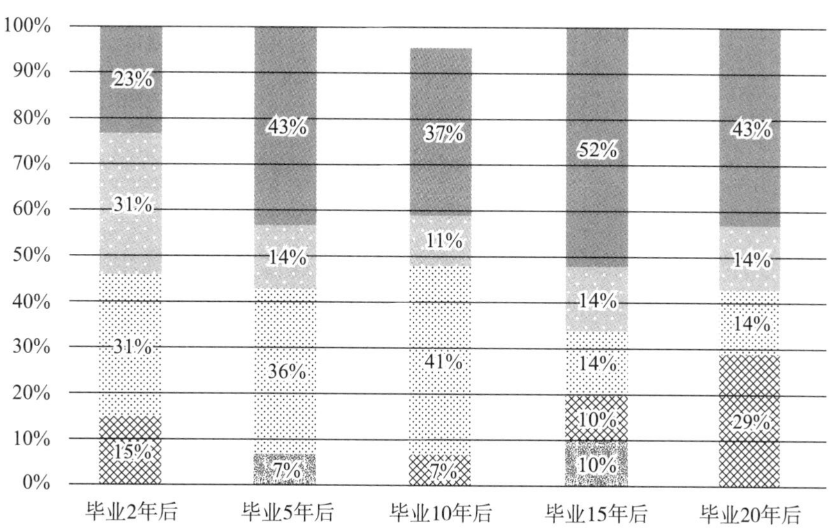

图 6–3　1994—2018 年康奈尔大学园艺学博士毕业后就业去向

尔大学园艺学博士毕业后就业去向。

图 6–3 反映出，康奈尔大学园艺博士毕业两年后在高校从事教职工作的比例为 54%。其中，非终身教授占 31%，终身教授占 23%；从事工商业、非营利机构的比例为 31%，在政府部门工作的比例最低，为 15%。随着时间的推移，毕业 20 年后，园艺博士毕业生在高校从教的比例呈现稳步上升趋势，由 54% 增加到 57%；在工商业、非营利机构就职的毕业生明显减少，占比由 31% 减少到 14%；在政府部门就职的毕业生增加明显，占比由 15% 增加到 29%，几乎翻了一番；没有从事个体经营或在其他部门工作的毕业生。以上数据反映出康奈尔大学园艺博士毕业生就业有“求稳”的倾向，高校和政府部门是园艺博士毕业生就业和实现社会价值的主要场所。

3. 园艺及相关研究成果的推广路径

康奈尔大学以“创新”为魂，推进办学过程的多样性和开放性，其园艺学科主要是通过生产和扩展有关果树、蔬菜和景观植物的知识，为纽约州、国家乃至世界的专业人士、学生和公民提供服务，以期维持环境生态，增强经济活力，从而提高个人以及社区的生活质量。园艺成果的推广主要依托康奈尔大学合作推广体系（Cornell Cooperative Extension，CCE）展开。

（1）康奈尔大学合作推广体系

康奈尔大学建立了成熟、稳固的合作推广体系，该体系是一个动态的教育系统，在服务学校教学科研工作的同时，持续提高了纽约州人们的生活质量和幸福感。通过 CCE 系统，康奈尔大学包括园艺领域在内的诸多的研究成果都被转化并推广给纽约州公民。CCE 系统拥有诸多推广办公室，遍布纽约州以解决地方农业生产的实际问题。CCE 具有独特鲜明的推广定位，服务领域主要涵盖农业、社区、环境和营养等。此外，康奈尔大学合作推广体系还在纽约州设立了 57 个远程学习中心，并通过网络研讨会和点播视频的方式提供农民所需的指导与培训。

关于 CCE 如何持续、健康发展，CCE 主任克里斯·沃特金斯（Chris B. Watkins）博士认为，将推广与当地的需求成功整合是 CCE 发展的必由之路。基于环境可持续发展和自然资源保护的推广工作是 CCE 的主要工作，也是纽约州公民营养与健康获得保障的关键。成功的农业，无论是小型的还是大规模的，都应该推动社区的发展。CCE 的工作要有助于培养互联网时代背景下成长起来的农民，帮助确定方向、提出问题并积极探索。与此同时，必须结合康奈尔大学的创新研究成果，并运用新的技术和方法展开推广和服务工作。

CCE 体系的有效运行建立在康奈尔大学合作伙伴关系网络之上。康奈尔大学被誉为“美国赠地大学在社会服务领域的模范”。康奈尔大学注重打造与利益相关者（如政府、企业、非盈利组织和中小学）之间的合作伙伴关系，以此强化其科研优势，并打造积极的社会服务活动体系。康奈尔大学通过共建试验示范基地、开发联合培养模式、与企业签订合作协议等方式，推动与社区、纽约州的公民、不同国家的高校与企业的合作。康奈尔大学通过建立网络式合作关系，将推广项目深入到纽约州的社区，并结合服务区域的环境条件、人文传统等，以提高推广的针对性及效果。此外，康奈尔大学发挥其在教育学、人类生态学、心理学等领域的学科优势，不仅把基础教育和家庭教育与社会服务项目相结合，还培养了全州青少年良好的道德修养与实践动手能力。

（2）康奈尔大学推广人员构成及培训

康奈尔大学合作推广体系拥有高度专业化的推广教师、推广助理、农业团队、各相关领域的教育工作者以及社区合作伙伴。截至 2015 年，CCE 雇用 1 011 名纽约州教师以及地方、区域推广人员，45 000 名志愿者，共同服务于康奈尔大学成果推广的相关工作，包括提供规划思路、建议以及现场教学和指导等。2015 年，约有 300 名来自康奈尔大学的教职员也投入到推广工作当中，他们大多数来自于农业和生命科学学院以及人类生态学学院，这些专家的重点服务领域包括水果、蔬菜、乳制品、病虫害综合治理以及大田作物生产和管理等。

另一方面，康奈尔大学在实践中开发了社区共建培训农业推广人员的模式。一是形成了公众和社区参与学校工作的传统和理念。1865 年康奈尔大学成立以来，公众和社区参与教学活动就成为该校的传统。学生通过社区参与式学习，促进其以更加严谨、创新的方式进行学习和探索，帮助其感受到自己是受尊重的公民，提升在校生对社会样态差异性和多样性的接纳程度；学生通过亲身体验来应对全球性问题的挑战，与课堂学习形成动态互补；通过伙伴关系和跨学科的紧密合作，解决复杂的全球问题；充分利用合作伙伴、教师和学生的关系，从而进一步实现社区合作伙伴的使命与目标。康奈尔大学的社区参与可以理解为一种公众参与，强调其社区伙伴是大学教学、科研以及推广活动的平等参与者，倡导社区伙伴从源头与学生共同创建、开发和运行项目。二是建立明确的社区参与目标。解决全球性问题是社区参与的核心目标。

康奈尔大学借助社区参与学习课程（community engaged learning course），使康奈尔大学的教师或学生主动参与社区工作，形成大学教职员工、学生与社区成员共同合作解决全球问题的独特路径。创建社区参与的教学是为了支持与合作伙伴社区共同确定、设计和实施课程活动，为解决全球挑战作出贡献，促进学生成为引领社会变革的全球公民。社区参与学习课程给学生们创造了走进社区、走进基层学习和实践的机会，并开设了有关贫困、教育、合作经营、乳制品、环境、安全等方面的教学内容，让学生们不仅学习书本上的理论知识，更重要的是结合社区的实际情况，将所学的知识运用到实际问题中。在社区参与学习课程中，大多数课程通过研讨会、讲座、案例分析以及与社区和企业合作的体验式学习等方式开展教学。三是强化农业市场及商业领域的培训。CCE 开发了农业风险管理项目，即“安妮项目”，旨在提升女性对农业的认知，扩充其在风险管理、农业企业规划、营销、设施和生产保险、人力资源和劳动关系等方面的知识储备。

（3）多重途径提升推广服务能力

园艺始终是 CCE 网站上搜索频率最高的主题之一，园艺产业发展及园艺成果推广在康奈尔大学推广体系中占据重要位置。一是将科学研究和推广服务有机结合。例如，康奈尔大学的南希·威尔斯（Nancy Wells）教授尽管专业领域是环境心理学，但他专注于探索学校花园如何影响学生对大自然的理解，如何影响其对水果和蔬菜消费等。威尔斯教授为探索、推广与园艺消费等相关的人类行为，共联合了纽约州的 6 个县、共 30 多名从事推广的教育工作者进行合作，打造了“健康花园，健康青年”系列研究项目，提出了花园对学生营养、健康以及学业成绩的影响。二是扩充农业推广队伍，提高推广服务水平。通过推广队伍的建设，吸引不同背景、来源的专业人员加入推广工作，为纽约州的蔬菜、水果、奶制品、牲畜和葡萄生产商提供基于研究的信息、项目和技术援助。例如，康奈尔大学打造的“商业园艺项目团队”旨在服务于查普林山谷和哈德逊山谷等区域。通过教育规划和农场试验，纽约东部商业园艺项目团队为种植业者、农业企业家提供技术支持，提升其安全生产和销售健康的园艺作物的能力，其关注的重点领域包括蔬菜、果树、葡萄生产等，为当地农场的生存能力和该地区的经济福祉作出贡献。“商业园艺项目团队”运行的园艺推广内容包括水果、蔬菜试验，现代苹果树修剪技术示范，品种性能检测，销量预测等。三是促进教育教学和推广工作的结合。康奈尔大学合作推广不仅局限于农业科技的转化与推广，同时引导学生、专家走进实验基地的果园参观、进入合作企业单位实习、走进社区参与调查等，促使其将书本上的理论知识与实践有效地结合，从实践中发现问题、思考问题和解决问题，并将相关知识和技术输送到生产实践。为促进教育教学和推广工作的结合，康奈尔种植园还通过工作坊和选修课的形式提供植物插画、健康计划、园艺技术等相关课程和比赛，为学生挖掘自己的潜力，提供多元化发展方向。同时，康奈尔种植园还与园艺部合作，提供了一个民众领导力的专业研究项目的硕士学位。这些具体措施拓展了康奈尔大学的教育途径，不仅让学生能在“做中学”过程中提升自我的动手能力与综合素养，而且也搭建起了大学向社会输送人才的桥梁。四是推进农业实习实践，做好推广的后备队伍建设。康奈尔大学打造了为期两年的大学预备项目，目的是缓解宾厄姆顿（Binghamton）和罗彻斯特（Rochester）地区出现的大学入学率较低、就读康奈尔大学人数较少的问题。该项目每周均组织来自 CCE、康奈尔大学、社区以及商业伙伴的专家举办研讨会，引导参与者关注预防儿童及青少年肥胖、食品安全、气候变化等领域的问题；项目还开展了针对以上区域青少年的带薪实习活动，培养其农业实践能力及其对农业的情感。

（4）完备的平台建设为成果推广提供保障

康奈尔大学拥有丰富的实践、实习、示范和推广基地。一是建立了服务对象明确的农业实验站。康奈尔大学农业实验站将学校的农场、植物生产设施与 CEE 联系起来，重点开展农业与食品体系领域的教学、研究和推广工作，重点解决影响人类健康和福利的紧迫问题。农业实验站关注的领域包括农业和粮食系统、环境及全球气候变化、物种入侵、自然资源和可持续能源、营养饮食、青年和家庭、社区和经济活力等。农业实验站的资金主要源于美国农业部国家粮食以及农业研究所的年度拨款。实验站基于环境可持续发展，围绕森林管理、农场设备建设等开展推广工作，引导康奈尔大学的在校生借助有机农业知识来经营农场，起到引领和示范作用，为农业科技的探索与推广作出了贡献。二是拥有较好的平台体系。纽约州日内瓦镇农业实验站，是由农业及生命科学学院管理的康奈尔大学大型的实验室基地，其下分别设立了葡萄园实验室（Vineyard Research Laboratory）、赫逊谷实验室（Hudson Valley Laboratory）和长岛园艺研究实验室（Long Island Horticultural Research Laboratory）三个实验分站，这些机构负责的研究及推广领域主要包括水果作物种植、植物育种、土壤科学和环境分析等，目的是解决生产中的实际问题，为推动农业发展、提升农业科技成果转换提供保障。三是实验及推广平台的服务针对性强。以长岛园艺研究实验室为例，作为康奈尔大学实验和推广的重要基地，主要以温室建设及发展、苗圃、植物组织培养设施发展为特色，重点支撑葡萄生产、蔬菜生产、观赏园艺及花卉种植等相关项目。自 1922 年起，长岛园艺研究实验室一直服务于萨福克县的农业生产，在作物农业以及昆虫学、植物病理学、杂草科学和植物组织培养等领域的科研与推广都取得了卓越的成就。在康奈尔大学萨福克县葡萄项目的合作推广应用研究中，长岛园艺研究实验室在提高葡萄产量及葡萄酒质量，推广病虫害防治技术，葡萄酒相关知识的教育及研究等方面发挥重要作用。具体来说，长岛园艺研究实验室定期接受康奈尔大学教师、各地推广人员以及当地葡萄种植者的参观与学习，为当地葡萄种植者提供新技术，强化区域葡萄酒产业发展。在长岛园艺研究实验室的大力支持下，长岛葡萄酒产业成为了长岛东端经济活力重要的组成部分，该行业每年生产葡萄酒 50 万箱，酿酒厂品酒室每年接待游客 120 万人，不仅推动长岛葡萄酒业的发展，也带动了当地旅游业和经济的蓬勃发展。康奈尔大学多元化的实践实验基地数量众多，且研究涉及领域广泛，为高校研发新的科技成果提供了优质条件。更为重要的是，实践基地不仅注重校内科研成果的研究，还为当地的生产与生活提供了技术支持与合作保障，解决了生产实际的问题，提升了农民的生活品质。

总体来看，康奈尔大学在科技推广路径上具有实用性、协作性、一体化、广泛性、综合性、归属感等特点。“实用性”旨在解决现实生活中的问题，帮助改造和改善农产品服务社区的能力及水平；“协作性”体现在与联邦政府、州政府和纽约州公民等建立伙伴关系；“一体化”是各级各类推广人员围绕共同目标采取互助协作的方式。推广人员包括推广教师（extension educator）、推广代表（extension agent）、区域专家、不同领域的地方教育工作者和专业雇员等；“广泛性”是指推广体系的服务对象广泛，为纽约州的县市提供高价值的教育项目，同时拓展全国范围的农业实习服务，且服务对象包括社区、家庭和弱势群体等；“综合性”是指服务领域的综合性，覆盖了农业、环境、营养等诸多方面；“归属感”是在观念上强调每一个公民都是满足社区、企业和个人对农业产业需求的重要力量。

三、专题探讨：世界一流涉农高校的园艺研究生课程建设

历史上，发达国家园艺研究生课程建设曾为我国园艺学科专业研究生课程建设提供了有效借鉴，编写讲义也曾是园艺学科发展历史上归国留学生贡献于我国园艺事业的重要途径。颇具影响力的有章文才的《实用柑橘栽培学》、吴耕民的《蔬菜园艺学》《果树园艺》，李驹的《苗圃学》，胡昌炽的《果树学泛论》，陈植的《观赏树木》《造园学概论》，章守玉的《花卉园艺》《温室园艺》等。本部分重点选取加州大学戴维斯分校（University of California，Davis）、密歇根州立大学（Michigan State University）、康奈尔大学（Cornell University）、日本千叶大学园艺部（Faculty of Horticulture Chiba University）、瑞典农业大学（Swedish University of Agricultural Sciences）、瓦赫宁根大学（Wageningen University & Research）作为比较研究对象，探索其园艺研究生课程体系建设，探寻其成功经验及借鉴意义。

（一）加州大学戴维斯分校园艺学科研究生课程设置

美国加州现代农业发展迅猛，2012 年加州农业产值达到创纪录的 447 亿美元，占全美农业产值 11.3%，列各州之首，其中，园艺作物（水果、坚果、蔬菜等）产量接近全美产量一半。加州大学戴维斯分校园艺学科引领科学研究及人才培养，有效支持了加州园艺产业发展，同时对解决园艺和农艺行业问题发挥了重要作用。园艺学科研究生教育由多部门协作管理，注重激励教师广泛参与园艺和农学领域研究，相关领域涉及植物科学、葡萄与葡萄酒、昆虫学、环境科学与政策、土地、空气、水资源、植物生物学和植物病理学。园艺学科课程设置参见表 6-3。

表 6-3　加州大学戴维斯分校园艺学科课程设置

课程名称	核心内容
园艺与农艺学：原理 horticulture agronomy：principles	该课程安排在园艺研究生入学第一年级，主要讲授园艺和农学领域中具有普遍意义且重要的理论及原则，课程内容涉及农业生态、植物发育生理、作物改良及生物技术等
园艺与农艺学：实践 horticulture agronomy：practices	讲授园艺和农艺耕作制度及实践操作，强调当前应用研究在农业生态、作物改良、作物生产、采后生物学中的应用
园艺学研究视角 research perspectives in horticulture	安排在科学方法论相关课程之后，通过课堂讨论和师生互动提升学生研究设计能力；引入经典论文讲解及评论，促进学生了解园艺学最新动态
园艺建模系统 modeling horticulture systems	该课程鼓励学生积极参与园艺模型的开发与应用，着重强调不同年份生理模型和生态模型在园艺系统中的应用
研讨会 seminar	讲授主体包括校外专家、授课教师或选课学生，围绕园艺相关主题开展分析和研讨
小组研究 group study	通过研讨的方式就园艺学科发展前沿及命题展开分析与讨论
调查 research	结合园艺理论开展园艺田野实践，提高学生实际动手能力

以上课程当中，“园艺与农艺学：实践”体现出短而精的特点，具体设计为理论讲授 2 小时，课外实地考察 3 小时，研讨会 3 小时。“园艺学研究视角”则主要侧重植物生物学的教学过程。园艺专业研究生可以在导师和教授指导下选择特定课程，也可咨询研究生顾问。同时，研究生具有广泛的课程选择范围，例如农业生态学、生物技术和遗传学、作物改良育种、作物生理学、作物生产、花艺、建模和定量园艺、景观园艺、苗圃生产、害虫管理、植物生长发育、植物营养、采后生理与水的关系等课程均成为园艺与农学（horticulture & agronomy）专业研究生课程体系的组成部分。对于博士阶段课程设置，加州大学戴维斯分校特别关注了研究生的多元化需求，课程体系中既包含了“生物学原理及应用”等学科基础课程，也囊括了作物生产和资源管理等产业相关知识。此外，课程目标还关注学生社会意识培养，在为其提供园艺知识基础、基本原理的同时，增强研究生的实践应用能力。加州大学戴维斯分校对于园艺博士学位课程考核具有一定创新性，园艺和农学学生须通过一个由五个成员组成的委员会开展的口头资格考试，考试目的是测试学生掌握知识广度，包括农艺、园艺重点领域核心和必修课程问题。

（二）密歇根州立大学园艺学科研究生课程设置

密歇根州立大学园艺学科久负盛名，培养的园艺专业人才在学术研究、技术推广等方面承担重要工作。值得一提的是，密歇根州立大学的园艺专业毕业生在经济植物科学领域的贡献得到国际公认，有大批毕业生担任园艺企业领导岗位。密歇根州立大学园艺专业研究生能够获得良好的教学条件和研究设施，包括实验室、温室以及在校内外研究站开展工作的机会。密歇根州立大学园艺学院为研究生及多学科团队提供项目研发资金及大量的科学研究机会。密歇根州立大学园艺专业研究生课程设置及教学体现出跨学科和综合性的突出特点，同时给予研究生在开展个性化研究设计方面的较大的灵活性。密歇根州立大学园艺专业核心课程设置如表 6–4 所示。

表 6–4 密歇根州立大学园艺学科课程设置

课程名称	核心内容
分子生物学 molecular biology	主要涉及基因重组、基因表达和调控
植物生物化学 plant biochemistry	围绕光合生物的生物化学特性展开，包括光合与呼吸电子传递，氮固定，固定二氧化碳、脂质代谢、碳分配，细胞壁，硫和氮代谢等
园艺研讨会 horticulture seminar	课程重点是围绕既有园艺研究经验进行回顾、总结与分享
园艺专题 selected topics in horticulture	重点讲解园艺科学关键性内容及选题，促进学生掌握学科动态、趋势及重要性
园艺学原理 principles of horticulture	重点讲解园艺学基本知识和原理，包括园艺植物生长发育和生殖发育环境因素，园艺作物选择和管理、品种开发
园艺职业生涯发展 horticulture career development	关注于实习准备和就业机会识别，内容涵盖职业目标确立、面试技巧及策略等
园艺修剪培训 horticultural training system pruning	讲授植物生长管理原则和实践，引导学生进行修剪技术的专项技术训练
草本植物生理学和管理 physiology and management of herbaceous plants	围绕草本植物生长规律及过程，讲授植物鉴定、繁殖、生产等知识；此外，也包括围绕市场需求进行植物选择和营销等
实验室研究技术 laboratory research techniques	力求在促进研究生与教师互动过程中，掌握园艺研究及实验技巧
园艺作物的处理和储存 handling and storage of horticultural crops	在遵循生物学原理的基础上，讲授园艺产品的质量维护，重点是收获过程中的装卸、运输、贮存等
园艺管理学 horticultural management	在园艺大环境下，将管理、经营、销售进行整合，按照园艺生产原则对人员、财务和资源进行规划配置和决策管理
园艺市场学 horticulture marketing	讲授针对景观园艺、花卉作物以及易腐商品，如水果和蔬菜的产量、购买趋势的分析，开展产品定位、主要分布、品牌和包装、广告和促销等一系列市场营销活动。此外，服务也作为园艺市场战略规划活动的重要组成部分

密歇根州立大学的园艺课程教学目标明确，例如“草本植物生理学和管理”重点要求学生掌握园艺植物对环境胁迫的适应性；“园艺管理学”则立足于采用多种学习方法提高管理技能，深入掌握园艺行业基本业务管理技巧、概念及其应用；“园艺市场学”通过促进学生熟知园艺行业营销技巧及相关原理，力求在未来工作中熟练、恰当运用营销原则。

（三）康奈尔大学园艺学科研究生课程设置

康奈尔大学追求“卓越的教学”，在学院以及系的层面都设有专门负责课程检查的委员会，所有课程设置都要经过专门、专业考查过程。课程审核的要点包括：每门课程的总体目标、基本内容等要有明确界定，相关内容等详尽信息要以网络等形式发布，引导潜在修读的学生了解课程课题全貌以及具体课程的授课大纲及范围。康奈尔大学园艺课程教学的最终目的是培养未来的领导人，同时推动园艺领域的教育、社会服务及推广能力建设。以研究生课程为例，园艺研究生课程会随着科学发展演进及产业发展变化进行调整，表 6-5 显示了 2017—2018 年康奈尔大学园艺研究生课程体系。

表 6-5　2017—2018 年康奈尔大学园艺研究生课程体系

课程名称	学期	学分
食品功能介绍 introduction to functional foods	春	1 分
罗马帝国公园和论坛 the parks and fora of Imperial Rome	春	3 分
作物植物遗传改良 genetic improvement of crop plants	秋	3 分
园丁园艺实操 hands-on horticulture for gardeners	春	2 分
园艺艺术 the art of horticulture	秋	2 分
食物，纤维和满足感：植物和人类福祉 food，fiber，and fulfillment：plants and human well-being	春	2 分
一年生与多年生植物鉴定和应用 annual and perennial plant identification and use	秋	3 分
温室作物的生产和市场营销 production and marketing of greenhouse crops	春	4 分
深入研究植物学插图 intensive study in botanical illustration	春	4 分
生态果园管理 ecological orchard management	春	3 分
园艺专题 special topics in horticulture	春 / 秋	1 ~ 4 分
园艺实习 internship in horticulture	春 / 秋	1 ~ 6 分
园艺个人研究 individual study in horticulture	春 / 秋	1 ~ 6 分
硕士专业研究（农业）项目 master of professional studies（agriculture）project	春 / 秋	1 ~ 6 分
园艺研讨会 seminar in horticulture	春 / 秋	1 分
园艺专题 special topics in horticulture	春 / 秋	1 ~ 4 分
植物科学与系统 plant science and systems	秋	3 ~ 4 分

康奈尔大学园艺专业研究生课程涉及的内容主要包括园艺生物、园艺作物育种、园艺作物生理生态、人类与植物的相互作用、园艺作物管理系统等。与此同时，园艺专业研究生具有较大的课程学习及选择空间，除主要相关领域，园艺专业研究生还可以从生物化学、植物学、植物生理学、病理学、解剖学、生态学、昆虫学、分类学、遗传学、土壤学、环境工程和景观建筑，甚至经济学和教育学等方面选择相关课程展开学习。此外，康奈尔大学的园艺研究生教学重点关注了温带地区常见园艺植物及其生态系统相关知识的课程教学，对于热带植物及其种植系统的实践教学，康奈尔大学主要借助温室、植物生长室、热带作物研究室等设施及实践平台。

康奈尔大学除了设置具有特色的园艺专业课程外，还有园艺常规的课程，如园艺研讨会（seminar in horticulture）和园艺专题（special topics in horticulture）课程，每周研讨会课程由教师、学生以及来自其他大学或行业的演讲嘉宾组成，研究生进行研究项目汇报或者教师进行研究课题汇报。以作物植物遗传改良（genetic improvement of crop plants）这一课程为例，该课程通过讨论植物育种的历史和种植实践，对育种者提供的工具进行选择来满足特定的目标，以及面对未来植物品种的挑战，来研究作物遗传改良方法。康奈尔大学的部分园艺课程及教学内容如表 6–6 所示。

表 6–6　康奈尔大学部分园艺课程教学内容

课程名称	核心内容
园艺科学与系统 horticulture science & systems	讲授涉及园艺基础科学的系统知识，培养对重要景观园艺知识的学习兴趣
手工园艺 hands-on horticulture	侧重传授园艺知识及相关实践技能
园艺艺术 art of horticulture	探索植物与艺术之间的独特关系，培养敏锐的观察能力和理解生活的原创设计及原则，发现植物的艺术表现形式，例如修剪成型的植物雕塑艺术
创造城市的伊甸园 creating the urban eden	主要内容以城市发展及规划为核心，以此为基础开展一系列环境分析及设计的课程教学
蔬菜生产原理 principles of vegetable production	重点关注作物生理、土壤和害虫的治理，并包括一系列以此为基础的营销和生产过程相关知识
水培粮食作物生产和管理 hydroponic food crop production and management	学习粮食作物最新的无污染温室水培生产和管理技术

总体来看，康奈尔大学的园艺专业研究生课程体现了综合、多元的课程体系设计理念。因此，园艺专业不仅广泛开设了传统课程和特色课程，还开设大量相关拓展性的选修课程，从艺术史到生物工程再到酒店管理等均有涉及，有利于扩展学生的知识储备、积累相关经验。这些艺术、人文社会科学课程为整个大学提供人文精神，滋养师生的人文情怀，培养师生的艺术气质。

从课程学习要求的角度看，康奈尔大学的园艺专业研究生除了完成本领域课业学习，还必须从植物生理学、病理学、解剖学、生态学等近20种学科中选择至少1门辅修专业。康奈尔大学园艺学科研究生教育资源丰富，生师比较低，有些方向甚至达到1：2，具有典型的精英教育特色。园艺学科对研究生选择非常严格，在进入硕士研究生或博士研究生学习阶段之前，必须通过各类笔试和面试，以期遴选出真正具有研究潜力的学生，帮助其获得研究生教育资格。园艺学科研究生要求掌握与所从事研究相关的广泛领域的知识，以利于拓展学生研究范围，培养交叉学科人才和开展交叉研究[1]。

（四）瓦赫宁根大学园艺学科研究生课程建设

瓦赫宁根大学园艺学专业设立在植物学（plant sciences）之下，植物学被学校定位为引领世界农业经济发展的专业领域，涉及农作物生产、植物育种、植物可持续生产系统开发等，相关成果能用于食品生产、高质量食品检测、药品和原材料等方面。与此同时，植物学还被定义为生物学应用领域，与分子生物学、细胞生物学、遗传学、生理学和植物生态学等课程教学及科学研究形成交叉，因此隶属于植物学之下的园艺专业研究生课程也体现出前沿性、应用性和交叉性等特点。课程设置上注重理论和实践知识的传授，既开设了与理论学习衔接紧密的研究论文写作课程，如“园艺和产品生理学论文写作”（MSC thesis horticulture and product physiology），又开设了实习实践课程，如“园艺和产品生理学实习”（MSC internship horticulture and product physiology）等。

瓦赫宁根大学设有温室园艺（greenhouse horticulture）专业，授予学术型硕士学位。此外，植物学学科还包含其他与园艺相关的专业，诸如作物科学（crop science）、生物质生产和碳捕获（biomass production and carbon capture）、自然资源管理（natural resource management）等。瓦赫宁根大学园艺研究生相关课程设置及内容见表6–7。

表6–7　瓦赫宁根大学园艺学科硕士专业课程设置

课程名称	课程目标	核心内容
园艺植物的生理和发育 physiology and development of plants in horticulture	主要讨论物理原理在植物环境生理及生物学发展方面的作用	描述植物的生产过程，例如切花、果树等园艺植物的保护栽培措施。强调植物对环境的反应，如光合作用、温度压力、与水的关系等
温室技术 greenhouse technology	探讨受气候、经济和技术条件影响下的环境保护及作物生产	与作物生长和发育相互作用的温室园艺系统工程
采后生理 postharvest physiology	扩展学生生理学知识，专门学习植物收获后的特性及其组成	了解收获后的园艺产品发生变化的生理基础，从而控制和增加积极的变化，防止或减少消极变化。深化理解基本生理过程，如呼吸、膜生理学等

[1] 李忠云，陈新忠，陈焕春．供需视域下中国高等农业教育发展调研报告．北京：高等教育出版社，2019.

续表

课程名称	课程目标	核心内容
作物生态学 crop ecology	掌握作物栽培生理和作物生理方面知识；学习作物与环境之间非生物相互作用	根据作物技术和社会经济约束背景，在开放领域和温室种植系统中系统地应用作物生理和作物生态的原则
作物科学研究方法 research methods in crop science	基于前阶段习得的统计和报告相关知识与技能，重点讲解作物实验方法及其理论基础	讲授有关作物实验理论和技巧。学习如何系统性设计和分析作物实验，并获得先进研究技能，将实验设计、方法与统计理论相结合
作物，生理和环境 crops，physiology and environment	理解植物－环境系统的复杂性，用于开发新研究假设，并应用于实际作物生产领域	重点将植物的功能与非生物环境相联系，运用简洁数学方法描述作物生产和植物生长过程，量化环境影响条件
可持续作物生产功能多样性 functional diversity for sustainable crop production	了解并掌握植物群落生态学关键概念、植物相互作用、种群动态及生理生态知识	理解和分析自然系统多样性和生态系统功能之间的关系机制；阐述如何将这些知识运用在农业系统中；学习基于景观层面的不同生态系统之间的相互作用
产品质量测定和分析 product quality measurements & analysis	掌握相关术语内涵及不同解释的优缺点；概述认证程序在生产链和消费链质量保证过程中作用；学习描述和分析模型质量方法；掌握产品质量、属性及相互关系	讲解各种物理技术、生理和基因组基础，用于评估园艺产品及其他植物产品的质量；将质量测量方法运用到生产链和消费链的管理之中
控制环境下植物－气候研究的高级方法 advanced methods for plant-climate research in controlled environments	掌握和强化控制环境对植物生理生态影响的知识和技能	通过测量、分析、建模及探索植物生理过程等，了解植物和作物行为；学习以上行为及过程对环境，特别是高度可控环境（如温室、植物工厂、生长环境等）的需求
植物细胞和组织培养 plant cell and tissue culture	深入了解植物细胞和组织培养的理论和实践知识	学习植物再生、遗传修饰、细胞和生理方面的分化、体细胞胚胎发生、继发性代谢、激素分化调控等
植物生理学实习 MSC internship plant physiology	批判性地讨论分子、细胞、组织、人口和生态系统层面生物科学最新科学发展	讲解各种技术的物理、生理和基因组基础，用于评估园艺和其他植物产品的质量
植物生理学论文写作 MSC thesis plant physiology	掌握植物科学和分子生物学基本原理；了解原理间的互通性；强化相关原理在建立健康植物环境中的应用	系统学习相关理论、方法和技术，持续追踪本专业领域的最新成果与科学发现

瓦赫宁根大学课程教学内容设计突出综合性特点，在课程设置上尊重专业知识演进的科学规律，同时注重拓展课程内容，建立综合、多元的课程体系。瓦赫宁根大学将学生的知识、能力和素质的培养建立在扎实、雄厚的理论基础上，在研究生课程设

置方面，注重基础理论相关课程设置，突出表现为生理学、生物化学、分子生物学、遗传与育种方面课程设置较齐全。

瓦赫宁根大学课程类型丰富，且设置的课程多样化与针对性并重，力求满足学生多元化的学习需求，具体包括了理论课、技能训练课程、专题学术讨论会、系列讲座和其他课程等，且必修课、选修课的总量持续增加。2015 年，瓦赫宁根大学开设的课程共计 2 103 门，其中注册课程 2 门、开放课程 35 门、企业共建课程 1 174 门、企业课程 32 门，形成了多元化、丰富的课程体系。此外，瓦赫宁根大学将国际化导向以及全球胜任力培养融入课程内容，几乎所有瓦赫宁根大学开设的课程都涉及国际化和全球性问题，部分课程的学习目标则鲜明地提出促进毕业生适应国际化工作环境及平衡多元文化冲突的能力。

（五）瑞典农业大学园艺学科研究生课程设置

在瑞典农业大学，园艺与作物生产科学学院负责园艺学科建设及园艺人才培养工作，将园艺相关专业研究与教育重点定位于景观规划、园艺和作物生产、植物保护生物学等方向。总体来看，园艺学科课程设置范围较广，包括生物和环境、食品生产、工业原料、装饰植物、储存以及销售、健康和生活质量等。具体来看，景观规划方向涉及园艺历史、户外城市环境管理、园林设计与景观保护与发展等研究和课程内容；园艺和作物生产方向主要包括作物改良、农业系统和作物生产，旨在以可持续方式寻求提升园艺栽培、农业及林业的有效生产途径；植物保护生物学方向主要包括园艺农业、栽培种类和制度、植物育种和生物技术等教学和研究内容，值得关注的是，园艺和农作物发展战略及应用研究也被囊括其中，该教学内容旨在帮助学生获得相关知识、研究工具和产品，树立改善环境和促进人类健康的基本观念。

瑞典农业大学设有 2 个园艺专业，均授予理学硕士学位：一是隶属于植物保护系（Department of Plant Protection）的植物保护生物学（plant protection biology）专业；二是隶属于植物育种系（Department of Plant Breeding）的植物育种（plant breeding）专业。表 6–8 显示了瑞典农业大学园艺专业部分代表性课程情况。

表 6–8 瑞典农业大学园艺专业部分课程设置

绿色创业：动物和花园经验的重要性 green entrepreneurial nature，the importance of animal and garden experience	园艺作物生理学 horticultural crop physiology 园艺产品的栽培和利用 cultivation and use of garden products
园艺植物学 botany for the horticultural	园艺企业的培育 growing in gardening companies
园林工程师植物学 botany for garden engineers	实践研究培训 practical research training
园艺科学硕士学位项目 degree project for MSC in horticultural science	花园市场 garden market
水果，浆果和葡萄园 fruit，berry and vineyard	

以上课程力求实现内容独特性及与实践有效结合。例如“绿色创业：动物和花园经验的重要性”“园艺植物学”等课程立足涉农企业发展及其园艺专业人才的现实需求，强化理论与实践教学，阐述自然界、动物和园艺植物相关科学知识；“培养和使用园艺产品”“水果和葡萄种植”等课程涵盖化学生态学、食品安全、水果和蔬菜质量、水果营养等内容，着力提升研究生有效和可持续的植物性食品生产能力，为饲料加工和工业产品生产做贡献。瑞典农业大学立足北欧园艺产业共同利益，推动北欧地区公共育种计划，涉及苹果、土豆、黑醋栗、沙棘等，同时对北欧谷物、能源、油料作物，水果等展开针对性研究。

（六）日本千叶大学园艺学科研究生课程设置

日本高校园艺学科发展主要建立在农学的基础之上，随后逐步拓展，融入了艺术设计、环境、造型、工程等学科内容。日本绝大部分高校园艺专业教育及其研究生培养主要归属于学校的农学部之下。然而，东京大学、京都大学将园艺专业设在林学之下；最为特殊的是千叶大学，是日本公立大学中唯一设有独立园艺学部的高校，负责园艺学科建设、科学研究及人才培养。千叶大学园艺学部前身是创立于 1909 年的千叶县园艺专门学校，已有 100 余年历史。

千叶大学的园艺学部与其他大学农学部不同，具有特色鲜明的园艺教育及研究领域，在园艺界占据着重要地位。从组织建设的角度看，园艺学部由生物生产学科、绿地环境学科、园艺经济学科三大学科所组成。千叶大学的园艺研究生课程设置充分利用了园艺学部、工学部和理学部的教学与研究资源，建立了自然科学研究博士课程（前期为硕士，后期为博士）。园艺学部还设有都市环境园艺农场、森林环境园艺农场及海滨环境园艺农场以供研究、教学及实践实习使用。千叶大学园艺学相关专业是环境园艺学（environmental horticulture），下设“生物资源科学”（biological resources science）和“绿地环境学”（greenland environment）2 个硕士学位授予专业；“生物资源科学”（biological resources science）1 个 博士学位授予专业。

千叶大学园艺学部对于研究生学分修读、课程选择范围及学习质量等都有明确要求。以绿地环境学专业为例，首先，园艺学部对毕业生的课程学分有明确规定，毕业生必须修满基础教育科目 34 个单元，专门教育科目 90 个单元，共 124 个单元的学分。千叶大学对于教学单元的换算方式是，1 个单元为标准学习时间 45 小时，以园艺学部课程为例，每周一次 90 分钟的授课，半学期共计 15 次为 2 个单元。其次，从课程安排上看，绿地环境学专业设有环境设计学、环境植物学及绿地环境系统学 3 个讲座。讲授内容常常以自然环境及日常生活环境为对象，分析其构成要素及技术保障，组织学生为创造更加舒适的环境开展调查研究，学习规划设计技术、自然环境管理技术、环境文化理论等综合性知识。最后，从和谐生态发展观角度出发，课程内容力求探求与人类生活及生存所必需的自然绿地、生产性绿地、都市绿地的共存方法。课程同时以微观树林、宏观地球环境，及大陆生态系统保障为目标，对其构成要素，包括气象、土壤、地形、植物生长等各方面之间的关系及保障措施进行理论及实践教育。

四、科学前沿：园艺学研究的变迁及比较

（一）国际园艺学研究的前沿、热点及方向

为了探索园艺学科的国际研究前沿及热点问题，作者以 64 种园艺植物[1]为关键词收集了 2009—2018 年间，Web of Science 中 SCI-E 数据库中的高水平论文。借助 CiteSpace 分析工具，分析提出园艺学科的国际研究前沿及热点等问题。

1. 重点领域的论文发表情况

2009—2018 年，以前述论及的 64 种园艺植物为标题的 SCI 收录文献共有 97 041 篇，其中中国学者发表的文献共计 18 919 篇，约占总量的 20%，位居世界第一；美国学者发表的文献量共 15 641 篇，占文献总量的 16.1%，位居世界第二。中美两国在园艺重点研究领域的科研产出较大，远高于其他国家。园艺重点研究领域文献量排名前 10 的国家如表 6-9 所示。

表 6-9　2009—2018 年以 64 种园艺植物为标题被 SCI 收录的文献数排名前 10 的国家

排序	国家	记录数	比例
1	中国	18 919	19.5%
2	美国	15 641	16.1%
3	巴西	7 967	8.2%
4	印度	6 545	6.7%
5	西班牙	5 783	6.0%
6	日本	5 116	5.3%
7	意大利	4 620	4.8%
8	韩国	3 995	4.1%
9	德国	3 459	3.6%
10	法国	3 067	3.2%

[1] 64 种园艺植物为苹果 apple，香蕉 banana，蓝莓 blueberry，柑橘 citrus，樱桃 cherry，葡萄 grape，番石榴 guava，桃 peach，梨 pear，柿 persimmon，荔枝 litchi，龙眼 longan，枇杷 loquat，芒果 mango，木瓜 papaya，李子 plum，菠萝 pineapple，草莓 strawberry，火龙果 dragon fruit，猕猴桃 kiwi fruit，甜橙 sweet orange 西兰花 broccoli，花椰菜 cauliflower，卷心菜 cabbage，胡萝卜 carrot，芹菜 celery，辣椒 chili，豇豆 cowpea，黄瓜 cucumber，茄子 eggplant，洋葱 onion，马铃薯 potato，萝卜 radish，菠菜 spinach，番茄 tomato，生菜 lettuce，韭菜 leek，甜瓜 melon，南瓜 pumpkin，菜豆 kidney bean，冬瓜 wax gourd，西瓜 watermelon 红掌 anthurium，杜鹃 azalea，康乃馨 carnation，兰花 cymbidium/orchid，非洲菊 gerbera，栀子 gardenia，唐菖蒲 gladiolus，茉莉 jasmine，百合 lily，郁金香 tulip，桂花 osmanthus，夹竹桃 oleander，三色堇 pansy，牡丹 peony，矮牵牛 petunia，莲 lotus，水仙 narcissus，月季 rose，紫薇 crape myrtle，梅花 plum blossom，茶 tea。

2. 研究热点

依据文献计量分析的原理，“中心度”较高的关键词是一段时间内学者们共同关注的问题，反映了该学科领域研究的前沿问题[1]。表 6-10 为 2009—2018 年间，以所选园艺植物为标题的高被引（前 1%）SCI 收录的中介中心性排名前 15 的关键词。近 10 年来，世界园艺学研究热点为产量、品质、生长发育、抗氧化能力等。

表 6-10 2009—2018 年以所选园艺植物为标题的高被引（前 1%）SCI 收录的中介中心性排名前 15 的关键词

排序	关键词	中介中心性
1	产量 yield	1.09
2	品质 quality	1.04
3	果实 fruit	0.94
4	生长发育 growth	0.89
5	拟南芥 *Arabidopsis thaliana*（arabidopsis）	0.85
6	抗氧化能力 antioxidant activity	0.78
7	表达 expression	0.48
8	基因 gene	0.39
9	多酚 polyphenol	0.35
10	多样性 diversity	0.24
11	酚类化合物 phenolic compound	0.23
12	花青素 anthocyanin	0.18
13	抗氧化剂 antioxidant	0.12
14	耐受性 tolerance	0.12
15	基因表达 gene expression	0.06

3. 研究前沿

本部分研究运用 CiteSpace 的膨胀词探测算法，通过考察词频的时间分布，将其中频次变化率高的名词短语从大量的主题词中探测出来，根据词频的变动趋势及频次高低[2]，预测园艺学科的研究前沿。表 6-11 显示了 2009—2018 年排名前 13 的高被引突发性关键词，数据表明突发性关键词“耐受性（tolerance）”和“果实品质（fruit quality）”于 2015 年出现，且一直持续到 2018 年，代表了园艺研究领域的前沿。

[1] 陈新忠，卢瑶．我国高等教育公平研究的现状、热点与前沿：基于 CNKI 数据库 2005—2014 年文献的可视化分析．国家教育行政学院学报，2016（9）：32-38.

[2] 邱均平，吕红．近五年国际图书情报学研究热点、前沿及其知识基础：基于 17 种外文期刊知识图谱的可视化分析．图书情报知识，2013（3）：4-15.

表 6-11 2009—2018 年园艺植物研究高被引（TOP 1%）SCI 收录文献排名前 13 的关键词

关键词	年	强度	始	终	2009—2018
番茄栽培 lycopersicon esculentum	2009	123.2839	2009	2010	
抑制 inhibition	2009	123.2839	2009	2010	
乙烯 ethylene	2009	191.5059	2009	2012	
族群 population	2009	199.3861	2009	2012	
龙葵 *solanum nigrum*	2009	124.9314	2009	2010	
马铃薯 potato	2009	23.4363	2009	2010	
儿茶素 catechin	2009	141.2473	2011	2012	
产物 product	2009	152.8801	2013	2014	
提取 extraction	2009	151.8811	2013	2014	
进化 evolution	2009	190.7646	2013	2016	
颜色 color	2009	115.982	2015	2016	
耐受性 tolerance	2009	175.1863	2015	2018	
果实品质 fruit quality	2009	165.9564	2015	2018	

（二）国内园艺学研究的前沿、热点及方向

本部分主要根据 2010—2019 年间 SCI-E 数据库中以前述提及的 64 种园艺植物为标题的文献，分析国内园艺学重点领域的文献发表情况，研究的前沿、热点及方向。一般认为 SCI-E 数据库主要反映基础研究状况，被其收录论文情况可以作为重要的科研产出指标[1]。关于园艺学科国内研究热点的探索，运用 CiteSpace 软件对 2010—2019 年 SCI-E 数据库中以前述提及的 64 种园艺植物为标题的文献进行文献计量分析，检索时间为 2019 年 7 月 9 日。

1. 重点领域的文献发表情况

2010—2019 年以前述提及的 64 种园艺植物为标题的 SCI 收录文献中，来自我国科研机构的文献数量共 17 178 篇。其中，中国科学院的文献总量居首位，中国农业大学、南京农业大学、中国农业科学院和浙江大学的文献总量紧随其后，且均高于 1 000 篇。在果树学领域，中国农业大学的文献总量位居第一，为 576 篇；蔬菜学领域中，南京农业大学的文献总量居于首位，共 630 篇；在花卉学和茶学领域，中国科学院的文献总量居于该领域科研机构之首，共 567 篇。园艺重点研究领域文献量排名前 5 的科研机构如表 6-12 所示。

[1] 鞠建伟，赵慧清，鲁玉妙 . 基于 SCI-E 的中国大陆主要农业大学科研论文产出分析 . 农业图书情报学刊，2011，23（2）：16-19.

表 6-12　2010—2019 年以 64 种园艺植物为标题的 SCI 收录文献量排名前 5 的科研机构

园艺植物领域		果树学领域		蔬菜学领域		花卉学和茶学领域	
科研机构	文献数	科研机构	文献数	科研机构	文献数	科研机构	文献数
中国科学院	1 465	中国农业大学	576	南京农业大学	630	中国科学院	567
中国农业大学	1 206	西北农林科技大学	524	中国农业科学院	576	中国农业科学院	273
南京农业大学	1 177	南京农业大学	427	中国科学院	568	浙江大学	198
中国农业科学院	1 157	华中农业大学	418	中国农业大学	560	安徽农业大学	176
浙江大学	1 002	浙江大学	407	浙江大学	447	南京农业大学	160

2. 研究热点

近年来，园艺学通过与其他传统学科以及新兴学科的交叉融合，研究领域得到拓展，形成植物资源与遗传育种、染色体工程与分子细胞遗传学、果品营养与质量安全、发育生物学与分子调控、蔬菜遗传育种与生物技术、园艺产品营养与质量安全、园艺作物逆境生理生态等研究方向。研究方向以创新性基础研究为主，在生理学和分子生物学领域研究较多，应用基础研究较少。

表 6-13 为 2010—2019 年以果树学和蔬菜学为标题，且被 SCI 收录的文章中中介中心性排名前 15 的关键词。中介中心性反映出，果树学的研究热点为冷害、基因表达、氧化胁迫、转录因子、品质、酚类化合物和抗病性研究等，研究较多的园艺作物为苹果、柑橘、草莓、梨、桃和香蕉等。蔬菜学的研究热点为盐胁迫、氧化胁迫、光合作用、转录因子、产量、品质、基因表达和生物合成等，研究较多的园艺作物为番茄、黄瓜、马铃薯等。

表 6-13　2010—2019 年以所选果树学和蔬菜学为标题被 SCI 收录的中介中心性排名前 15 的关键词

排序	果树学		蔬菜学	
	关键词	中介中心性	关键词	中介中心性
1	冷害 chilling injury	1.32	盐胁迫 salt stress	1.24
2	乙烯 ethylene	1.13	拟南芥 *Arabidopsis thaliana* (arabidopsis)	1.05
3	基因表达 gene expression	0.93	过氧化氢 hydrogen peroxide	1.02
4	拟南芥 *Arabidopsis thaliana* (arabidopsis)	0.88	氧化胁迫 oxidative stress	1
5	氧化胁迫 oxidative stress	0.85	光合作用 photosynthesis	0.98
6	过氧化氢 hydrogen peroxide	0.85	转录因子 transcription factor	0.45
7	转录因子 transcription factor	0.72	产量 yield	0.38

续表

排序	果树学		蔬菜学	
	关键词	中介中心性	关键词	中介中心性
8	类黄酮 flavonoid	0.62	表达 expression	0.29
9	表达 expression	0.43	品质 quality	0.29
10	品质 quality	0.41	耐受性 tolerance	0.29
11	酚类化合物 phenolic compound	0.32	胁迫 stress	0.28
12	品种 cultivar	0.29	基因表达 gene expression	0.2
13	水杨酸 salicylic acid	0.29	土壤 soil	0.2
14	贮藏 storage	0.26	生物合成 biosynthesis	0.2
15	抗病性 disease resistance	0.2	基因 gene	0.2

表 6-14 为 2010—2019 年以花卉学和茶学为标题，且被 SCI 收录的文章中中介中心性排名前 15 的关键词，反映出花卉学的研究热点为抗氧化活性、转录因子、基因表达研究等。茶学的研究热点为儿茶素、固相萃取、基因表达等。不同二级学科方向的研究热点有所区别，且每个方向都有重点研究的植物类型。对这些研究热点进一步分析发现，2010—2019 年我国园艺学的研究热点为果实品质、产量、转录因子、基因表达、抗氧化活性等方面。从上述研究热点可以看出，园艺作物既重产量也重质量，现代园艺作物生产已从单一的高产目标向高产、优质、安全等综合目标发展；园艺学与其他学科相互交叉融合，转录因子和基因表达技术等运用于园艺学。研究人员对于种质资源、遗传多样性有着较高关注度；随着分子生物学的不断发展，基因表达也是园艺学科重点关注的内容。除了以上共同关注重点研究内容外，在生物学特性上，各二级学科领域侧重点不同。果树学更注重冷害研究，蔬菜学更注重盐胁迫研究，花卉学和茶学更注重抗氧化活性的研究。

表 6-14　2010—2019 年以所选花卉学和茶学为标题被 SCI 收录的中介中心性排名前 15 的关键词

排序	花卉学		茶学	
	关键词	中介中心性	关键词	中介中心性
1	品种 cultivar	1.18	量化 quantification	0.82
2	抗氧化活性 antioxidant activity	1.11	绿茶 green tea	0.79
3	牡丹 tree peony	1.06	儿茶素 catechin	0.77
4	表达 expression	0.89	普洱茶 pu-erh tea	0.76
5	类黄酮 flavonoid	0.89	红茶 black tea	0.72
6	多酚 polyphenol	0.64	抗氧化活性 antioxidant activity	0.69
7	拟南芥 *Arabidopsis thaliana*（arabidopsis）	0.5	质谱法 mass spectrometry	0.62
8	转录因子 transcription factor	0.29	气相色谱法 gas chromatography	0.57

续表

排序	花卉学		茶学	
	关键词	中介中心性	关键词	中介中心性
9	抗氧化剂 antioxidant	0.28	基因表达 gene expression	0.54
10	酸性 acid	0.23	固相萃取 solid phase extraction	0.52
11	多糖 polysaccharide	0.18	氧化应激 oxidative stress	0.51
12	质谱法 mass spectrometry	0.18	乌龙茶 oolong	0.4
13	性能 performance	0.13	机制 mechanism	0.38
14	基因表达 gene expression	0.12	毛细管电泳 capillary electrophoresis	0.33
15	纳米粒子 nanoparticle	0.12	茶 *Camellia sinensis*	0.3

3. 研究前沿

园艺学研究对象与领域正不断拓展，园艺作物高产优质协调机制与栽培调控机制、生物技术与分子育种等是园艺学的学术前沿。表 6-15 显示了 2010—2019 年排名前 32 的突发性关键词，如图所示，纳米粒子、非生物胁迫、转录组、产量和酚类化合物等关键词的热度持续到 2019 年，代表了我国园艺研究领域的前沿。

表 6-15 2010-2019 年园艺植物研究中 SCI 收录的排名前 32 的关键词

关键词	年	强度	始	终	2010—2019
脂质过氧化 lipid peroxidation	2010	30.6781	2010	2011	
柑橘 citrus	2010	23.5858	2010	2011	
遗传多样性 genetic diversity	2010	22.4045	2010	2011	
水杨酸 salicylic acid	2010	41.9106	2010	2013	
超氧化物歧化酶 superoxide dismutase	2010	23.5858	2010	2011	
细胞 cell	2010	32.4523	2010	2011	
抑制 inhibition	2010	28.9043	2010	2011	
类黄酮 flavonoid	2010	24.7673	2010	2011	
蔬菜 vegetable	2010	12.3033	2010	2014	
酶 enzyme	2010	22.9951	2010	2011	
生物控制 biological control	2010	38.7232	2010	2015	
过氧化氢 hydrogen peroxide	2010	43.9268	2010	2015	
儿茶素 catechin	2010	23.5858	2010	2011	
浓缩物 extract	2010	43.69	2010	2015	
水 water	2010	20.1727	2012	2017	
克隆 cloning	2010	27.8009	2012	2013	
序列 sequence	2010	28.8937	2012	2013	

续表

关键词	年	强度	始	终	2010—2019
马铃薯 potato	2010	27.8009	2012	2013	
质谱分析法 mass spectrometry	2010	27.8009	2012	2013	
盐害 salt stress	2010	27.8009	2012	2013	
系统 system	2010	26.4522	2016	2017	
纳米粒子 nanoparticle	2010	28.3949	2016	2019	
非生物胁迫 abiotic stress	2010	27.8598	2016	2019	
基因组 genome	2010	46.2784	2016	2017	
净化 purification	2010	37.7919	2016	2017	
转录组 transcriptome	2010	48.6666	2018	2019	
茶 camellia sinensis	2010	38.4853	2018	2019	
多糖 polysaccharide	2010	42.148	2018	2019	
产量 yield	2010	16.8203	2018	2019	
降解 degradation	2010	43.3695	2018	2019	
提取 extraction	2010	13.9871	2018	2019	
酚类化合物 phenolic compound	2010	24.8583	2018	2019	

4. 研究发展趋势

当前园艺学的发展趋势主要体现在以下几个方面：一是随着科学技术的发展和人们对园艺产品需求的变化，选育园艺作物品种的技术由常规技术向常规与生物技术、信息技术等新技术融合的方向转变。二是分子生物学成为认识微观世界和创新园艺作物品种的重要研究支点，如对园艺作物进行基因组研究从而发现有用的基因、通过分子育种进行园艺作物的品种改良等。此外，通过对相关文献的研读，作者们不仅注重园艺研究的科学及产业价值，同时开始注重园艺产品如何满足人们的精神需求，提出要探索园艺产品的文化价值内涵及应用。

（三）园艺科研产出的跨国比较

本部分主要对不同国家园艺科研论文产出、论文影响力、园艺重点研究领域的国别差异进行分析，同时对园艺学科发展的综合水平进行国际比较。

1. 园艺学领域论文量的国别差异

园艺科学研究在农业科学体系中的地位突出。世界农业科学体系主要包含 10 个分支领域，分别是作物学、植物保护学、园艺学、植物营养学、食品科学、林学、畜牧学、草地科学、兽医学和水产学[1]。园艺学在世界农业科学体系中发挥重要作用，

[1] 中国科学院文献情报中心课题组 . 农业科学十年：中国与世界 .2018：30.

且中国园艺科学的贡献率持续攀升。

依据《农业科学十年：中国与世界》的统计数据，2006—2015 年，世界农业科学累计发表论文 894 741 篇，其中，园艺学领域发表论文 179 530 篇，占世界农业科学体系论文总量的 20.1%。论文总量在十大分支领域排名第二位，仅次于畜牧学。农业科学体系其他分支学科的发文量情况如图 6-4 所示。

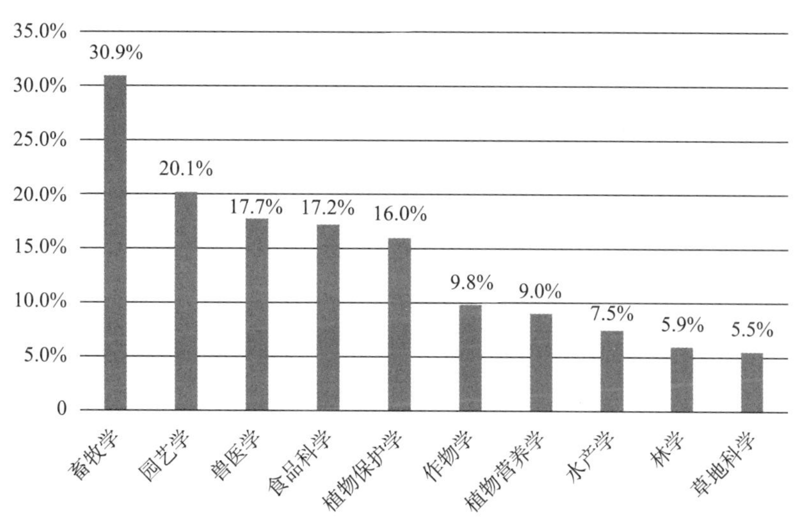

图 6-4　2006—2015 年农业科学分支领域的论文数占世界农业科学论文总数的份额

上图反映出，2006—2015 年发表论文数量位于园艺学之后的是兽医学（17.7%）、食品科学（17.2%）、植物保护学（16.0%），论文所占份额在 15.0%～20.0% 之间，对世界农业科学论文产出的贡献在 1/6 左右；作物学、植物营养学、水产学、林学和草地科学论文所占份额均不足 15.0%；草地科学仅占 5.5%，份额最小。

《农业科学十年：中国与世界》的统计数据还反映出，美国、中国和德国等国家对于园艺领域科学知识的贡献率较大，且发展动力强劲。从园艺领域论文增长速度上看，2006—2015 年世界园艺学领域论文量年均增速为 4.2%，中国作为园艺科研产出的最活跃国家之一，这一时期的论文量年均增长率为 15.4%，远高于世界平均增速。2006—2015 年，中国园艺领域论文总量达到 2.6 万篇，占到世界相应份额为 14.7%，仅低于美国[2]。

从重要期刊发表论文的国别差异上看，世界上重要期刊发表论文量排名前 7 位的国家分别是美国、中国、德国、日本、西班牙、法国和英国，在重要期刊上的发文量及每 5 年的变化情况如表 6-16 所示。数据显示，美国和中国在重要期刊上发文数量优势突出，且中国在重要期刊的发文量呈现明显的增长态势。2006—2010 年的 5 年间，美国在重要期刊的发文量占世界份额的 27.2%，中国占 12.0%。随后的 5 年间（2011—2015 年），美国的这一数字略微下降，占比为 24.4%；中国则呈现强劲的增长态势，上升为 20.8%，增加了 8.8 个百分点。

表 6-16　园艺学领域 Top7 国家的重要期刊论文数、世界份额及排名

国家	2006—2015			2006—2010			2011—2015			份额变化	排名变化
	论文数	世界份额	世界排名	论文数	世界份额	世界排名	论文数	世界份额	世界排名		
世界	130 255	—	—	57 289	—	—	72 966	—	—	—	—
美国	33 408	25.6%	1	15 581	27.2%	1	17 827	24.4%	1	−2.8%	0
中国	22 007	16.9%	2	6 862	12.0%	2	15 145	20.8%	2	+8.8%	0
德国	11 050	8.5%	3	4 798	8.4%	3	6 252	8.6%	3	+0.2%	+1
日本	10 249	7.9%	4	5 065	8.8%	4	5 184	7.1%	4	−1.7%	−1
西班牙	8 308	6.4%	5	3 678	6.4%	5	4 630	6.3%	5	−0.1%	+2
法国	8 175	6.3%	6	3 735	6.5%	6	4 440	6.1%	6	−0.4%	0
英国	8 000	6.1%	7	3 755	6.6%	7	4 245	5.8%	7	−0.8%	−2

① 资料来源：中国科学院文献情报中心课题组 . 农业科学十年：中国与世界［R］.2018：60.

② 注：按 2006—2015 年重要期刊论文数排名。

2. 园艺学领域论文影响力的国别差异

“引用”指科学论文中对先前研究所做的参考，是衡量论文价值的重要指标。2006—2015 年，园艺学科成果影响力在世界农业科学体系中表现突出。世界农业科学体系的 10 个分支领域当中，园艺学领域论文被引频次占世界农业科学论文总被引频次的 28.8%，仅低于畜牧学 2.3 个百分点，位居世界第二。农业科学体系其他分支学科论文被引情况如图 6-5 所示。

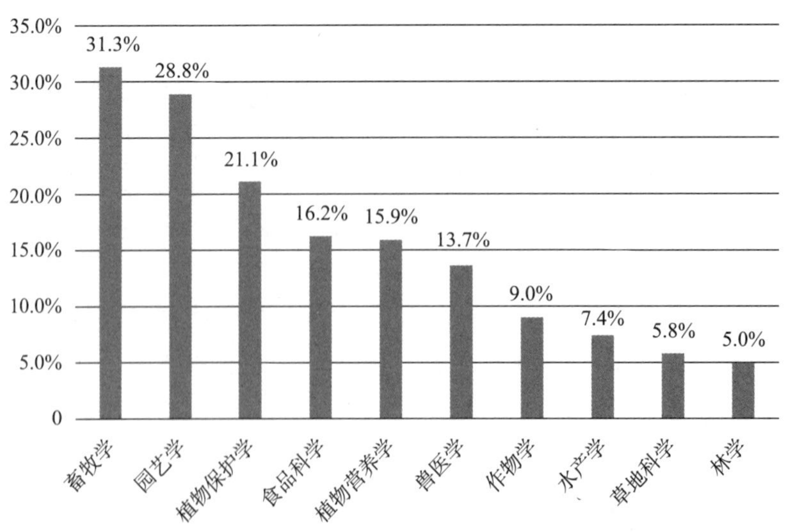

图 6-5　2006—2015 年农业科学分支领域的论文被引频次占世界农业科学论文总被引频次的份额

上图反映出，2006—2015 年论文被引频次占比依次低于畜牧学和园艺学的植物保护学（21.1%）、食品科学（16.2%）、植物营养学（15.9%）论文被引频次所占比例在 15.0% ~ 30.0% 之间；兽医学、作物学、水产学、草地科学和林学论文被引频次所占比例均不足 15.0%，其中林学的这一比例仅为 5.0%。

从国别差异上看，2006—2015 年，中国园艺学领域论文被引频次（逾 37.7 万次）占世界相应份额为 11.4%，约为美国（34.0%）的三分之一，也略低于德国，位居世界第三。从 5 年的变化趋势上看，中国园艺学领域论文的影响力快速提升，2011—2015 年论文总被引频次的世界相应比例从 2006—2010 年的 9.2% 上升到 16.4%，仅次于美国，位居世界第二，位于第三和第四的国家分别是德国和英国。

从 Top 1% 高被引论文情况看，2006—2015 年，中国园艺学领域 Top 1% 高被引论文数（194 篇）占世界的相应份额（10.6%），低于美国（48.8%）、英国（18.8%）和德国（15.7%）等，排名居世界第六位。从 5 年的变化趋势上看，2011—2015 年，中国园艺学领域 Top 1% 高被引论文数占美国的相应份额从 2006—2010 年的 11.8% 提升至 29.0%。

从篇均被引频次和论文相对引文影响值（relative citation impact，RCI）情况看，2006—2015 年，中国园艺学领域论文的篇均被引频次和论文相对引文影响值低于世界水平，具体如表 6-17 所示。从 5 年的变化趋势上看，2011—2015 年中国的 RCI 值相比 2006—2010 年略有增长，但仍低于世界平均水平。比较而言，英国、法国、德国和美国的 RCI 值都呈上升趋势，且篇均被引频次和论文相对引文影响值均超过世界平均水平。

表 6-17　2006—2015 年园艺学领域六国论文的篇均被引频次（单位：次 / 篇）

国家	2006—2015 年	2006—2010 年	2011—2015 年
世界平均水平	18.5	28.9	10.0
中国	14.3	25.0	9.2
美国	24.8	37.5	13.5
日本	19.3	27.8	10.8
德国	26.8	41.3	15.1
法国	27.1	40.2	15.8
英国	32.1	47.2	18.3

资料来源：中国科学院文献情报中心课题组 . 农业科学十年：中国与世界［R］.2018：60.

3. 重点研究领域国际合作的国别差异

文献计量学当中运用国家合作网络的“中介中心性”反映不同国家在某一学科领域的国际合作活跃程度。通常，中介中心性越高，表明该国家与其他国家（地区）的合作越多，在网络中的连通性越强[1]。

表 6–18 显示中介中心性从高到低排名前 10 位的国家。其中，英国的中介中心性为 1.53，排名第一；德国是 1.08，位列第二。反映出英国和德国与其他国家（地区）的合作较多，在网络中的连通性较强。

表 6–18　2009—2018 年以 64 种园艺植物为标题高被引（Top 1%）SCI 收录文献的中介中心性排名前 10 的国家

排序	国家	记录数	中介中心性
1	英国	2 409	1.53
2	德国	3 459	1.08
3	荷兰	1 766	0.77
4	美国	15 641	0.73
5	中国	18 919	0.59
6	新加坡	180	0.40
7	沙特阿拉伯	626	0.36
8	澳大利亚	2 379	0.35
9	西班牙	5 783	0.29
10	比利时	1 271	0.28

中介中心性测算结果反映出不同国家在园艺科学研究中，国际合作的活跃程度差异显著。其中，英国的节点最大，且与多数国家的节点之间均有连线，反映了其突出的国际合作活跃度。反观我国，尽管我国在园艺领域的发文总量上位居第一，是世界园艺科学研究的中坚力量，但我国的中介中心性为 0.59 在 TOP10 国中排名第五，在国际合作网络中的节点作用不够突出，在园艺科学研究的中的国际合作与交流水平有待进一步提升。

（四）中外园艺学科发展的综合评价

对于中外园艺学科发展综合评价的分析与探讨，主要采取了主观评价的方法，以我国高校具有海外经历的园艺专业教师为调查对象，通过问卷考察了这些教师对于中外园艺学科发展差异的基本观点。

1. 综合评价设计

问卷设计主要基于国际公认的学科评估工具 ESI、USnews 和 QS 的评价体系，将调查问卷的一级指标确定为 4 个方面：“学科声誉”“学科条件”“学科环境”“学科产

[1] 吴冰，李鹏 .*Information Systems Research* 1998—2017 文献计量分析：基于 Citespace 可视图谱 . 社会科学前沿，2018，7（9）：1521–1530.

出”。其中，“学科声誉”指的是用于反映同行、社会、学生等利益相关者对学科的一种主观评价；“学科条件”指的是决定学科设立、发展的基础因素，包括师资队伍、生源质量、资源投入等；“学科环境”指的是影响学科发展的学科生态、文化氛围、国际交流三个方面；“学科产出”指的是通过学科自身发展，在推进学科领域研究深入，促进学生能力提升，推动社会发展进步等方面取得的成绩的总和。对于以上 4 个维度的测量，主要使用了 21 个题项，问卷设计见附录 10。被试观点使用里克特五级量表（Likert scale）进行测量，其中“1”表示非常不同意，“2”表示不太同意，“3”表示一般，“4”表示比较同意，“5”表示非常同意。问卷回收后计算分值，得分越高表示对该项越满意，得分越低表示对该项越不满意。

2. 调查样本属性

此次施测时间为 2019 年 5 月，共获得有效问卷 300 份，园艺学科发展国际比较调查的样本来源如表 6-19 所示。

表 6-19　园艺学科发展国际比较调查的样本来源

学校	数量 / 人	占比	学校	数量 / 人	占比
湖南农业大学	40	13.33%	甘肃农业大学	5	1.67%
华中农业大学	30	10.00%	北京农学院	5	1.67%
华南农业大学	30	10.00%	贵州大学	5	1.67%
中国农业大学	27	9.00%	浙江农林大学	5	1.67%
四川农业大学	25	8.33%	江西农业大学	5	1.67%
浙江大学	18	6.00%	上海交通大学	5	1.67%
扬州大学	17	5.67%	海南大学	3	1.00%
山西农业大学	14	4.67%	广西大学	2	0.67%
青岛农业大学	13	4.33%	河北农业大学	1	0.33%
福建农林大学	9	3.00%	山东农业大学	1	0.33%
西北农林科技大学	9	3.00%	石河子大学	1	0.33%
河南农业大学	8	2.67%	西南林业大学	1	0.33%
吉林农业大学	7	2.33%	信阳师范大学	1	0.33%
东北农业大学	6	2.00%	云南农业大学	1	0.33%
西南大学	6	2.00%			

以上样本特征包含 5 个方面：一是性别上，男性 178 人，占比 59.33%；女性 122 人，占比 40.67%。二是年龄上，30 岁以下有 6 人，占比 2%；31 岁至 45 岁的有 178 人，占比 59.33%；46 岁至 59 岁的有 110 人，占比 36.67%；60 岁以上的有 6 人，占比 2%。三是职称上，教授 135 人，占比 45%；副教授 116 人，占比 38.67%，具有高级职称的教师累计占比达到 83.67%；讲师有 43 人，占比 14.33%，助教或其他有 6 人，占比 2%。四是专业上，果树学 114 人，占比 38%；蔬菜学 91 人，占比 30.33%；

茶学 35 人，占比 11.67%；观赏园艺学 29 人，占比 9.67%；设施园艺学 14 人，占比 4.67%；园艺学其他学科 17 人，占比 5.67%。五是海外经历上，具有访问经历的 163 人，占比 54.33%；仅有留学经验的 88 人，占比 29.33%；两者皆有的 49 人，占比 16.33%。

3. 评价结论

实证结论表明，园艺学科评价的四个维度当中，“学科声誉”得分排第一，达到 3.74 分，接下来依次是“学科环境”3.6 分，“学科产出”3.31 分，“学科条件”3.04 分。

一是对于“学科声誉”的评价。被试普遍认为“我国园艺学科具有良好的声誉”得分最高，均分为 3.74 分。我国园艺领域的学者对于园艺学科具有较强的自信和较好的发展预期。

二是对于“学科条件”的评价，对于这一维度的评价，被试者认为相比国外高校，我国园艺学科的师资队伍发展良好，得分为 3.66 分；相比国外高校，目前我国高校园艺学科招生量适应产业发展需求，得分为 3.24 分。然而，相比国外高校，我国高校园艺学科获得的资源投入还不充分，得分为 2.93 分；得分最低的是园艺学科外籍教师比率，仅为 2.34 分。从整体来看，我国高校园艺学科师资队伍和招生量之间的关系相对合理，但园艺学科的资源投入和外籍教师的比例有待进一步提高，师资队伍的国际化水平欠缺。

三是对于“学科环境”的评价。被试者主要从学科文化氛围、学科国际交流以及学科生态环境三大方面进行了国际比较和评价。被试者普遍认为“我国园艺学科发展具有良好的历史积淀、精神文化及学术传承”，得分为 3.86；对于我国高校园艺学科的国际交流发展状况评价较高，得分为 3.51 分；对于学科生态较满意，认为“我国园艺学科相关学科发展良好，营造了优良的学科生态”，得分 3.43 分。数据反映出，我国园艺学者对于园艺专业的历史积淀、文化传承功能具有较高的认可度，单项得分在 21 个题项中得分最高。同时，相比国外高校，学者们对我国高校园艺学科的国际交流、学科生态持积极评价。

四是对于“学科产出”的评价，主要对学术论文、品种、专利、人才培养、经济贡献等维度进行调查。我国园艺学者普遍认为“我国园艺学科研究者发表在国际期刊上的论文数量多”，得分为 3.78；我国国艺学者对于论文的质量评价则为 3.48 分；“我国高校园艺学科研发新品种情况良好”一项得分为 3.33；“我国高校园艺学科获得专利情况良好”一项得分为 3.31 分。学者们对于园艺人才培养给予了积极评价。关于研究生毕业论文的选题价值、创新性、工作量、研究质量，园艺博士、硕士研究生相对国外的培养质量以及研究生国际期刊论文发表能力等，得分均在 3.26 ~ 3.45 之间浮动。关于我国高校科研成果的社会影响力、对产业的贡献的得分分别是 3.2 分和 3.21 分。值得关注的是，在题项“我国高校园艺专业毕业生待遇高、职业发展好”得分较低，仅为 2.86 分。数据显示出被试者对于园艺毕业生的职业发展并不看好，抑或是对于园艺毕业生具有更高的职业期待。

总体来看，与国外高校相比，我国在园艺学科的学术声誉、文化积淀、研究生论文产出数量、研究生培养质量、品种及专利等方面发展较好。园艺科学研究对于经济社会发展做出了较大的贡献，但园艺毕业生的待遇及职业发展能力亟待提升。在国际比较视域下，我国园艺学科的国际化程度不高，国际化师资队伍建设不充分。

五、共性特征：世界一流大学园艺学科发展的反思

世界一流涉农高校以独特的大学愿景与使命引领了园艺学科发展，以高水平科学研究占据世界农业科学体系的高地，以复合型园艺人才培养为目标，将产业发展需求融入人才培养全过程，具有较高的园艺学科国际化水平，持续强化了与高校外部组织的联系，为园艺学科发展提供保障。

（一）以独特的大学愿景与使命引领园艺学科发展

世界一流涉农高校以独具特色的大学使命形成了其特定的价值追求、社会贡献及人才培养模式，引领着园艺学科发展。如前所述，美国的康奈尔大学力求促进师生的全面发展，荷兰的瓦赫宁根大学强调农业和生命科学要立足提高人类生活质量，为健康等领域提供新知识，促进教学与研究的协同增效等。不仅是康奈尔大学和瓦赫宁根大学，世界上诸多一流涉农高校均以符合自身特点和优势的愿景与使命引领了园艺学科发展。例如，加州大学戴维斯分校提出学生的“包容性”成长，力求为学者们创造更加广阔、多元的发展环境，促进学生的包容性学习（inclusive learning）和全面发展，特别是保持和发展学生的好奇心（curiosity）、辩护（advocacy）、包容性（inclusivity）和善良（kindness）等。德国著名的农业大学霍恩海姆大学（University of Hohenheim）提出促进社会进步、激发经济和社会转型；承担服务行业发展的社会责任，力求持续创造知识、推动社会进步；基于科学研究以及教学与科研的结合提升服务行业发展的能力；持续追求质量、效率和可持续发展；促进学生和教职员工的全面发展。总体来看，世界一流涉农高校在园艺人才培养上体现出科研与教学互促共进，服务行业发展的科学研究和人才培养导向，集聚外部力量优化人才培养环境，强化优势特色领域的持续发展等特点。

（二）以学科交叉推动复合型人才培养

借助学科交叉融合培养“复合型”人才是每所世界一流涉农高校园艺人才培养的典型特征。瓦赫宁根大学鲜明地指出，“为解决涉农领域重要问题，培养具有环境变化应对能力的人才，唯一方案就是促进自然科学与社会科学之间大交叉与大融合，推进跨学科间开放与联系”。世界一流涉农高校采取多元化路径推进“复合型”人才培养：一是以扎实的理论素养作为复合型人才培养的基础。国外知名高校注重提升园艺人才的理论素养，在基础理论相关课程设置上较为全面，突出表现为生理、生化、分

子生物学、遗传与育种等相关课程开设齐全；同时针对园艺学科不同专业特点开设不同种类的研究生基础理论课程，并辅以实践、实习以期达到课程目标。二是合理的课程安排。世界一流涉农高校园艺专业的基础理论课时数占总课时 50% 以上，而专业知识只占总课时数的 1/3 到 1/2 左右。例如，康奈尔大学规定，园艺专业博士研究生在读期间必须修读入门性和提高性的基础课程各一门。其中，入门性基础课程以大量专著阅读为基础，目的是帮助学生了解经典著作及研究方法，建立科学的研究思路；基础课程要求相对灵活，可由学生根据兴趣爱好自主选择。三是注重对园艺人才的人文社会科学知识输入。例如，美国高校的园艺专业普遍开设了写作、口头交流等课程，且此类课程占到总学分的 10%，反映出美国高校的园艺教育十分注重学生写作和口头交际能力的培养。康奈尔大学开设的园艺课程体系涵盖了历史、考古、绘画、设计以及文学等，不仅体现了人文与自然科学的融合，也反映出该校对于园艺学科人才的人文素养的重视。

（三）持续推进课程体系及实践教学改革

课程体系建设及实践教学水平的提升是涉农高等学校人才培养的重要环节，对于提高人才培养质量意义重大。实践教学是强化理论联系实际、促进大学生理解和掌握理论知识的有效途径，有助于培养学生掌握科学方法和提高动手能力。世界一流涉农高校均高度重视大学生的实践能力培养。

世界一流涉农高校均在课程内容、课程类型、课程总量、课程教学以及课程管理等方面形成稳定的特色。加州大学戴维斯分校在课程和专业设置上非常灵活，依据地方经济发展的特色，从地方区域农业发展的需要出发开设课程，满足地方经济发展的实际需要。瓦赫宁根大学在课程体系建设上注重各类课程的衔接，制订了先修课程、后续课程的指导性建议，辅助学生科学选择课程。康奈尔大学持续完善课程体系建设，力求给学生提供丰富、多样化的选择，其园艺专业建立了园艺主修课、辅修课以及社区参与课程这一丰富多样的课程体系。康奈尔大学的综合植物科学学院为学生开设了一系列内容丰富的跨学科的选修课程，学校根据不同的学位课程设置学分总要求，学生除了主修本专业的主要课程外，还可根据自己的兴趣和研究方向进行自主选择。康奈尔大学通过构建完整的课程体系，不仅为学生提供了多样化的学习机会和学习方式，帮助丰富学生的知识结构，还可以对本专业内容进行互补，拓宽学生学习眼界。

俄罗斯农业院校学生专业实践活动和毕业论文实践普遍早于我国高校，有助于提早增强学生对专业的兴趣，促进其在理论学习过程中带着在实践中遇到的问题去倾听、思考和探讨。毕业论文实验开始得早可以让学生接触老师的科研活动，有助于培养学生的科研思维能力和动手能力。目前，我国高校园艺专业本科生通常在三年级下学期开始撰写毕业论文，存在主要问题是升入四年级后有的学生忙着找工作，有的学生准备考研究生，因此能够保证做论文的时间仅仅半年，难以保证论文质量。总体来看，世界一流涉农高校重视课程的“实践性”，围绕涉农学科实践性和应用性强的特点，积极引进优质社会资源扩增实践类课程总量、优化内容，从而提升学生的实践动手能力和创新能力。

（四）课程设置的多样性和授课方式的灵活性并重

1. 课程设置上体现多样化和针对性

第一，课程设置上体现多样化和针对性。课程多样化包括了课程种类多样化、实施方式多样化、内容多样化以及学生拥有更加广泛的课程选择空间。课程种类多样化发展，主要体现在课程类型、课程数量持续增加，如增加必修课、选修课设置及种类等。例如，密歇根州立大学园艺研究生课程设置力求扩大学科涉及范围，开设跨学科、综合性课程，使课程种类更加齐全；康奈尔大学则注重园艺研究生学习内容的多样化，除主要研修领域外，研究生还可以从相关领域包括工程科学、人文社科领域选择相关课程进行学习，扩展综合素质及学术能力。加州大学戴维斯分校注重课程实施方式和课程内容的多样化，研究生课堂上广泛利用多媒体教学、模拟教学、实验教学、案例研讨等教学方式，提高学生学习兴趣和学习主动性。其课程内容多样化主要包含 3 个方面：一是实践性知识，一般称为知识技能；二是方法论知识，即学习方法；三是为什么而学习的价值性知识。世界一流涉农高校园艺研究生课程设置的针对性，突出地体现了高等教育服务社会的职能。例如，瑞典传统上有生产葡萄酒和白兰地的历史，同时产出鲜食类葡萄，葡萄相关产业的发展促进了市场对杂交葡萄新品种、葡萄栽培技术以及酿酒葡萄种植等专业人才的需求。瑞典农业大学为适应葡萄产业发展实际，面向园艺专业研究生针对性地设置了“水果和葡萄种植”，“园艺植物”和“植物园工程师”等课程，服务本国葡萄相关产业发展。又如，在美国，永久性草地占国土面积的四分之一，居世界第三位。与此同时，加州的天然草原面积与种质在美国处于优势地位。加州大学戴维斯分校的园艺与农学学科下设了草业科学专业，开设的相关课程服务于加州草业的发展。此外，美国部分高校的园艺专业开设了写作、口头交流等课程，且此类课程占到总学分的 10%，反映出这些大学十分注重学生写作和口头交际能力的培养。

2. 授课方式上体现灵活性

世界一流涉农高校园艺研究生教育教学过程中，普遍采用启发式教学方法，硕士研究生授课方式主要包括了传统的教授主讲方式（lecture）、研讨课式（seminar）、教授直接指导下的科研实践（research practice）等。其中，普遍采用的教学方式是研讨课，包括主题概述和研讨两个环节，主题概述有助于研究生掌握课程核心知识；研讨环节则围绕主题由教师组织讨论，内容包括对与主题相关的必读书籍和辅助读物中的疑难问题解答，研究生阐述各自对有关理论和观点的评价等。研讨课的实例如加州大学戴维斯分校开设的“园艺学中的研究视角”“小组研究”等。实践证明，这种教学方式有利于培育研究生独立思考、快速概括和明确表达自己的观点的能力，激发他们创造性思维和学习积极性，使他们很快接触到相关学术前沿问题及有代表性的理论和观点，并在对这些理论和观点的研究和评价及对前沿问题的思考中，使他们有可能承前启后，推动学术发展。科研实践课一般由学生提出一个小型的科研计划，在任课教授指导下用一个学期时间去完成，最终写成一篇学术论文或调查报告，同时通过硕士生与任课教师不定期接触和任课教师对研究生个别指导，培养科研能力。

（五）将产业发展需求融入人才培养过程

世界一流涉农高校的园艺人才培养与产业联系紧密，积极推动人才培养主动对接行业需求，服务产业转型升级的需要。在园艺人才培养理念上，世界一流涉农高校提出要主动对接地方经济社会发展和农业发展的新要求，并将之融入学科建设和人才培养的具体环节当中，推进教学内容及组织方式上的革新，建成紧密对接产业需求的课程教学资源，提升大学生对市场需求的适应及服务能力。例如，瓦赫宁根大学提倡的三大教学风格是“教育要与社会和工业相关、国际化导向、激励学生”，注重市场调研与职业分析，强调依据学生就业倾向进行特色专业设置，不仅促进了毕业生就业，也为产业发展提供了人才支持，同时反映了人才培养对接产业需求的基本导向。

世界一流涉农高校园艺课程设置遵循了园艺产业发展规律，将园艺专业的教学内容延伸至“产业链条”的末端。“链条式”设置系列园艺课程，力图帮助学生掌握从田间到餐桌、从产地到消费者的知识链，同时注重提高课程设置及课程内容与园艺产业技术需求的吻合度。首先，世界一流涉农高校注重园艺市场需求及发展规律，普遍开设了“园艺管理”“园艺市场”“园艺企业培育”等相关课程，通过学习园艺产业基本管理的内涵、应用与技巧等，了解园艺科学涉及的产业体系，具体包括生产食品、工业原料、装饰植物、储存以及销售等，促进研究生对于园艺产业管理、经济与营销的相关知识的学习，从而提高园艺研究生的经营与管理技能；其次，世界一流涉农高校围绕园艺产业市场发展，引导学生了解园艺和花卉作物的消费人群及其购买趋势；再次，世界一流涉农高校加强园艺业务规划相关知识的教学，通过讲授市场细分、产品定位及分布、品牌、包装以及广告等，最大限度地提高研究生掌握市场规律及营销技巧的能力。例如，康奈尔大学园艺专业围绕园艺产业市场发展，开设了园艺产业规划、市场划分、产品定位及分布、品牌、包装与广告以及消费人群的购买趋势等课程，最大限度的提高学生掌握园艺产业发展基本规律的能力。

（六）加强高校与外部组织的联系为园艺学科发展提供保障

世界一流涉农高校注重发展与政府、企业等利益相关者的外部关系，逐步形成促进区域创新的“三螺旋”结构，大学是科学和技术的创新源头，主要在新知识产生与发展、学习与传播等方面发挥独特作用；政府为创新的顺利进行提供法律、政策、契约保障；产业是科技成果的使用者和物化方。例如，加州大学戴维斯分校主要通过两种方式与政府合作，一种是政府直接在学校建立研究机构的实体性联合；另一种是政府通过购买技术或者服务的方式与加州大学戴维斯分校进行合作。康奈尔大学则积极搭建与政府、企业的合作关系，建立了独具特色的推广体系。瓦赫宁根大学为保证学校教育和研究的长远发展，依托合作开发在线学习课程，与不同国家、不同领域的协会、国际组织产生广泛、深度的联系。世界一流涉农大学的发展与大学外部环境正在产生越来越深刻的联系，这启示我国高校在发展高质量园艺教育的过程中，一方面要持续推动开放式办学，建立政、校、企等多主体协同育人模式，推进科教结合、产学融合、校企合作的协同育人体制机制改革。另一方面，涉农高校应积极与相关政府部门、涉农企业共商人才培养模式目标及方案、共同推进课程开发、共建实习实训基地等，从而促进企业融入园艺人才培养过程，推进园艺人才培养与产业需求紧密结合，打造园艺教育开放融合的新生态。

第七章

我国园艺高等教育的发展对策

园艺是农业生产的重要组成部分，促进园艺学科发展是提升园艺人才培养质量及科学研究水平，推进园艺产业健康、科学和可持续发展的关键。新形势下，立足国家战略需求和国际科技前沿，前瞻性思考园艺学科发展机遇，研判园艺学科发展进程中的问题与挑战，提出可行的解决方案，对于促进园艺高等教育发展意义重大。

一、我国园艺高等教育的发展机遇

伴随城乡统筹发展，大城市带动大农村发展进程加速，人们对环境及农产品的绿色、健康、可持续发展需求旺盛，都市农业、园艺体验、智慧园艺等新业态层出不穷，对园艺高等教育人才培养提出了新的要求，同时也为园艺高等教育改革与发展提供了新的机遇。

（一）园艺产业发展依赖园艺学科进步

我国园艺学科具备较好的发展基础，为园艺产业发展提供了支撑。社会进步、产业变迁以及与生物技术、信息技术和现代工程技术的融合发展，为园艺学科发展提出了新要求的同时，也带来了新的发展契机。

1. 园艺学科发展为园艺产业发展提供优质的人才资源

人才资源是一个国家或地区具有较强的管理能力、研究能力、创造能力和专门技术能力的人的总称，其作为人力资源总体之中极为重要的组成部分，是能够从事创造性活动的高素质的人力资源[1]。园艺人才作为园艺产业发展第一资源，是促进园艺产业发展的首要因素。作为高素质的劳动者，园艺人才在提高自身工作效率的同时，能够促进园艺产品生产过程中其他各种生产要素的配置，提高生产效率，促进园艺产业结构的优化调整。伴随园艺学科的持续、快速发展，我国园艺学科博士点、硕士点的布局日趋完善，不仅为园艺科学研究提供了有力的人才保证，也为我国园艺产业的发展提供了的技术支持，提高了我国农业发展的质量和效益，推动了社会主义新农村建设，切实增加了农民的生产收入，推动了工业化、城镇化和农业现代化的进程，促进

[1] 韩飞. 山西省人才与产业协调发展研究. 太原：太原理工大学，2014.

了我国社会、资源和生态环境的改善。与此同时，园艺人才是园艺产业创新的源泉，能够在吸收新知识和新技术的基础上，充分发挥创新能力，满足传统园艺产业转型的需求，研发的新品种、新技术，以及科技创新能够推动现代园艺产业朝着生态农业、休闲农业、高效农业和数字农业等方向发展。

2. 园艺学科发展为园艺产业发展提供创新动力

我国园艺学科发展已从关注本国问题向关注区域问题、全球性问题转变，且边缘学科、交叉学科不断涌现。园艺领域基础研究、重大技术取得突破性成果，为园艺产业的发展提供了保障。据统计，2006—2015 年我国园艺科学研究的国际比较优势突出，前 1% 高被引论文比例处于国际领先地位[1]，高水平成果产出的数量保持优势，“论文影响力”持续上升，园艺学科的综合国际影响力不断增强。在国家设立的重大科技计划中，如“973”计划、“863”计划、科技支撑计划、国家自然科学基金、星火计划、国家新技术引进计划以及省部级重点研究计划中，均有与园艺作物有关的研究课题，园艺学科在应用基础研究和应用技术研究方面，已经取得了一大批令人瞩目甚至是国际领先的科研成果。据统计，园艺学科在 2005—2008 年度三大国家级科技奖中共获得 17 项，其中国家自然科学奖二等奖 1 项，国家技术发明奖二等奖 1 项，国家科技进步二等奖 15 项[2]。这些科研成果的推广应用，促进了园艺学科的科学技术进步，为我国园艺产业的快速健康发展提供了强大的技术支撑。未来，我国园艺学科进步将持续为园艺产业发展提供创新动力，多种园艺作物生产规模将保持世界第一的位次。园艺产业发展为充分保障城乡居民蔬果产品供应做出重要贡献，园艺产品的多元化及品质提升将不断满足人民对美好生活向往的需求。

一是园艺学科发展促进设施园艺产业日新月异。近年来，园艺学者专注于设施园艺的改革与创新，经过十多年探索，园艺设施栽培呈现崭新面貌，不仅体现在品种和种质更新换代上，设施园艺发展也逐渐向智能化方向迈进。设施园艺广泛应用于农业生产，成为西部地区自然资源有机配置的最佳方式。利用设施园艺栽培将西部地区水、热、光、土等自然资源有机配置，能够加快当地的农业生产。因此，设施园艺是建立高效农业生产体系，快速振兴当地农业经济的最具潜力的产业之一[3]。目前，西部地区的设施栽培面积超过 13.3 万公顷，收入超过 200 亿元[4]。

二是园艺学科推动园艺产业朝品牌化方向发展。我国园艺资源丰富，一些地方积累了品种多样、品质优越的园艺种质资源，奠定了园艺产业发展的基础[5]，例如

---

［1］中国科学院文献情报中心课题组 . 农业科学十年：中国与世界 .2018.

［2］邓秀新，项朝阳，李崇光 . 我国园艺产业可持续发展战略研究 . 中国工程科学，2016，18（1）：34-41.

［3］邹志荣 . 发挥西部地域资源优势，促进设施园艺产业化发展 // 中国花卉协会，中国园艺学会 . 中国花卉科技进展（1998—2001）：第二届全国花卉科技信息交流会论文集 . 北京：中国农业出版社，2001：5.

［4］海江波，桑晓靖，廖允成 . 中国西部地域资源优势及产业化开发途径 . 干旱地区农业研究，2002（2）：124-116.

［5］尹成杰 . 加快推进现代园艺产业创新发展 . 中国绿色时报，2016-09-06（B01）.

菏泽牡丹、烟台苹果、潍坊萝卜、新疆哈密瓜等。园艺学科研工作者不断深入各地，因地制宜进行科研实验，培育出园艺新品种。同时，政府及相关部门努力推进“地理标志”产品认证工程以及“一村一品”工程，通过这些工程充分挖掘发挥园艺资源优势[1]，大力发挥园艺产区特色优势，如北京丰台花卉、怀柔板栗、秭归柑橘等园艺优质产品不断涌现，园艺产业逐渐迈向品牌化发展的征程。

三是园艺科研成果优化园艺产业的休闲化、绿色化、旅游化发展进程。随着社会的进步和人们生活水平的提高，旅游观光、游园采摘、生态餐厅休闲娱乐园艺、都市园艺逐渐发展起来。这些休闲观光场所均是以绿色环境为主，综合运用园林学、生态学以及建筑学、设施园艺学等学科知识加以规划设计及建设，运用设施园艺栽培技术及调控技术对场所环境进行维护，形成以绿色景观为主，合理搭配花卉、果蔬、小桥流水以及假山等园林景观，为顾客全方位营造风景宜人的舒适环境[2]。休闲、娱乐园艺产业发展势头良好，园艺产业的生态功能和经济效益进一步提升。

此外，园艺科学研究与产业发展的关注焦点也呈现新的趋势。分子生物学前沿理论与先进技术、现代农业信息化技术、先进机械装备成为热点。具体表现在三个方面：基于分子育种理论与技术的园艺作物优异种质资源创新，以绿色安全、生态高效为特点的园艺作物逆境栽培与植保新技术，以大健康为目标的园艺产品开发与资源高效利用等。未来，针对大宗园艺作物、特色作物多样化发展的研究优势将得到强化，如柑橘、苹果、梨、桃、葡萄、荔枝、香蕉、芒果、菠萝等；研究对象覆盖面将进一步扩大，且持续关注“产前－产中－产后”全产业链发展。

3. 园艺学科发展为园艺产业进步提供技术支持

新形势下，园艺产业从数量型发展向质量型发展转型升级，园艺产业技术需求呈现新特征。一是推进绿色发展，实施园艺产品提质增效工程，加快优质高产多抗新品种选育推广，提高果树无病毒良种苗木和茶树无性系良种覆盖率，推广蔬菜集约化育苗，集成组装一批优质高效、资源节约、生态环保的绿色生产技术模式，形成一批可复制、可推广的标准化生产制度体系。二是改善产地生态环境，以病虫草鼠害绿色防控技术替代化学防控，研究土壤健康生态维护技术，以设施园艺土壤连作障碍治理修复为突破口，采取农机、农艺、工程、生物等技术措施，培肥地力，防控污染。三是加强园艺产品田头预冷、贮藏、初加工、精深加工等采后商品化处理技术研究，提高商品化处理能力，延伸产业链，提升附加值。四是推进园艺作物生产机械化和信息化研究，加强农机农艺融合，研发创制适合生产实际的机械和装备，研发配套的栽培模式和栽培技术，培育适合轻简化栽培、机械化生产的品种，利用信息技术实现智能化、精准化生产过程管理。

---

[1] 吴粉蓉．我国园艺产业的现状和发展前景．现代园艺，2012（6）：24.

[2] 同［1］.

园艺科研成果为园艺产业发展提供了有力的技术支撑，推动了我国社会经济的快速发展。一方面，园艺科研成果通过产学研结合，提高服务园艺产业发展的效率。产学研结合是提高自主创新能力的有效路径，园艺学科学研究为产学研结合提供了技术保障，具体包括种质资源、园艺作物育种、园艺生物技术、品种分类、园艺作物栽培与栽培设施研究等。近年来，依托高校建成的成果孵化器、工程技术创新中心以及产业化的示范基地等促进了成果的转化和示范，促进了园艺产业的可持续发展。我国科研院所越来越重视与企业的合作，合力进行园艺产品的研发和推广，逐步形成“国家科研机构＋企业”的运行模式，在此基础上企业也建成具有一定自主研发能力的园艺作物品种引进、研发和推广中心。

另一方面，园艺科学研究的经济社会价值不断提升。以 2006 年获得国家科技进步二等奖的著名果树学家邓秀新院士的成果为例，他利用国际合作和国家“948”项目的支持，经过 10 年试验，已筛选出适合我国长江流域栽培的“红肉脐橙”“船柚”“纽荷尔”脐橙等品种，引进、示范、推广了一批柑橘新品种和配套技术，建立了无病毒良种繁育基地。邓秀新院士在赣南、湘南等地大范围示范推广了预植大苗定植技术，使柑橘结果时间比传统裸根种植提早 1 年，亩增效益 6 000 多元。据不完全统计，2014—2017 年该项目在湖北、湖南、江西等 7 个省市示范推广面积达 100 余万亩，产生了显著的经济社会效益。又如，我国蔬菜遗传育种专家侯锋院士，率先开展黄瓜抗病育种工作，实现了我国黄瓜品种三次更新换代，黄瓜亩产由 2 500 kg 提高到 5 000 kg。侯锋院士研发的新品种推广面积占全国黄瓜栽培面积的 80%，美、日等十余个国家都先后引种。20 世纪 70 年代，蔬菜遗传育种专家方智远院士带领课题组育成我国第一个甘蓝杂交种品种“京丰一号”，使自交不亲和系这一先进技术在我国获得突破并广泛利用。方智远院士及团队先后育成不同类型的甘蓝新品种 20 余个，并在全国 30 多个省（直辖市、自治区）广泛推广，种植面积占全国甘蓝总栽培面积的 60%～70%。

（二）国家重大战略助推园艺学科发展

园艺产业是高效农业和环境友好产业，契合乡村振兴、精准扶贫和“一带一路”倡议等国家战略需求。

首先，“一带一路”倡议需要园艺学科提供支撑。农业是“一带一路”沿线国家的主导产业，农林牧渔业、农机及农产品生产加工均属“一带一路”合作的重点领域。未来，园艺学科发展不仅要服务于我国园艺产业科技进步的需要，也要服务“一带一路”沿线国家园艺资源高效利用和农产品市场融合的需求。与此同时，园艺高等教育要加大面向沿线国家开展园艺专业学历教育的力度，培养沿线国家园艺产业发展所需的高层次人才。

其次，园艺学科发展为“乡村振兴战略”提供支撑。实施“乡村振兴战略”是新时期做好“三农”工作的重点，园艺产业是关系国计民生、城乡居民健康和农民增收的高度市场化的农业支柱产业[1]。新时代，园艺学科将围绕休闲农业、观光农业、园艺体验和生物种业等新业态，谋求变革和创新发展，为“乡村振兴战略”提供科技和人才支撑。与此同时，园艺学科发展及科研成果转化能够有效促进传统园艺的转型及现代园艺的发展，缓解城市化过程中由于人口、建筑物、交通尤其是工业加速集中等所导致的城市生态环境压力，满足城市居民对旅游观光、休闲度假、体验自然田园生活等绿色消费的需求。统筹城乡发展的根本途径是工业化和城市化，即要求在进一步提高工业本身发展和技术水平的同时，用先进的适用技术对农业和整个农村经济进行根本改造，通过工业化和城市化带动大量农业人口向非农产业转移和将农村经济纳入全国统一的市场化、社会化轨道。值得关注的是，园艺在城乡一体化进程中，能够促进农村与城市在生态、经济、社区等方面的进一步融合，加快城市与农村在资源利用、产业开发和属地管理等方面的协调与优化，使农村与城市在生态、经济、社区等方面表现出区域性融合的趋势。随着人们对生活品质的要求逐步提高，园艺最终产品的绿色资源越来越得到人们的重视，使得其开发过程蕴含着巨大的经济价值和较高的边际效益，并且所衍生的改造人类生存空间等生态和社会等方面的外部效应，远远大于投资者的经济效益。

最后，“精准扶贫”战略有效推进依赖园艺学科及产业发展。园艺学科发展能够将科学研究和人才培养对接园艺产业，坚持适度规模，充分考虑市场、可持续发展的原则[2]。园艺学科发展促进园艺生产实践，园艺学科的均衡、持续发展能够实现与产业进步的协同作用，园艺作物育种、栽培、采后、贮存等环节的规范处理，提高了园艺产业经济效益，促进农民脱贫致富，特别是柑橘、花卉等产业吸纳贫困人口的能力日益凸显，促进了一、二、三产融合发展，提升贫困人口收入水平，有利于推进国家“精准扶贫”战略实施。

（三）园艺新业态的出现推进园艺学科发展

一是“园艺疗法”（horticultural therapy）的发展将提升园艺服务社会的质量，更好地服务人类大健康，满足人们对美好生活的需求。“园艺疗法”是针对那些在身心方面有改善需要的人群，以植物栽培与园艺活动为主要媒介，促进其生理、心理和社会功能的调整、改善并达致复原目的的一种技术和方法体系[3]。“园艺疗法”可追溯至17世纪末英国李那托·麦加（Renato Megha）的著作《英国庭园》，其中记述了个体在闲暇之时，静坐于庭园，挖挖坑、拔拔草，会永葆身心健康，这被视为园艺疗法产生的雏形。随后，美国、英国、德国、加拿大、日本、澳大利亚、新西兰及韩国等国家兴起的“园艺疗法”，以身心具有某些障碍的人群为对象，进行辅助治疗和心理指导。

[1] 邓秀新，项朝阳，李崇光. 我国园艺产业可持续发展战略研究. 中国工程科学，2016，18（1）：34–41.

[2] 邓秀新. 产业扶贫要用心用智求实效. 农民科技培训，2017（4）：35.

[3] SHOEMAKER C. Horticultural Therapy. Dordrecht：Springer Netherlands，2014，13（12）：15.

现代医学研究也论证了良好的景观环境能够对人体产生一种非药物的、非介入性的疗愈效果，并对使用者的身心产生一定的积极影响，从而对使用者的健康起到一定的促进作用[1]。因此，园艺对于社会个体及群体具有普遍的心理调节作用。

二是庭院园艺。人类社会进步、生活方式改变也促使园艺文化新内涵的产生。现代社会，人们生活节奏加快、竞争加剧、精神压力增大，令不少群体长期处于亚健康状态[2]。这一背景下，园艺的身心调节作用具有广阔的应用前景，借助庭院园艺优化人们的居住环境的理念促进了庭院园艺发展[3]。庭院园艺也呈现出多元化表现形式。家庭阳台不仅可向人们提供新鲜安全的蔬菜，还能美化室内环境、净化空气、亲近自然、净化心灵，提高人们的生活品质[4]；各种观赏花木、草坪可以美化居室、庭院，为人类创造赏心悦目的生活空间；园艺植物可以消纳污浊空气、噪声、粉尘，补充氧气，从而为人类创造清新、洁净的空气和安静、舒适的生存环境[5]。

三是园艺美学广泛应用。园艺对美的追求来自于花卉、树木、草坪、果树和蔬菜等园艺植物的自然美感，经过人的艺术加工，在自然界中获得与人的审美心情相契合的共鸣[6]。适当的园艺活动，不仅可以活动筋骨、锻炼身体，还可以修身养性、陶冶情操。园艺美学的发展不仅促进园艺妆点或丰富地貌美、建筑美等环境美，还能够陶冶情操、促进身心健康，这就要求高等学校开设园艺文化教育类课程，深入挖掘园艺文化内涵，提升园艺服务社会的质量，满足人们对美好生活的需求。另一方面，家庭居室布置、豪华饭店装饰、庭院构造、城市建设都将为园艺美学的发展提供广阔的应用空间。

四是伴随着新型园艺产业发展的同时，休闲、娱乐等多元要素悄然融入其中，逐步满足农业生产要求以外的旅游、休闲和文化等功能[7]。插花培训、微景观、花卉盆景讲座、干贴画等艺术活动成为极具艺术品位的园艺活动，彰显了个性修养，提升了艺术品位。参与园艺活动可以促进个体互助合作、提升社会交往能力，并在参与园艺活动过程中提升个体的美学修养、环保意识、社会公德等核心价值观[8]。总体来看，园艺文化有助于缓解城市化进程加快给人们健康产生的许多负面影响，缓解紧张的生活压力，促使人们回归自然[9]。新形势下，园艺新业态、新变化，能够衍生新的就业渠道，在我国现有生产力水平条件下，都市园艺等现代园艺仍然属于劳动密集型产

[1] 韩嘉义，袁唯．名优西菜朝鲜蓟的引种栽培与开发．云南农业科技，1995（5）：11–13.

[2] 崔瑞芳．基于园艺疗法的休闲农业园调查及设计研究．杭州：浙江农林大学，2012.

[3] 谭永中．浅析庭院果树园艺的价值及栽培技术特点．种子科技，2016，34（7）：74–75.

[4] 刘飞，万发香．家庭阳台园艺与园艺文化．长江蔬菜，2017（7）：26–28.

[5] 朱立新，李光晨．园艺通论．北京：中国农业大学出版社，2015.

[6] 园艺的功能．生命世界，2006（4）：42–43.

[7] 同[3].

[8] 刘斌志，王李源．社会工作服务中园艺疗法的价值蕴含及其运用．西南石油大学学报（社会科学版），2019，21（1）：41–48.

[9] 同[2].

业，且科技含量较高。园艺产业的兴起与发展，在为农民开辟就业渠道的同时，不仅可以创造再就业机会，还可以为部分专业人才提供发挥知识与才能的空间。

（四）信息化及大数据为园艺学科发展提供新机遇

信息化、大数据、人工智能以及“互联网 +”等为园艺学科发展带来了新的发展理念、分析工具及技术支撑。大数据是“第三次浪潮的华彩乐章”[1]，全社会对大数据的迫切需求，不仅促进了公众对大数据的认知，也推动了大数据技术的快速发展[2]。大数据表现出数据量大、处理速度要求快、价值密度低等特点，呈现出“3V”特性：即数据的规模性（volume）、高速性（velocity）以及数据结构多样性（variety），大数据在时间上不间断，地域上无限制，且能够促进人、机、物的协同作用等[3]，使其在农业教育及科研体系中具有了广泛的应用前景。“农业大数据”不仅具备大数据理论和技术的公共属性，同时蕴含农业数据的特性，具体指运用大数据理念、技术和方法，解决农业或涉农领域数据的采集、存储、计算与应用等一系列问题，是大数据理论和技术在农业上的应用和实践[4]。与此同时，进入新世纪，信息技术和方法的更新加速，信息技术及信息资源被广泛应用到农业、工业、科学技术、国防及社会生活各个方面，加速实现国家现代化进程”[5]。

一是信息化及“大数据”为园艺学科的交叉融合发展提供技术支撑。大数据促使数据的性质及其获取和分析方式发生了新的转向，有别于传统的训练方法及分析工具应运而生，有利于拓展园艺研究者对园艺产业、销售及人类相关行为等社会现象的分析。“园艺 + 大数据 + 人工智能”的有机整合将推动“智慧园艺”发展，“智慧园艺”立足于多元化的信息与网络技术，包括感知、传输和智能处理等技术，实现以自动化生产、最优化控制、数字化与网络化服务、智能化决策管理为主要特征的“智慧”生产方式[6]，这不仅使园艺生产过程中的数据采集、分析和深度挖掘得到发展，同时能够实现种植过程管理数据化、可视化，满足人们多元化需求，实现高效、优质、节能、环保以及可持续的发展模式。

二是信息化、大数据扩展了园艺科学应用前景。大数据被广泛地应用于农业教育及农业生产领域，对未来趋势的预测更加精准，其逻辑基础在于从大量征兆的累积中判断社会现象发生质变的临界点[7]。大数据做出的预测较之传统小数据要更为精确，

---

[1] TOFFER A. The Third Wave.New York：Bantam Books，1981.

[2] 赵博 . 基于大数据的战略预见研究 . 北京：中共中央党校，2016.

[3] 彭宇，庞景月，刘大同，等 . 大数据：内涵、技术体系与展望 . 电子测量与仪器学报，2015，29(4)：469–482.

[4] 孙忠富，杜克明，郑飞翔，等 . 大数据在智慧农业中研究与应用展望 . 中国农业科技导报，2013，15(6)：63–71.

[5] 王彬泓 . 信息化对党的执政能力建设影响及对策研究 . 长沙：湖南师范大学，2013.

[6] 同 [4].

[7] 陈云松，吴青熹，黄超 . 大数据何以重构社会科学 . 新疆师范大学学报（哲学社会科学版），2015，36（3）：54–61.

可以为园艺产业发展以及市场分析等提供有力的工具；且大数据的双向性和交互性，对于提高园艺科学研究的效率、促成科研成果转化提供动力[1]。大数据在农业中的应用广泛，至少包括：①生产过程管理数据，例如精准农业。②农业资源管理数据，例如农业生物资源、生产资料，推动农业高产优质、节能高效的可持续发展。③农业生态环境管理数据。④农产品与食品安全管理大数据，包含产业链数据及市场流通数据等。⑤农业装备与设施监控大数据等。信息化、大数据背景下，数据的采集、分析、发布等方面获得了先进的技术和方法支持，有利于满足农业大数据研究的专业化和个性化需求。与此同时，信息化及大数据将促进农业数据资源的整合与优化。通过建设农业大数据平台，针对园艺学科和产业发展的优势领域，研发智能化的决策支持系统，可提供大数据分析成果，提升为园艺科研及教学、政府部门、涉农企业、社会公众等提供公共服务的能力[2]。

三是为课堂教学改革带来新机遇，有利于推进信息技术在园艺高等教育、教学管理及科学研究中的深入应用。[3]信息技术等有利于高校改革课堂教学组织形式及构成要素，并探讨切实的制度保障[4]，分析信息化教学发挥最大效益的策略等。促进信息技术与教育的“深度融合”有利于探索新的信息化教学模式，从而触及教育系统的结构性变革，提升信息技术与教育相互融合的实效[5]。此外，“互联网+”背景下发展起来的慕课促进了教育流程的再造，扩展了传统课堂的边界，在深度和广度上实现突破。同时，基于学生的自主特征，借助翻转课堂的模式改变了传统上以灌输为主要特征的教学方式。

二、我国园艺高等教育发展的挑战

新时代，我国现代农业发展迅速、城市建设步伐加快，乡村振兴及精准扶贫等重大战略持续推进，园艺新业态层出不穷，这些都对园艺高等教育及人才培养提出了新的挑战。

（一）学科布局和原创能力有待加强

园艺产业快速发展，对学科建设提出了更高的要求。然而，目前我国园艺高等教育缺乏近、中、远期发展统筹规划，相关部门对园艺产业发展政策制定及支撑力度不

[1] 石贵舟，余霞. 高等教育大数据的作用及其构建. 教育探索，2016（9）：65-69.

[2] 孙忠富，杜克明，郑飞翔，等. 大数据在智慧农业中研究与应用展望. 中国农业科技导报，2013，15（6）：63-71.

[3] 余胜泉. 推进技术与教育的双向融合：《教育信息化十年发展规划（2011—2020年）》解读. 中国电化教育，2012（5）：5-14.

[4] 刘斌. 信息化教学有效性的理论思考：对信息化教学本质的再认识. 现代教育技术，2013（3）：26-30.

[5] 何克抗. 如何实现信息技术与教育的“深度融合”. 课程·教材·教法，2014（2）：58-62.

足；园艺学学科优势集聚效应欠缺，学科队伍规模和高层次人才数量仍显不足；园艺科学研究上也缺乏科学有效的宏观布局和引导，园艺二级学科间研究水平发展不平衡。与此同时，园艺科学基础研究相对薄弱，且与基础学科、新兴学科交叉融合不够；利用植物、作物相关学科基础，充分利用生物学、信息学、工程学、化学等学科的理论和技术研究不足；结合园艺作物特点及产业需求，重视产前、产中和产后科学问题有机衔接的系统性研究缺乏。总体上看，园艺科学研究在聚焦国际学术前沿，注重原始创新和不同领域的协作，形成有影响力学术成果，引领学科和产业发展等方面发展不充分；在前沿新材料、新技术应用上滞后，领跑于世界的研究成果亟须加强。

（二）人才培养模式有待改革创新

园艺产业在政府引导、企业带动等多项措施共同作用下，正在向规模化、产业化方向发展，形成各环节有机结合、利益共享的产业结构，最终实现园艺产品种植、加工、销售等一体化经营等特征。园艺产业转型升级以及新业态的出现对园艺人才培养目标、培养规格等提出新的要求。推进园艺人才培养综合改革将成为高等园艺教育必须面对的问题，也是园艺学科未来发展无法回避的挑战：一是人才知识储备的综合性。未来园艺学科发展将体现学科交叉、技术集成、全球协作、高效益、现代化、产业化和可持续化的发展趋势，园艺产业的发展既需要强大的科技支撑，也需要具备经济、法律、语言、外贸、金融等领域的高级人才。二是教学内容的前沿性。园艺产业发展要求人才的知识储备持续拓展、转型，并向新兴领域延伸，融汇多门学科。因此，园艺教学在传统教学内容基础上，应注重学科间的交叉与衍生，并向前沿领域突破。三是专业发展宽口径。推动多学科门类交叉融合，凝练与园艺产业前沿领域接轨的专业方向，拓宽园艺学科专业口径，促进园艺专业与农理、农管、农经、农工间的结合，加快催生一批新兴学科专业和跨学科专业，在此基础上持续探索复合型园艺人才培养体系。四是围绕产业链发展需求，改革人才培养过程。园艺高等教育和教学管理应寻求新的突破，尝试打破学科、学校、区域甚至是国家之间的壁垒，将产业链规律贯穿于人才培养全过程，培养适应现代园艺产业发展需求的高级专门人才。五是提升学科发展的国际化水平，适应全球化竞争。

（三）园艺人才知识结构和综合素质有待提升

我国园艺产业发展迅速，急需大量具备现代农业知识和技能，具有创新创业能力的高级专门人才。换言之，园艺人才既要具有扎实的专业知识和技能，又要具备人文素养、创新精神和创新创业能力，才能适应园艺产业结构多元化及市场经济条件下人才市场竞争激烈的现实状况。

1. 现代园艺发展对人才规格提出新要求

现代园艺的概念已远远超出了人们传统所认为的“种花种果种菜”的范畴，它涵盖了规划设计、栽培育种、技术推广、贮藏加工、包装运输、市场营销、经济管理、产品研发等全方位、多学科的内容。现代园艺要求精细化、高质量、一体化的生产模式；要适地适栽，要有长期规划，以先进科学的栽培管理技术，生产安全无公害、营养保健的产品；通过贮藏保鲜或加工技术，提高产品商品性的附加值；根据消费者需求不断研发更新，在国际贸易市场占据重要地位。这就为现代园艺人才培养规模和培养质量提出了更高的要求，既要全面掌握现代园艺专业知识，有较强实践技能，又要具备综合管理、学习和运用能力。另一方面，设施园艺方兴未艾，都市园艺、观光园艺成为园艺业的重点。用现代科学技术改造和提升传统园艺，促使传统园艺向现代园艺转变，是快速实现园艺现代化的必由之路。因此，培养具有现代园艺理念，懂得现代园艺生产营销的实用型人才势在必行。

2. 园艺产业发展对人才类型提出新要求

总体来看，大致可分为以下三种人才。一是经济功能类人才，这类人才包括：①懂科技、会经营、善管理的涉农企业家与经营管理人才。②厚基础、复合型的涉农科研专业人才及都市型农产品（农、林、牧、渔）创新人才。③既懂园艺技术，又懂农畜产品加工专业的涉农产品深加工的农业技能型人才。④既懂园艺技术，又有实践经验，能够深入农业生产的产前、产中、产后开展农业科技成果推广应用、农产品营销的园艺推广人才。二是生态功能类人才。建设都市农业、加强城乡统筹、构建和谐社会对内强化生态功能，因此对生态环境功能有更高要求，这类人才的需求将有较大、较快的增加，具体包括：①林业、园林花卉业人才。②绿色食品标准化检验检测人才。③农业生态和环境保护人才。④园艺生物技术人才。三是服务功能类人才。以服务带动农业产业发展，需要大量具有服务功能的人才。这类人才包括：①涉农物流人才（如涉农外贸）。②涉农会展人才。③涉农市场中介与媒体人才（如广告）。④涉农信息技术人才（如涉农咨询服务、数据化技术）。⑤园艺产品标准化检验检测、监督、认证等人才。

3. 园艺产业发展对园艺人才的知识、能力、素质提出新要求

园艺产业发展一方面要求园艺人才知识结构复合化。目前，我国园艺专业学生知识结构不合理，专业知识多，而市场开发和市场分析知识少；对消费需求和消费心理关注少，所学知识大多落后于现代园艺产业发展，实践机会少，解决实际问题的能力欠缺。这就要求本学科毕业生掌握政治、哲学、法律、道德、文学、心理学、外语、经营管理等社会科学基本知识；掌握高等数学、计算机应用基础、化学、园艺植物、土壤肥料使用、计算机制作保护地设计图、施工图及效果图等基础理论知识；掌握常见果蔬和花卉的栽培技术及其病虫害综合防治技术，能进行工程预算、施工管理和设施性能观测对比分析等专业知识。国际化问题对英语的要求也越来越高，21 世纪学生要求具备英语听说读写等能力。

另一方面，园艺产业发展需要园艺人才具有较强的岗位胜任力。园艺专业的毕业生应具备就业岗位要求的思想素质、身心素质、专业素质和从事相应岗位工作需要的基础能力、业务能力和综合能力，要求培养出具有宽厚的理论知识，扎实的专业技术，懂生产，会管理，并具有创新和科研能力的现代园艺人才。一是兼具通用能力和专业能力。通用能力包括文字和口头表达能力，实践能力和创业能力，信息的获取、分析与处理能力，计算机、外语等的基本应用能力，终身学习能力和适应职业变化的能力，创业开发能力等。专业能力包括植物、土壤识别能力，种质资源搜集整理能力，组织培养的操作及应用能力，园艺植物生产经营管理能力，植物保护技术的应用能力，食品贮藏保鲜与加工能力，市场营销能力，科研能力等。二是园艺人才要具备符合学科专业特色的文化艺术修养和审美能力；有不断完善自我的精神；具有认真、刻苦、勤奋、善良、严谨、敬业的科学态度以及吃苦耐劳、积极进取的创业精神；自重，有自信心；自律，能正确评价自己，有自制力；正直，诚实，遵守社会公德和职业道德；具有健康的体魄和良好的卫生习惯；具有勇于克服困难的意识和品质；具有较强的心理素质和心理调适能力。

（四）园艺人才美育及人文素质教育较薄弱

园艺具有突出的艺术价值，能够反映人们的思想，融入了创作主体乃至欣赏主体的思想情感。世界一流涉农高校普遍面向园艺专业学生开设了与审美、艺术相关的课程，此类课程普遍具有“以审美活动为中介，积极塑造人格的特定教育活动”的特征，富含提升受教者审美能力，改变人的性情、心灵、人格等心理素质的教育教学内容。因此，美育及人文素质教育理应成为园艺人才培养的重要组成部分。然而，我国园艺人才培养过程中未能充分体现园艺与文化及审美的天然联系，相关人文社会科学知识的融入和教学较为欠缺；相关课程体系当中，对于美育及人文素质教育的关注不够，学科建设过程中关注园艺科学的多，关注人文美育较为薄弱，美育课程十分欠缺。新形势下，园艺人才培养应该切实贯彻落实全国教育大会精神，夯实园艺教育的美育基础，实现德、智、体、美、劳五育并举。遵循美育特点，弘扬中华美育精神，深度挖掘园艺中的文化价值及美育要素，深化园艺高等教育的美育教学改革，以美育人、以美化人，推进文化传承创新，增强服务社会的能力水平，培养德智体美劳全面发展的园艺高层次人才。

三、我国园艺高等教育发展的路径与策略

2019 年 9 月，习近平总书记给全国涉农高校的书记校长和专家代表回信，对办学方向提出要求，对广大师生予以勉励和期望。新时代，农村是充满希望的田野，是干事创业的广阔舞台，我国高等农林教育大有可为。新时代，我国园艺高等教育要紧紧围绕“培养什么人、怎样培养人、为谁培养人”这一根本问题，以习近平新时代中国特色社会主义思想为指导，全面落实全国教育大会精神，坚持以立德树人为根本，以强农兴农为己任，德智体美劳五育并举，开新路、育新才、树新标，为中华民族伟大

复兴培育园艺高层次人才。

（一）明确园艺高等教育的发展理念

推进我国园艺学科高效、科学和可持续发展，就要坚持使命驱动，服务国家战略需求；坚持创新驱动，提升园艺学科整体发展水平；坚持改革驱动，建立科学的人才评价体系；坚持开放驱动，提升国际化水平。

1. 坚持思想引领，确立园艺人才培养规格

人才培养规格是学校对人才质量标准的规定，反映了受教育者应该达到的素质及能力要求，是学校制订教学计划和课程教学大纲，组织教学、检查和评估教育质量的依据，它解决了大学人才培养的方向问题。园艺高等教育的人才培养规格既包含国家对园艺人才发展的统一性要求，也包含培养单位为社会及园艺产业要求而设计的园艺人才培养质量标准。因此，园艺人才培养规格受到社会需求多元化、园艺产业特殊性以及不同层次类型高校办学条件差异性等因素的共同作用，表现出统一性和多样性特征。一是思想上，园艺人才应热爱社会主义祖国，拥护中国共产党的领导和社会主义制度，坚持四项基本原则，初步掌握马克思主义、毛泽东思想、邓小平理论、三个代表重要思想、科学发展观、习近平新时代中国特色社会主义思想等，具有科学的世界观、方法论和正确的人生观。具有敬业爱岗、艰苦奋斗、热爱劳动、遵纪守法、团结合作的品质；具有遵纪守法的观念、良好的心理素质、道德思想品质、社会公德和职业道德。具有开拓创新、团结合作、艰苦奋斗的精神和联系群众、严谨务实的作风；具有为人民服务的高度责任感和为实现农业现代化献身的精神。二是业务上，园艺人才应能够较好地掌握园艺专业必需的系统、扎实的基础理论、基本知识和基本技能，具备一定的从事园艺专业业务工作的能力和适应相关专业业务的能力与素质；具有独立获取知识和分析、解决问题的能力；具有较好的计算机应用能力；具有一定的技术经济、管理及相关学科知识，人文、社科知识，有关的政策、法律、法规的基本知识；掌握一门外国语，能较顺利地阅读本专业的外文书刊；具有独立获得知识、提出问题、分析问题和解决问题的基本能力及开拓创新的精神，具有一定的体育和军事基本知识，掌握科学锻炼身体的基本技能，养成良好的体育锻炼和卫生习惯，达到国家规定的大学生体育和军事训练合格标准，具有健全的心理和健康的体魄。三是情感上，园艺人才应具有牢固的专业思想和“知农、学农、爱农”情结。牢固的专业思想教育有利于促使学生牢固树立学农爱农的思想，增加专业学习的内在动力。通过专业入学教育、专业远景规划、成功典范引领等多种途径，引导学生热爱专业、激发学生专业学习兴趣可提升“专业自信”和“专业素养”，促使其正确看待园艺产业的发展，并致力和投身于园艺相关工作。

2. 坚持目标导向，建立科学的园艺人才培养目标体系

我国园艺学科围绕国家需求和世界园艺科学前沿，面向我国园艺产业主战场，全面贯彻党的教育方针，坚持立德树人，提升学生思想道德素质与专业水平，强化科技

创新和社会服务能力提升，培养具有国际视野和中国情怀，德、智、体、美、劳全面发展的中国特色社会主义事业建设者和接班人。培养目标定位在系统深入地掌握园艺学基础理论、专门知识和实践技能，熟悉所从事研究方向的国内外科技发展动态，了解现代园艺及园艺体验等依托园艺学科拓展新领域、新方向和学科发展动态。依据园艺教育教学特点以及本科、研究生等不同阶段的人才成长规律分层次建构培养目标。

（1）园艺本科人才培养目标

园艺高等教育在本科教育层次应着力培养学生创新精神和创新能力；高度重视实践环节，提高学生实践能力；进一步推进和实施大学英语教学改革，提高大学生的专业英语水平和能力；大力推进文化素质教育，除了掌握园艺学的基本理论知识、实践技能，能从事园艺科学相关的生产经营、销售管理、推广开发、教学科研等工作外，还需掌握信息科技、管理科学、规划设计等知识，熟悉产品包装加工等知识，具有新时代的审美情趣等人文素养；全球化背景下，园艺专业大学生应具有国际视野、国际交流合作能力。

强化培养方案与园艺专业人才的适应性，通过调整与修订，使园艺专业人才培养方案能较好地反映培养目标对知识、能力、素质的要求，有利于人文素质、科学素质的提高及创新精神和实践能力的培养，利于促进学生的德、智、体、美、劳全面发展。按照“拓宽基础，按类培养、前期趋同、后期分化”的原则，培养方案改革可以在160总学分控制下，压缩基础课、专业课学时数，增加专业选修课、实践教学环节和自主创新学时数，着力培养学生的创新精神和实践动手能力。例如，可以新开设“观光园艺”“草坪学”“盆栽园艺”“花卉营销学”“植物生物技术概论”等选修课。整合重组部分课程，例如可将“昆虫学”与“病理学”组合成“病虫防治学”，将“土壤学”与“肥料学”组合成“土壤肥料学”，将“线性代数”与“概率论”整合成“线性代数与概率论”。此外，专业教师还可以开设园艺知识与人文社会科学及自然科学紧密结合的公共选修课程群，优化学生知识结构，拓宽视野，促进学生知识、能力、素质协调发展。

（2）园艺研究生人才培养目标

园艺专业研究生培养目标要坚持以创新能力培养为重点，拓宽知识基础，培育人文素养。科学合理的园艺学科研究生培养目标包含了知识目标、研究目标和“人”的目标。知识目标是指获取全面而专业的知识，即研究生所习得的知识不仅要具有基础性，还要有实用性和前瞻性，且将基础知识和前沿知识、研究和实践有机结合；研究目标是指研究生除学习专业知识外，还要结合兴趣探寻研究方向并力求创新，进而成为专业化、创新性人才，产出高水平研究成果；“人”的目标是指教师除了传授专业知识和培养创新精神外，还要教会学生“做人”。

硕士研究生旨在培养政治方向坚定、身心健康、人格完善，园艺学科理论基础和专业知识扎实，具有较强的问题分析能力和社会实践能力，能够继续攻读博士学位或独立从事教学、科研等工作的园艺人才。硕士研究生的培养以科学研究为主导，突出科研创新能力培养，课程设置体现前沿性、综合性和基础性，促进研究生夯实理论基础和提升学术素养。课程学习总计 24 个学分左右，学位论文具有一定创新性研究成果。

博士研究生旨在培养具有良好政治素质、职业道德和创新进取精神，个人品德优良、遵纪守法，科学作风严谨踏实，具备扎实基础理论和系统深入专门知识与专业技能，掌握本专业研究领域国内外研究现状与前沿动态，善于进行跨学科合作，在学术上拥有创新见解或创造性成果，具备独立从事教学、科研等高层次工作且德、智、体全面发展的高级人才。博士研究生的培养以创新能力培养为核心，以产出高水平创新成果为目标，课程设置突出研究性、前沿性，课程学习总计 10～12 学分，要求理论科研成果须在国内外重要学术期刊公开发表，应用型科研成果必须实现转化，代表性科研成果必须与毕业论文紧密相关。

涉农高校在明确培养目标基础上，应制订有针对性的教育培养方案，实现人才培养多样性和特色性。科学统筹安排本、硕、博各个学位阶段，促进课程学习和科学研究的有机结合，强化创新能力培养，探索形成各具特色的培养模式，实施卓越而有灵魂的研究生教育。园艺人才培养单位要突破物理界限，整合校内外资源，以学生为中心，以目标为导向，用政策制度“开路”，质量保障体系“护驾”，监督和评价机制“坐镇”，结合区域地方经济需求，不拘一格地开展人才培养模式改革，结合学科发展规律和产业发展需求，培养高质量园艺人才。此外，培养单位应依据自身办学层次、传统及特点设定差异化培养目标。例如，重点农业大学要注重基础知识、研究创新能力和国际合作交流，培养具有坚实的现代园艺生产与科学的基础理论和系统深入的专门知识，掌握先进的科学研究理论和方法，具备较强创新思维和拓展学科新领域的学术潜力的人才；省属农业院校应关注园艺人才的应用能力及对于市场需求的适应性，强调学生理论与实践相结合，善于发现问题、分析问题和解决问题的能力，促进其成长为具有较宽广的适应性和一定专业特长的复合型人才。

3. 坚持使命驱动，服务国家重大战略需求

园艺学科发展要立足解决产业发展的现实需求，满足人们对美好生活的向往，坚持使命驱动，服务国家战略需求。首先，园艺学科发展应立足乡村振兴、精准扶贫、“一带一路”倡议等重大国家战略需求，深度融入区域经济社会发展，探索大学创新链与区域产业链紧密对接机制，构建高层次人才培养、科学研究、成果转化与产业升级贯通机制，加快科技成果转化为现实生产力。其次，园艺学科发展应围绕“生存、健康、环境”等重大问题有所作为。园艺学科建设与人才培养应围绕园艺产业健康可持续发展服务，聚焦保障国家粮食安全、生态安全、食品安全和服务区域发展等重大使命，重点关注园艺与生活质量、营养与人类健康、资源与环境保护三大使命，努力解决全人类的“生存、健康、环境”等重要问题。再次，园艺学科发展要对接国家产业发展重大战略及园艺作物特有的重大基础性科学问题，对标世界水平，坚持一流标准、中国特色，明确科研问题导向，锚定学科前沿，提升产业竞争力，支撑一流学科建设，为园艺产业健康快速发展提供支撑。最后，园艺学科发展应重视园艺产品资源保护与新品种培育等具有核心知识产权的研究；推动园艺产业与食品科学、医学、生态学等学科交叉融合，培育新兴交叉学科；强化园艺作物现代化栽培管理与设施研究；加强园艺产品采后生物学基础研究，解决园艺产业最后一公里的保质增值。

4. 坚持创新驱动，提升园艺学科发展水平

创建世界一流大学，核心是一流学科。新形势下，提升我国园艺学科整体发展水平，要在人才培养综合改革、提高科研创新能力及经济社会服务水平等方面下工夫。

（1）优化园艺学科整体布局

优化园艺学科整体布局，应统筹制订新时代全国园艺产业发展战略规划、园艺学科建设发展战略规划，具体包括各类型各层次人才培养规划、平台规划、科学研究发展方向规划等，建立产学研联动机制，打通基础研究、集成创新和推广应用联动瓶颈，实现全国园艺学科整体发展、均衡发展和特色发展。建立创新人才成长体系、卓越学术创新体系、优质支撑保障体系，通过园艺学科整体规划和整体布局，破除制约发展方式转变的体制机制障碍。另一方面，园艺学科宏观布局和规划要对接学科新兴增长点。例如，布局设置园艺体验方向，更好地服务人类大健康；建立“园艺 + 大数据 + 人工智能”的智慧园艺专业，推动以信息传感设备、互联网和智能信息处理为核心的智慧模式，催生智能生产帮手等人工智能技术；促进园艺与生物医学、中医药学、食品科学、心理学等学科的交叉，发展园艺健康领域相关专业。

（2）深化园艺人才培养综合改革

园艺学科人才培养必须坚持正确的政治方向，深化园艺人才培养综合改革，推动园艺高等教育体制机制创新，积极探索园艺学科建设新机制，增强学科创新能力。深度推进人才培养综合改革，应具体做好如下几方面的工作：

一是明确园艺人才的知识、能力、素质要求。园艺专业应培养具备园艺作物栽培、育种、加工、销售等知识技能的高级专门人才；强调适应社会各行业需要的宽口径、厚基础、强能力、高素质的应用型、复合型、研究型人才；人才培养规格中，除强调扎实的基本知识及生物学、园艺学基本理论外，还应强调培养学生自主学习、实践创新等能力。

二是提高生源质量。培养单位不仅要创新管理措施吸引优质生源，同时要提升园艺专业社会声誉及社会接纳程度，通过解决地方园艺发展面临的重大实际问题，“以服务求支持，以贡献谋发展”，吸引学生对园艺专业认同与热爱，储备园艺专业潜在人才队伍。

三是加大课程建设力度。突出园艺课程的“前沿性”“交叉性”“方法性”“实践性”和“针对性”。围绕园艺产业链，利用信息技术、装备技术来开发面向未来的园艺生产技术类课程。园艺硕士和博士研究生课程更加注重内容的前瞻性、结构系统性、体系完整性，基础理论与实践技能的协同性。

四是融入美育教育。将美育融入园艺人才培养全过程，深度挖掘园艺文化内涵，在专业课程教学中力求实现行业技术与人文艺术相融合，园艺专业知识与艺术、美学相结合，体现园艺满足人们对美好生活的现实需求。

五是强化实践实习教学环节。培养单位应适当调整教学计划，加大实践教学课时数，加强学生实践操作动手能力的培养。探索“实验－实践－课内外科技活动、社会实践－生产劳动－生产实习－技能测试”的实践教学体系。尝试推行“毕业论文－生产实习”和“毕业论文－教师科研项目”捆绑的实践教学模式等。与此同时，建好校内实践教学基地，并联合企业建立校外实践基地，尽可能利用现代农业产业技术体系资源等，为实践教学提供保障。

六是积极开展就业引导工作。一方面，坚持引导学生养成“知农、学农、爱农”情感，鼓励大多数园艺毕业生从事相关工作，运用所学专业知识贡献园艺产业发展与现实需求，促进专业知识的资本化及教育资源利用效益的最大化。另一方面，加强园艺专业毕业生就业分类引导。涉农高校应根据自身层次、类型、专业特色的不同，分类合理化引导园艺专业毕业生就业。此外，引导学生结合区域园艺产业发展实际，进行科学的职业定向。

（3）持续提升园艺科学研究水平

要想持续提升园艺科学研究水平，需要做到以下几点。一要突出优势和特色，面向现代农业发展、生态文明与环境保护、食品安全与营养健康、“一带一路”倡议中的重大科学与关键技术问题，进一步凝练创新主攻方向和重点领域。二要针对园艺领域的共性、重大问题广泛研讨，达成高度共识、共同努力、协同攻关，实现学科资源的整合，提升园艺学科的社会影响力；积极拓展国内外园艺教育资源，引进或利用国内外师资，综合运用现代农业生物技术、信息技术和管理科学知识来提升园艺科学研究的创新能力。三要建立国家级资源共享平台，如重要园艺植物种类核心种质资源库构建与共享、研究材料和人员等资源的共享与交流等。加强以国内学科为主导的国际联合实验室或研究中心建设，为高水平科学研究提供保障。

5. 坚持改革驱动，建立科学的人才评价体系

国内现行考核指标体系偏重高水平 SCI 论文等指标，忽视研究成果与园艺产业及企业的联系，研究与应用脱节，不利于园艺学科发展。另一个突出问题是，年轻教师擅长在国际期刊发表研究论文，但是教学投入不足，实践实习指导能力欠缺。这一困局与现行的科技人才评价导向有关，学术“五唯”所造成的在人才评价上的极端化僵硬化造成了科研机构、高校用人引人方面的片面化，产生了类似“抢帽子大战”的问题。园艺学科在建设世界一流学科的进程中，应加大人才评价改革力度破除“五唯”。一是在评价导向上，并非单纯降低论文、项目和奖项等在学术评价体系中的权重，而是从数量转向更加关注质量，强调建立以科技创新质量、贡献、绩效为导向的评价体系，正确评价科技创新成果的科学、技术、经济、社会和文化价值。二是在评价标准上，按照国家急需、世界影响的导向，沿着“推动园艺学科向前沿性突破性发展”和“引导园艺学科服务国家重大需求和地区经济社会发展”两条主线同步推进，突出创新质量、成效和实际贡献。加强园艺学科建设对国家和地方经济社会发展的带动和支撑作用。重点展现学科建设在引领学术发展、推动科技成果转化、推进科学技术普及、弘扬优秀文化等方面作用，形成向服务需求集中、鼓励服务需求的资源统筹激励机制。学科发展要树立服务经济社会发展、解决中国实际问题，为国家经济社会发展服务的标准及意识。三是在评价维度上，增加教师教学能力、教学投入以及对学生成长贡献的考核。评价教师时不仅通过教师的科研贡献评价其拥有“扎实学识”的程度，更要引导支持其投入教学、管理课堂和关爱学生，通过科学的教学评价来判断教师对学生的“仁爱之心”及其对园艺教育教学事业的理想信念。

（二）推进园艺专业课程教学及管理改革

1. 明确园艺课程建设的基本思路

良好的课程教学内容及其组织方式对学生专业技能的提升有显著的正向作用。涉农高校要科学认识课程及教学学习在园艺人才培养中的重要地位和功能，转变重科研、轻教学的倾向，把课程建设作为学科建设工作的重要组成部分，将课程质量作为评价学科发展水平和人才培养质量的重要标准。高校等相关单位应根据学科发展、人才需求变化和课程教学效果，及时调整园艺学科研究生课程建设，体现“五个突出”。

（1）突出“针对性”

课程内容及体系设计要突出园艺相关专业所需的基本知识和基本技能，以专业核心知识与技能为导向，专注学生专业关键性能力培养，帮助学生过好基础关[1]。同时，应针对园艺学科实践性较强的特点，坚持将产业发展需求融入人才培养过程，围绕园艺产业发展及区域经济社会发展，使得课程内容反映农业产业发展及区域经济社会发展实际，及时调整更新教学内容，从而提升课程内容与农业产业技术需求的适配性。

（2）突出“交叉性”

交叉性是现代学科发展及进步的重要趋势和特征，“大概除了纯数学是个例外，所有其他科学都存在学术上杂交的特点，科学的杂合性程度主要依赖于不同学科在探讨议题上的聚焦程度”[2]。交叉性设计课程在园艺本科教育阶段尤为重要，有助于提升学生掌握相关知识的广度，为激发创新性思维奠定基础。要推动园艺一级学科之间师资、教学和实验室等资源共享，避免相近学科重复设课。鼓励教师进行跨学科研究，及时将各学科新技术、新理论纳入课程当中，开设出具有较高知识性和适用性的综合性课程，力争课程内容涉及园艺生产、供应、销售、观赏、体验等多个方面，依托跨学科融合优化课程内容及体系设计。此外，课程内容应包含边缘学科、交叉学科等学科领域的最新研究动态，如园艺食疗、园艺疗法等，进一步促使园艺研究生拓展学术视野。

[1] 胡瑞，李忠云．我国园艺专业本科人才培养的现实困境与路径选择：基于对我国 42 所高校园艺本科专业的调查．中国农业教育，2016（4）：22–29.

[2] 李晶．学科范式转型与高等教育学学科建设．高教探索，2013（5）：52–56.

（3）突出“前沿性”

园艺研究生教育阶段对前沿性知识的需求更为强劲，相关课程内容应涉及园艺学科最新动态、当前热点和最新研究领域，注重引导研究生了解园艺学科新发展、新动向，开阔视野，创新思维，激发学习兴趣，促进其从学科前沿探索具有研究价值的新课题，体现相关学科的新发展、新动向，传授学科领域的新知识。

（4）突出“方法性”

促进学生掌握研究方法和养成良好的学术素养是研究生教育的核心任务之一。因此，园艺课程应重视通过对经典理论解读、关键问题突破和前沿研究进展的案例式教学等方式，着力培养研究生知识获取能力、学术鉴别能力、独立研究能力和解决实际问题能力。同时，加强学生对“哲学”“自然辩证法”等相关课程的修读，掌握必要的方法论知识体系。

（5）突出“实践性”

园艺学科是实践性和应用性很强的学科，“只有沾满泥土的双脚，才能充分汲取大地的力量”，应增加实践类课程，引进优质社会资源，由校内外专家和企事业单位专家以专题讲座等形式合作开设实践性课程。同时，以重大科技项目为纽带，以大型科技创新平台为支撑，着力培养园艺学科研究生实践动手和创新能力。与此同时，园艺课程体系建设要促进有效整合与衔接，把培养目标和学位要求作为课程体系设计根本依据，按照“一流教师队伍、一流教学内容、一流教学方法、一流教材、一流教学管理”的课程建设标准，努力提升课程体系与研究生培养目标的契合程度[1]。

2. 改革园艺课程体系及教学方法

教育创新的着眼点在于培养学生的创新精神和创新能力，而教育创新的直接落脚点就在于课程教学的改革和创新。课程改革是人才培养模式改革的根本，涉农高校应探索园艺课程模块化或“平台＋模块”的结构样态，在课程体系建设上，形成“厚基础、宽专业、重实践、强个性”的课程体系。

（1）积极调整课程结构

按照园艺人才培养目标，调整课程结构，整合重组原有的课程体系，更新教学内容，注重知识结构的系统性和知识点布局全面性。可以将课程分为基础能力培养模块、综合能力培养模块、创新能力培养模块和生产实践能力培养四个模块。增加实践教学的比重，突出实践教学课程重要地位，建议将实践类课程分为通用基础实验、专业应用实验、综合提高实验和创新创业实践四个层次。对所培养学生的专业核心知识、能力和素质发展进行创新，在坚持知识传授、能力培养、素质养成、技能训练相结合的基础上，突出创新能力的培养。在教学方式上，要推动基于问题的项目式学习（PBL）、基于案例的讨论式学习和基于项目的参与式学习的多种研究型学习方法，重

［1］胡瑞，朱黎，范金凤 . 园艺学科研究生课程建设研究：基于对我国 29 所高校的实证分析 . 研究生教育研究，2018（4）：35–40.

视师生互动、问题讨论、课后自主学习、合作学习及批判性思维和创新精神的培养。鼓励学校和企业、地方共同开发校企（地）合作课程，邀请校外人员参与到课程授课中来。

（2）拓展课程教学内容，打造“链条式”课程设计

依据国外知名高校比较研究的结论，园艺学科应遵循“从田间到餐桌”的知识脉络，建构课程体系。课程内容尊重园艺学科实践性较强的特点，涉及栽培管理、育种、营养、病虫草治理与采后处理、营运、仓储和销售等，使学生构建完整知识结构，注重加强基本技能和实践操作技术培养。此外，国外知名大学在专业课方面，开设了大量涉及园艺栽培、作物综合管理、植物矿质营养、园艺修剪、实验技能训练等方面的课程，凸显了学科实践性特点，提高研究生的生产操作能力，为其走上专业工作岗位打下坚实的基础。

另一方面，“链条式”园艺课程体系应向艺术领域延伸。国外知名大学相关课程内容注重园艺与艺术融合，并与景观规划、花园及人类休闲健康紧密相连，内涵与外延得到拓展。例如，康奈尔大学园艺学科就注重探索开发植物和艺术之间的独特关系，为了培养研究生敏锐的观察能力，理解生活的设计原则及其表示形式，挖掘植物新型使用方式或艺术价值，特地开设了涉及植物雕塑修剪成形、植物时尚、作物艺术等内容的课程。瑞典农业大学则主要通过与景观规划相关的课程，将园艺学科教育向审美和艺术方向延伸。

（3）深入推进园艺学科研究生课程教学模式改革

园艺学科研究生课程教学要从注重知识获取转变为注重实践创新能力的培养，因此在授课方式上也要摒弃传统的单一灌输方式，采取能够培养学生批判性、创造性分析解决问题能力的教学模式。首先，在课程建设上，要注重跟踪与吸纳国际前沿研究成果，统筹跨院（系）课程资源，运用现代教学手段，积极推进课程和课程组建设，打造一批“金专金课”。增加开设短而精的课程和模块化课程，提供丰富、优质的课程资源。建设全英文课程，采用国际优秀原版教材进行全英文授课，促进培养研究生用英语进行学术交流的能力。其次，充分利用互联网平台，力求将在线开放课程纳入课程体系，大力推进 MOOC 建设，打造在线国际学术社区和学术资源的国际化，使园艺学科教师和研究生与海外高校教授和研究生进行互动和沟通。最后，积极创新考核方式，严格课程考核。根据园艺学科课程内容、教学要求、教学方式的特点来确定考核方式，注重考核形式的多样化、有效性和可操作性，加强对研究生基础知识、创新性思维和发现问题、解决问题能力的考查。重视教学过程考核，加强考核过程与教学过程的紧密结合，通过考核促进研究生的学习积极性和教师课程教学的改进与提高[1]。

[1] 胡瑞，朱黎，范金凤. 园艺学科研究生课程建设研究：基于对我国 29 所高校的实证分析. 研究生教育研究，2018（4）：35–40.

3. 推进跨学科教育教学过程，培养复合型人才

跨学科课程学习和跨学科研究可以开阔研究生视野，有助于学生形成从多学科领域发现、思考和研究问题的能力以及综合解决问题能力。为此，各国高等教育中跨学科课程学习和跨学科研究得到持续发展。从 20 世纪 50 年代起，许多美国院校纷纷设立了跨学科奖学金。20 世纪 60 年代以来，美国院校对传统课程内容、学科结构等进行改革，组成许多新的跨学科研究组织。例如，康奈尔大学、加州大学戴维斯分校等开设更多跨学科课程。荷兰瓦赫宁根大学还建立了园艺科教发展研究中心，园艺学设立在植物学之下，植物学被学校定位为引领世界农业经济发展的专业领域，涉及农作物生产、植物育种、植物可持续生产系统开发等，相关成果能用于高质量食品检测、食品生产、药品和原材料等方面。瓦赫宁根大学组织跨系教师和专家共同指导研究生，同一课题可由多学科专家和教授集体指导，有利于发挥各自长处，从不同角度开展研究工作。综合性课题可以扩大学生的研究视野，使其得到实际科研工作锻炼。日本千叶大学园艺课程设置也具有明显跨学科特色，其园艺学部由生物生产学科、绿地环境学科、园艺经济学科三大学科所组成，课程设计上融合了生物、环境、经济、规划设计、文化伦理等综合性知识。俄罗斯高校在园艺人才培养上高度重视人文素养的提升，广泛开设了人文类选修课程，且开设的农业商务基础课，增加了学生农业经营管理方面的知识储备和能力提升。在俄罗斯，许多园艺专业毕业生从事了农业生产资料营销和管理等方面的工作。

我国高校的园艺人才培养不仅要促进园艺学科内部不同领域的交叉复合，更要促进农科与其他学科的交叉融合，拓展人才培养的新内涵及实施路径。同时要充分认识学科交叉还包括不同学科之间相互交叉、融合、渗透而出现的新兴学科。新兴学科涵盖了不同学科范式的教育教学过程，能够推动以往被专业学科所忽视的领域的教学，从而促进大学生对相关领域知识的广泛汲取，优化其知识结构和能力结构，成为满足产业发展需求的未来工作者。我国部分涉农高校在推进跨学科教育教学方面进行了积极探索。例如，华中农业大学用现代生物技术和信息技术改造整合提升园艺专业，从而丰富专业内涵，拓展服务面向，柔性设置方向，增强了发展活力。

4. 完善课程教学管理和监督机制

涉农高校要完善研究生课程督导机制，加强对园艺学科研究生课程教学活动和教学效果的监督，完善评价反馈机制。例如，建立研究生教学督导团，负责对园艺学科研究生课程教学和培养环节进行监督、检查、指导、咨询和调研。督导团可深入研究生培养的具体环节，通过参与听课、开题、中期检查以及开展毕业答辩督查，培养环节检查，教师座谈，研究生座谈等方式保障教学质量和研究生培养质量。其次，完善课程教学质量评价体系。逐步建立以学生、任课教师、研究生教育督导为主体的评价体系，每学期从教学态度、教学内容、教学方法、教学效果等方面对任课教师进行评价，及时向教师和相关部门反馈评价结果，提出改进措施，并督促和追踪整改工作。最后，完善研究生课程管理制度。以学科前沿性、社会需求性、可持续发展性为参照，对新开设课程进行全面审查，通过课前试讲、课中督导、课后反馈的方式充分考察开设课程含金量与实用性。实施网上学生评教制度，督促教师的教学，促进教师提高教学质量。与此同时，实行课程动态调整与淘汰机制，发挥教学指导委员会在课程管理上的重要作用，针对研究生课程体系建设、培养方案和课程改革方案的执行情况开展质量评价，对不适应培养需要的课程予以调整、淘汰[1]。

（三）强化园艺专业大学生实践创新能力培养

1. 优化实践教学体系

以转变思想观念为先导，以质量为核心，系统构建实践教学平台，探索覆盖园艺专业实践教学各层面实践教学体系和多元实践教学模式，完善管理体制和运行机制，培养勤奋踏实、基础扎实、知识面宽、实践创新能力强的高素质人才。一是探索形成“实验－实践－课内外科技活动、社会实践－生产劳动－生产实习－技能测试”的实践教学体系。此外，教学实习分为校内实验基地栽培和管理、实验室分析研究、校外基地实习等方向。二是将园艺科技创新、人才培养、园艺产业发展三者有机结合起来，促进协调发展。要不断深入推行产学研合作模式，促进高校与企业的合作，吸引企业积极参与到高校人才培养计划和课程设计的制订过程中，从市场需求的角度为高校的人才培养计划提供专业建议，逐渐形成以政府引导、企业支持、学校教育三种培养力量相结合的合力，以政府政策法规要求为准绳，以企业需求为导向、以教育培养为依托，统一教育方向，加强园艺高层次人才培养过程中的实践教育。生产实践教学环节主要在与学校签订的“校外产学结合协议”单位和企业中完成。三是通过“导师制”优化实践实习过程。“导师制”不应是研究生教育教学的“专利”，“师傅”之于“徒弟”的言传身教契合于实践技能要求高的园艺专业大学生。设有园艺专业的高校应考虑面向园艺专业大学二年级学生开始实行导师制，要求导师面向学生开设科研训练综合实习课程，鼓励学生根据导师的研究领域及园艺产业发展的实际问题开展研究性教学和探究式学习。四是推进科研训练与实践教学相结合。探索“毕业论文－生产实习”和“毕业论文－教师科研项目”捆绑的实践教学模式。将科研训练纳入园艺专业人才培养方案，学生受到选题、开题、中期检查、结题验收、科技论坛、成果报奖等系统科研训练，形成从基础到前沿、从基本操作到探索未知的实践育人过程。以实践能力考核为重点，建立融知识、能力与素质为一体的过程形成性考核体系，重点考核学生的基础知识、实践操作、分析和解决问题的能力。有条件的培养单位可依托校企合作项目，鼓励师生参与项目设计及研发过程，使学生在学习期间就能接触到本行业的新技术、新技能、锻炼其处理生产现场实际问题的能力，提高质量意识和品质意识，培养学生综合应用能力。

[1] 胡瑞，朱黎，范金凤．园艺学科研究生课程建设研究：基于对我国29所高校的实证分析．研究生教育研究，2018（4）：35–40.

2. 完善校内实践平台建设

建设好校内实践教学平台，是培养和提高园艺专业学生实践能力的重要途径。实践教学平台不仅包括运用企业资源，还包括高校与企业共建的校企合作育人平台、成果孵化中心等，为学生实践能力的培养提供有力的保障[1]。华中农业大学、山东农业大学等高校对现有校内教学实习基地进行充分利用和完善，园艺专业每个学生都有一块试验地，实践训练围绕着生产整个流程展开，覆盖“产前—产中—产后”各个环节。学生结合自己未来发展趋向，选择蔬菜或果树或花卉等来进行全程实践，从市场调研开始，自主确定种植种类，自主完成种、管、收、售全过程的田间操作和采后管理等实践活动，以园艺场站主身份模拟完成从园区规划—科学种植—园艺产品经营决策等的每步训练，提高园艺专业学生实践动手能力。此外，涉农高校要搭建好园艺学科科研平台，为实践教学提供支撑和保障。涉农高校要重视园艺科研基础设施的建设，实验仪器设备的配置，争取多方支持，通过校企合作、国家政策支持等获得社会和企业尤其是园艺企业的支持，加快推进园艺重点实验室、创新实践基地等的建设，为园艺人才开展科学研究、实践实习提供必要的科研条件和支撑平台。

3. 积极拓展校外实习实践基地

校外实践教学是园艺专业大学生培养过程中必不可少的环节，是提高学生能力、拓展知识和开阔视野的重要教学手段，同时也可为学生就业、创业打下良好的基础。针对制约园艺专业人才实践能力培养的实习基地不稳、实习经费缺乏、实习内容与行业发展联系不紧密、有实践经验的指导老师不足等关键问题，高校应积极走出去，与政府、企事业单位等合作建设校外教学实习实践基地，实现资源共享和有效利用，拓展学生实践教学空间。这一举措有利于提高教师的综合业务素质，掌握最新行业热点与动态。涉农高校要逐步构建以企事业单位校外实习基地为主体，校内实践教学基地为辅的实践教学平台体系。

一是校企联合建立校外实践基地。“产学研”一体化建立实践实习基地，主要有如下几种建设方式：①互利互惠，合作双赢。合作双方以签订协议、成立建设领导小组、制订基地建设规章制度等形式确定双方权利和义务，做到资源共享，信息互通，优势互补。②形式多样，讲求实效。学生根据教学计划安排，定时或不定时到合作对口的相关部门进行实习；青年老师利用寒暑假到实践基地现场指导；园艺专业可聘请基地指导教师来上课，进行科研座谈，开展讲座。此外，高校要整合学校资源，形成资源集聚与共享，打破院系狭隘的学科壁垒与行政干预，将园艺学科与优势学科整合并组建学科群，以此作为“产学研”结合的平台与载体，与园艺经济社会发展对接，与园艺产业协同作战，提升实践教学的整体水平和质量。③开发市场，创造平台。通过校企双方努力，双方联合争取项目，增加园艺专业学生、老师实践锻炼的机会。因此，高校需要进一步完善科教融合、校企合作协同育人模式，努力把社会资源转化为

[1] 陈军，张韵君. 高校创新创业教育多层三螺旋模型构建与运行机理研究. 科技创业月刊，2019，32（4）：53-57.

育人资源，强化实践育人，提升学生创新精神、实践能力、社会责任感和就业创业能力，为学生未来发展提供强有力的支持。

二是借助现代农业产业技术体系推进实习实践基地建设。充分发挥现代农业产业技术体系综合试验站的功能，进一步挖掘国家级农科教合作人才培养基地的科研优势和体量优势，提升农科教协同育人功能。涉农高校可借助现代农业产业技术体系强化与地方政府、农业科学院所、农业企业等单位合作，共建农科教合作人才培养基地。涉农高校可以主要从四个层面推进校地、校企合作：一是与地方政府签订战略合作框架协议，发挥校地双方优势，拓展合作办学渠道；二是与当地科研机构签订合作协议，建立合作平台；三是依托所在学校岗位科学家，在人才培养、科学研究、技术推广和技术培训等方面与产业体系综合试验站开展全面合作；四是与产业技术体系末端的园艺农业企业开展合作，拓展人才培养平台。通过校地共建、校企合作，把用人与育人相互联系起来，与产业结合，紧密结合生产实际进行专业学习是园艺专业实践性强的重要教学特色。涉农高校应充分利用农科教共建平台，结合校地合作、校企合作，结合教学和生产规律，及时将科研成果和园艺生产实际案例融入或转化为教学内容，既可在原有的实验实践课程中更新实验实习项目和内容，也可新开设部分开放式教学项目供学生选修；可开设企业课程，让学生深入企业现场，让企业家现身说法，推进产业与专业的对接；应合理调整园艺专业实践教学内容和教学计划，让更多的学生以项目的形式进入基地或企业结合教师课题开展实习，与科研和生产接触得更为直接和紧密。政府部门应鼓励行业企业主动承担起育人职责，将行业企业优质资源向高校开放，弥补高校教育资源的不足。

此外，涉农高校要规范实践教学内容，更新教学手段和方法，完善实践教学规章，实行科学管理。具体来说，要探索以规范管理为基础，寻找突破口，稳步提高实践教学质量的管理思路；着力规范管理，构建实践教学质量保障与评估体系；创造条件，营造氛围，推进大学生实践能力和创新精神培养；优化实践教学体系，保证实践能力和创新精神培养目标的实现。

（四）加大园艺高层次人才培养力度

我国从园艺大国向园艺强国迈进的过程中，园艺高层次人才在园艺行业发展及科研活动中发挥统领和骨干作用，做出了突出贡献。园艺高层次人才表现出高学历、高层次、高创造性等特点，成为推进园艺科技发展的重要动力。然而，我国园艺高层次人才总量与产业需求不匹配，园艺高层次人才的培养面临体系不健全、科研支持力度不够、保障性激励制度缺乏等一系列问题，亟须构建切实可行的园艺高层次人才培养体系，实现园艺人才培养向优质、高层次方向发展。

1. 完善高层次人才成长政策

完善高层次人才政策，一要建设优秀高层次人才选拔制度，促使优秀高层次人才脱颖而出。涉农高校可成立由国内外知名专家学者构成的专家组，审定人才选拔实施方案、指导高层次人才选拔和培养的方案，依据培养单位特点制订优秀高层次人才遴选机制，注重考查优秀人才的综合能力、专业能力和发展潜质。同时，实行综合评价和多元选拔相结合的选拔机制，为优秀园艺人才创造良好的准入环境。设置更多的高层次人才项目，加大对高层次人才的选拔、培养及引进力度，拓宽园艺高层次人才的准入渠道。二要建立“按需设岗、按岗聘任、竞争上岗、契约管理”的新型用人机制，为高层次人才脱颖而出创造公平竞争环境，让大批优秀、潜在的园艺青年人才走上关键岗位，为他们提供创新实践的舞台。三要建立“绩效优先”的新型分配机制，实行由“基本工资 + 岗位津贴 + 绩效奖金”组成的“三元结构”分配制度。绩效奖金依据高层次人才创造的价值与贡献大小给予相应的奖励与报酬，让他们参与到利益分配中来，为高层次人才的价值体现提供有力的保障。此外，需要建立和完善科学公正的考核评价机制，人才评价机制要适应园艺发展的现状，采用定性和定量相结合的考核评价机制，加强园艺学科及产业的同行评价，大力培养懂科技、懂管理、懂创业、懂经营的复合型高层次人才。

2. 创新高层次人才培养机制

要创新高层次人才培养机制，一是构建新型、多层次的园艺高层次人才培养机制。更新教育观念，注重学科间的交叉训练，培养德才兼备、文理兼容的优秀复合型园艺人才；重视教学方法和培养模式的改革，加快推进教学模式从传统的知识传授型向研究型教学的转变，努力建立以学生为中心、以教师为主导的理论教学、实践教学、自主研学相结合的教学模式；依据优秀学生的自身发展特点，制订和设立不同形式的高层次人才培养的“实验区”，并为其提供优质的研究条件和师资。二是促进园艺专业人才培养过程中教学、科研及实践的互促共进。通过教学、科研与生产相结合的方式，培养学生理论联系实际的能力，建立以企业为创新主体的教学、科研、生产联合体[1]。三是选拔青年人员作为拔尖人才培养对象，签订“培带教”合同，做好人才传、帮、带，形成有利于青年拔尖人才脱颖而出的培养机制，加快形成高层次人才后备梯队。

3. 持续强化人才自我发展内驱力

充分激发园艺高层次人才自我发展的内驱力，在引导园艺人才对园艺学科及事业热爱的同时，更要鼓励其“板凳甘坐十年冷”的精神，鼓励其扎根基本理论研究并长期致力于此，不赶时髦、不追热点，脚踏实地做研究，克服和消除负面情绪的影响，强化专业热爱、专业自信及自我修养。其次，要引导园艺高层次人才充分利用教育教学资源，注重建立多学科交叉融合的知识体系，拓宽学术视野，促进学者在成长期形成更具竞争力的学术特质[2]。再次，园艺高层次人才要积极参与科研实践活动，注重

[1] 杨淞月. 高校拔尖创新人才成长规律及培养策略研究. 武汉：中国地质大学，2012.

[2] 姜璐，董维春，刘晓光. 拔尖创新学术人才的成长规律研究：基于青年“长江学者”群体状况的计量分析. 中国大学教学，2018（1）：87–91.

在实践过程中锻炼自己的实践能力，培养坚毅的品格、爱国奉献的精神、科学严谨的求是态度、坚忍不拔的性格和勇攀高峰、甘为人先的勇气等非智力因素[1]，不断加强自身的以非智力因素为核心的软实力建设。此外，园艺高层次人才要不断适应时代发展，加强国际化意识。新时代背景下，新技术、新知识层出不穷，过去的方法和技术不能适应新时代的发展，要不断学习新知识、新技术促进园艺学科及产业的现代化。要建立系统的园艺产业发展数据库，充分实现园艺产业数据的实时共享，将园艺产业和技术“引进来走出去”，为我国的园艺产业发展争取国际话语权。园艺高层次人才既要具有国际化视野，又要有本土化的视野，既要在国际上体现中国话语，又要深入基层，立足于中国实际，发现广大园艺产业的现实问题，并制订切实解决实际问题的方案，不断提高对园艺产业的探索性和开发性。

4. 充分发挥师承作用

“古之学者必有师，师者，所以传道授业解惑也”，个人的成长发展与接受的教育、师承关系、学缘关系等密切相关。优秀的教师不仅能够把文化知识传承给学生，还能给学生以人生发展的指导，促进学生形成正确的人生观、价值观。人才培养过程中的“师承效应”具体指在人才教育培养过程中，徒弟一方的德识、才学得到师傅一方的指导、点化，从而使前者在继承与创造过程中少走弯路，达到事半功倍的效果，有的还形成“师徒型人才链”。在园艺高层次人才的培养过程中，要充分发挥教师的传承作用，促进园艺高层次人才的成长。首先，必须强化园艺师资队伍建设，可进一步引进以骨干人才、青年拔尖人才、领军人才、国家级人才等构成的园艺师资队伍，一支优质的师资队伍是发挥园艺人才成长过程中师承促进作用的重要保障。其次，发挥园艺高层次师资队伍的引领作用，提高知识的共享性、方法的传承性，鼓励园艺教师为青年人才答疑解惑，启发创新，帮助解决年轻人才发展过程中实际遇到的问题。再次，注重促进教师和学生之间的友好沟通和交流，互促互进，教师和学生之间要加强相互了解，定期交流想法和思路，可设立导师学校、导师和学生交流活动中心等促进双方了解，从而促进教师根据学生特点因材施教。

5. 完善高层次人才成长保障措施

建立多层次的激励制度，在保证薪酬激励的基础上加大科研成果激励、职级激励、荣誉激励等，为园艺高层次人才营造尊重学术的良好氛围，使园艺高层次人才在良好的学习环境中潜心研究。鼓励园艺高层次人才针对我国的国情和特色形成独特、高层次的研究体系，逐步在世界园艺科研及产业领域形成中国学派，发出中国声音，掌握话语权，提高我国园艺科研工作者的国际影响力。二是采用事后激励和事前激励相结合的激励机制，事前激励比事后激励更有效，能够充分发挥高层次人才的自主创新能力，激发高层次人才献身园艺事业的积极性，优化园艺高层次人才的成长环境。三是提供相应的服务保障、经费保障、制度保障，如设立相应的园艺人才成长专项基

[1] 张笑予．拔尖创新人才成长规律研究．兰州：兰州大学，2014.

金、园艺科研成果推广中心，设立园艺人才咨询服务中心等保障园艺人力资源的优质化发展，不断壮大我国园艺高层次人才队伍，提升园艺领域的核心竞争力。此外，要加强园艺高层次人才的管理体制机制建设。从国家层面来看，要建立合理的人才流动机制，支持有利于学术发展和创新的人才流动。从用人单位层面来看，高层次人才所在的单位要制订合理的管理机制，为高端人才提供好的薪酬待遇，同时要为高端人才营造自由宽松的学术环境，良好的心情能够促进高端人才全身心投入研究，一心向学。

（五）建设卓越师资队伍

教师资源是所有教育资源中的第一资源，教育教学中的根本问题是教师问题，教育的发展取决于师资队伍的数量和质量。一流的教师队伍能够创造一流的教育业绩，园艺师资队伍的建设要坚持“师德为先、教学为要、科研为基”，培养“有理想信念、有道德情操、有扎实学识、有仁爱之心”的高校园艺师资队伍。

1. 强化师德师风建设

园艺教师要坚持正确政治方向，紧紧围绕“培养什么人、怎样培养人、为谁培养人”这一根本问题，以习近平新时代中国特色社会主义思想为指导，全面落实全国教育大会精神，坚持德智体美劳五育并举，为中华民族伟大复兴培育园艺高层次人才。党的十八大以来，习近平总书记对教师先后提出“四有好老师”“四个引路人”“四个相统一”等要求，2019 年习近平总书记又在学校思想政治理论课教师座谈会上提出“政治要强、情怀要深、思维要新、视野要广、自律要严、人格要正”期望。核心就是师德师风，这是评价教师的第一标准，包括师德师风建设机制、师德师风的表现和师德师风如何有效传承等三个维度。在坚持“教育发展，师德为要”的前提下，探索园艺人才培养的有效路径，推进园艺学科建设的机制创新，增强学科创新能力。全面提高教师师德师风建设是师资队伍建设的关键，也是培养学生综合素质的前提。弘扬陶行知先生爱满天下的思想精华，继承高尚师德传统，加强师德和学风建设，用“捧着一颗心来，不带半根草去”的奉献精神、求真务实的品格鼓舞和感染师生，激发教师从教热情，强化优良教风。

（1）引导教师牢固树立正确的理想信念

好老师的道德情操最终要体现到对所从事职业的忠诚和热爱上来，引导教师关爱学生、热爱课堂，将关心学生、鼓励学生，营造良好的师生关系作为培养学生的有力支撑；将乐于上课、善于上课，创建好的课堂作为自身的责任与追求。教师在面对教学工作以外的其他事情时，应当以学校教学为重心，淡泊名利，塑造良好积极的个人形象，不断贯彻学校关于师德师风建设的要求，是高校教师提升个人修养的重要标准[1]。要不断加强理想信念教育，深入学习领会习近平新时代中国特色社会主义思想，

[1] 陈莹 . 新时代高校师德师风建设的现状及路径研究 . 法制与社会，2019，(14)：177-178.

引导教师树立正确的历史观、民族观、国家观、文化观，坚定中国特色社会主义道路自信、理论自信、制度自信、文化自信；引导教师带头践行社会主义核心价值观，引导教师充分认识中国教育辉煌成就，扎根中国大地，办好中国教育[1]。使园艺教师充分了解园艺学教育发展历程，从内心热爱教育事业，树立为教育事业贡献力量的信念。

（2）弘扬榜样力量，加强优良师德师风宣传

要健全师德建设长效机制，引导广大教师以德立身、以德立学、以德施教、以德育德；实施师德师风建设工程；要对教育领域涌现出的典型进行分层次、成系列的宣传，讲好师德故事、弘扬高尚精神，将榜样力量转化为广大教师的生动实践[2]。注重树立优秀师德师风典型，发挥优秀教师的示范引领作用，弘扬优良师德师风，营造尊师重教的良好氛围。

（3）加大师风师德培训考核力度

相关培养单位可积极组织开展校内外专家师德培训活动，如争创道德优秀教师等的师德主题教育活动、师德学习周活动等，发扬集体学习和个人学习的有机结合、学习和讨论相结合、理论学习和开展活动相结合的学习方法，使教师从自身做起热爱学生，提高师德。此外，完善学校的师德师风现有的考核方法，定期对教师师德师风进行考核评价，实现师德“一票否决制”，杜绝不良行为，规范教师发展环境。进一步完善落实好学习教育机制、管理培训机制、考核监督机制和奖惩激励机制等。

2. 优化师资队伍结构

（1）加强园艺师资队伍建设

要建立一支结构优化、素质优良、治学严谨、忠于园艺学教育事业、乐于奉献、具有创新和团结协作精神，年龄结构合理，可持续发展的教师队伍。一是发挥好老一辈学科带头人在学校建设和发展中的作用，充分调动他们的积极性。同时，坚持高级职称教师，特别是教授为本科生授课制度。二是推进中青年优秀学术带头人的持续发展，把优秀的中青年学术带头人，放在关键的岗位上，大胆使用，为其创造良好的工作条件，鼓励创新创造。三是继续选拔、培养一批后备学科带头人和优秀中青年骨干教师，对学科带头人和优秀中青年骨干教师可选派继续深造。鼓励和资助青年教师在职攻读硕士、博士学位的同时，坚持以中青年教师和教学团队为重点，健全人才引进和培养机制，遴选一批具有生产一线实践经验的中青年教师出国研修，支持教师获得校外工作或研究经历；定期选送中青年教师外出进修或短期培训，缩短中青年教师的成长成才周期，为研究生课程建设提供高素质教师资源；此外，要重视教学团队的建设，通常园艺专业主干课程教学团队至少由一名具有正高职称或副高职称的教师负责，同时至少配备 1 ~ 2 名副高职称以及中级职称人员。

[1] 中国教育报评论员 . 全面加强师德师风建设 . 中国教育报，2018-02-02（01）.

[2] 同 [1].

（2）优化园艺师资队伍学缘结构

我国涉农高校的园艺教师队伍存在“近亲繁殖”现象，本校毕业留校教师占比较大、知识结构趋同，不利于学术交流及学缘结构的优化，也不利于学生综合素质的培养。应积极采取措施在更大范围内吸引优质的教师资源，要强化待遇留人的做法，加强相关人才引进的支持优惠政策，包括教师岗位津贴制度、教师评优评奖优惠政策、教师住房补贴政策等逐步提高教师的生活待遇，提高教师工作的获得感，使园艺教师能够安心工作，更好地为园艺教育事业贡献。重点引进高素质、专业化、高学历的园艺学科带头人，进一步引进以骨干人才、青年拔尖人才、领军人才、国家级人才等构成的师资队伍，引导园艺专业学生的发展。一方面，涉农高校应从实际出发，结合自身学科特点和优势，制订符合自身发展需求的师资队伍建设规划和高层次优秀人才引进计划。另一方面，涉农高校要注重人才保障机制建设，科学规划人才引进工作实施，既精准引进高端领军人才，又大批引进优秀博士，优先在优势特色学科引进学术领军人才和学术带头人，整合引进人才的科研特色和优势，进而发挥整体效应，为培养年轻人才提供广阔平台，进一步提升园艺学科的整体教学质量和科研水平，提升“人才输血”功能。与此同时，涉农高校要适应园艺专业发展要求，完善涉农高校与科研院所、涉农涉林企业合作机制，聘请一批生产、科研、管理一线专家做兼职教师，加大“双师型”教师建设力度，不断壮大园艺师资队伍。鼓励企业参与到高校的师资队伍建设工作之中，为高校提供一批业务水平高、综合能力强的人才作为兼职教师或实践指导教师，积极参与日常的教学活动或实践指导活动，例如从农科院、农业局聘请具有丰富科研和生产经验的高级职称人士作为长期的外聘教师。根据专业和学科的需要，聘请相关科研院所的一些著名专家为园艺专业特聘教授，对专业教学和科研工作进行指导。

（3）逐步提高国际化师资比重

国际化师资队伍建设是全球化背景下园艺学科发展和人才培养的现实需求，要做到“请进来”和“走出去”并重，加大引进园艺学科高层次留学生教育人才和海外优秀人才的力度，聘请外籍专家学者，特别是知名大学博士毕业生和教师来校工作，并根据情况给予一定的科研启动经费，也可借鉴国外一流涉农高校的经验，通过终身教职等途径吸引高水平国际师资。培养单位应鼓励和支持教师到国外学习交流，加大每年派送教师出国或出境进修的力度，学习和吸收国外相关领域的新知识和新技术[1]，使师生能够及时了解国际学术动态前沿并进行学术交流，充分发挥学校海归教师和学科带头人的资源优势，在提升自身学术水平的同时，强化与国外大学的交流和学术往来。例如，近年来，华中农业大学园艺学科共派出教师 100 余人次赴美国、法国、英国、日本、加拿大、西班牙、新西兰等国家进修访问、合作研究，其中 90% 以上在

[1] 陈新忠，张亮．世界一流学科人才培养的经验与启示：以德国霍恩海姆大学有机农业和食品系统专业为例．高等工程教育研究，2018（4）：101-106.

岗教师曾到或正在国外进行学习和合作研究，他们通过在国外的学习，不仅拓展了视野，学到了新知识新技术，而且促进了教学水平的整体提高。

3. 提升教师教育教学能力

教师在人才培养过程中处于主导作用，其爱岗敬业程度及知识技能水平直接影响人才培养质量。“课堂教学是教育的主战场”，要着力提升园艺教师的教学能力和水平。

（1）打破“重科研、轻教学”的传统桎梏

目前，高校教师“重科研、轻教学”，研究生导师重视学生的科研训练忽视课程学习的现象没有得到根本改变。一要发挥高校教师职称评定条件“指挥棒”的作用，提升教学在职称晋升中所占的比重，建构多维度评价教学效果的体系，并体现在职称评聘的制度之中，摒弃“上好一门课不如写好一篇文章”的偏颇观念[1]。二要对于校内专职教师队伍建设，要制订具备实践经历的聘任制度，建立重视教师实践成果和教书育人业绩的考核制度，还要加强对实践教学团队的考核。实施网上学生评教制度，督促教师的教学，促进教师提高教学质量。三要坚持严格的领导听课和信息反馈制度，把发现的问题及时反馈给相关教师。而对于企业兼职教师队伍的建设，则要建立专职教师到企业顶岗挂职制度，制订兼职教师聘任和管理办法，重视兼职教师教学能力和专业理论水平上的提升，建立教师队伍建设的政策激励。

（2）引导教师投入教学改革研究

引导教师投入教学改革研究，需做到以下几点。要加大课程建设和教学改革等项目的资助力度，支持教师合作开发、开设课程，鼓励跨学科合作和国际合作，对在课程建设和教学改革工作中做出突出成绩的教师予以表彰激励[2]；鼓励开展教学研究与改革，将理论联系实际，把科研与教学密切结合，教学思想活跃，教学方法先进，能启发学生积极思维，充分调动学生学习的积极性；加强学科带头人的培养力度，以提高教师素质为中心，以培养中青年骨干为重点，加强学科交叉，吸引国内外优秀人才竞聘教学、科研带头人岗位，进一步建立和完善青年教师助教制度，不断提升青年教师的教育教学能力。鼓励教师通过主持或参与教学改革项目的形式，认真研讨教学规律和教学方法，并规范教育教学过程，促进教师间基于教学方法改革的学习和交流活动。通过组织任课教师试讲、听课、集体备课、教学比武、教案评审等措施，有计划地开展经验交流与培训活动，提高教师教学能力和水平。

（3）促进教师提升实践教学能力

实践性和应用性是园艺专业的突出特点，这要求园艺专业大学生具备较强的实践能力和知识迁移能力，同时对园艺教师自身的实践动手能力及实践教学能力提出了较

[1] 胡瑞，李忠云．我国园艺专业本科人才培养的现实困境与路径选择：基于对我国 42 所高校园艺本科专业的调查．中国农业教育，2016（4）：22–29.

[2] 胡瑞，朱黎，范金凤．园艺学科研究生课程建设研究：基于对我国 29 所高校的实证分析．研究生教育研究，2018（4）：35–40.

高的要求。一是逐步将课程实践转化为实践课程。科学整合课堂教学中的理论知识，统筹各门课程之间的内在联系，把分散于各门课程的实践学时整合到一起，建构一门“统一管理、宏观规划、整体设计、全员参与、具体操作、环环相扣、分步考核、综合评分”的相对独立的实践课程教学体系[1]。引导园艺教师主动深入实践、研究实践，并不断更新相关实践知识，充实实践教学内容，提高实践教学能力。二是发挥老教师在实践教学中的带头引领作用。近年来，园艺专业培养单位普遍反映，新进教师在撰写英文学术论文、发表国际期刊方面优势突出，但是如何走入田间地头，将论文写在祖国大地上，同时有效指导学生的实习实践等方面的短板明显。发挥实践经验丰富的老教师对新进教师的“传、帮、带”作用，并给予优秀中青年学术带头人更多的实践锻炼机会，引导青年教师促进教学与研究融合，既能发表高质量论文，也能投入并胜任实践教学需求；鼓励与支持教师参与产学研合作、参加学术会议、开展各校园艺学科教师交流等。

教学实践能力的发展需要经历知识—实践—反思三个层级，每个层级又要经历从学习到应用的两个阶段，构成了一个三层次六阶段模型[2]。实践是基于一定的知识性学习的基础上的，要理解和进行实践操作，需要进一步加强对优秀教师实践方法、实践模式、实践经验的学习，反复思考，逐步形成自己对实践操作的理解，促进自身实践能力的发展。三是持续推进在职培训。依托涉农高校的教师教学发展中心，积极开展教师培训、教学改革、质量评估、咨询服务等工作，满足园艺教师职业发展需要。涉农高校可鼓励教师积极参加实验实践培训活动，加强与园艺学科发展基础较好的国内外教育或研究平台的交流与合作，提高教师实践能力培养的质量和效益。大力支持园艺教师及学生参加省级以上的园艺实践技能竞赛，在指导学生的同时，提高园艺教师自身的实践应用能力和创新能力。鼓励教师取得高校教师系列以外的中级及以上专业技术职务任职资格、执业资格、国家职业资格和技术等级证书等。有计划地安排教师赴行业、企事业单位、科研院所、政府部门等专业对口的岗位挂职锻炼或顶岗工作[3]。此外，应组织园艺骨干教师参观考察，进行社会实践，促进理论与实践相结合，提高园艺教师实践能力和水平。

4. 推动教师科研与教学互促共进

高等学校不仅承担着人才塑造的重要使命，而且承担着科学研究、国际交流合作等重要使命[4]。一流学科往往具有高水平的科研、高水平的教学，且教学和科研互促共进。

（1）强化科研与教学协调

强化科研与教学协调，就要促进教师保持对科研探究的热情，善于发现教育教学

[1] 高茂兵．思想政治理论课教师实践教学能力培养探究．教育教学论坛，2019（21）：26-27.

[2] 钱海锋．学科教学新型教学实践能力培养：基于 ICT-PCK-STEM 协同的视角．教育评论，2019(4)：32-36.

[3] 刘亚男，侯瑞明．应用型高校影视专业教师实践能力培养与提升机制浅析．科学咨询（科技·管理），2018（11）：93-94.

[4] 陈清森．应用型本科高校青年教师科研能力发展实证研究．中国成人教育，2018（11）：134-138.

中的问题，在发现问题解决问题的同时不断深入明确科研方向，理论知识是做好科学研究的前提，集聚知识和经验，为科研打下良好的基础。在加强理论知识学习的同时也要注重方法论、科研探究方法的学习，深入园艺产区进行调研学习，了解园艺专业发展最新的科研动态，选好研究课题明确科研目的，积极主动申报科研课题。针对新教师工作和生活压力较大，融入新环境需要适应期等具体问题，高校统筹考虑其教学任务及科研发展目标，力求均衡协调，促进其教学和科研能力的稳步提升。

（2）营造良好科研环境

目前，我国部分涉农高校园艺专业科研条件相对落后，制约了园艺教师科研水平的持续提升。相关部门及涉农高校应持续加大科研投入，完善科研基础设施，加快推进重点科研实验室建设、成立技术创新中心等，为高校教师开展科学研究，提高创新能力提供必要的支撑平台和条件[1]。鼓励教师特别是学科带头人活跃在国际、国内的学术舞台上，为学科发展营造良好的学术氛围。同时，高校园艺教学及科研团队应主动寻求优质的科研资源，开展包括校企合作、校校合作、专家合作、学科交叉合作等实现协同研究，不断提升科研能力水平。此外，要加强教师科研保障机制建设，建立健全的科研管理制度。科研管理制度是保障科研产出的基础，高校应结合园艺学科及园艺教师的特点适应性地建立园艺学科科研管理制度，包括科研项目管理制度、科研经费管理制度、科研成果奖励制度、教师科研进修制度、科研考核评价制度等，不断规范园艺教师的科研行为。

（3）以科研能力提升教学质量

科研团队是产出科研成果、提升科研能力的基本保障[2]。园艺学科科研水平的提升对于团队配合、协同攻关具有较高的要求。要鼓励园艺教师尤其是青年教师参与到重要科研项目及团队当中，尽快找准研究方向，并及时融入成熟的科研、教学团队，获取发展个体教学科研能力的优良环境。提升园艺学科发展、科学进步对教育教学过程的支撑作用，引导教师将新近科研成果和科研理念融入教学内容之中，向学生传授本专业的最新发展动向，提高其专业学习兴趣，巩固学生的专业知识和专业思想。鼓励教师通过课堂教学、实践实习、讲座等多重形式对课程的理论进行生动的阐释，深入浅出地传递前沿知识。将增长的科研经费以及不断更新实验设备等条件合理转化在人才培养过程之中。通过科研基地及成果转化基地的建设，缓解本科教学多年难以解决的专业实践、毕业论文和毕业实习等实践性教学空间不足的难题。

（六）保障园艺人才“入口”及“出口”质量

生源及就业问题是园艺人才培养的重要“入口端”和“出口端”。处于“入口端”的生源质量反映了学生学习初始时期所掌握的与未来研究方向有关的基础理论、系统

[1] 李雅，方向青，任彤，等．新建本科院校教师科研能力的提升策略．科技风，2019（14）：70.

[2] 王莉娜，严岳峰．高职高专英语教师科研困境与突破．教育科学论坛，2018（27）：70–73.

知识和学习态度等，以及这些因素满足未来学业要求的程度等[1]。生源质量往往能够预示个体未来的学业成就，是影响人才培养的重要因素。处于“出口端”的就业是民生之本，园艺毕业生的合理就业不仅有利于推动园艺产业的可持续发展，同时有利于毕业生实现自身价值，推动习得专业知识的资本化，提高收入、改善生活，成为对社会有所贡献的积极劳动者。因此，提升“入口端”和“出口端”的质量，即保障园艺专业生源质量、引导园艺毕业生合理就业，是园艺高等教育良性发展的重要组成部分。

1. 提升园艺专业社会声誉及社会接纳程度

涉农高校需进一步提升服务地方经济建设能力和策略，通过解决地方园艺发展面临的重大实际问题，“以服务求支持，以贡献谋发展”，提升园艺专业及相关高校社会声誉，吸引更多社会成员及子女对园艺专业认同与热爱，储备园艺专业潜在人才队伍。据调研，园艺专业生源质量好于其他农科专业，但与非农专业相比仍无竞争优势。针对这一问题，浙江大学采取了应用生物科学大类招生的办法，将园艺专业与海洋类、生物工程类、食品类共同列为提前招生专业，所录取学生均高出当年一本分数线 70 ~ 80 分，且均第一志愿录取。华中农业大学通过培育园艺学科专业领军人物，培养优秀创新团队，支撑园艺学科专业发展，与地方政府紧密结合，施行了促进当地经济社会发展的“四个一”发展模式，提升了园艺学科专业的声誉。这一做法可供学科优势、品牌优势突出的高校借鉴，以保证录取的学生均为自主选择园艺专业，且专业思想稳定。

2. 探索园艺人才“免学费”教育制度

园艺业既是一门涉农的艰苦行业，又是农业发展必不可少的特殊行业，需要广大热血青年积极投身其中，并为之默默奉献。由于受传统观念和世俗偏见的影响，许多独生子女家庭的父母不愿意孩子从事这门特殊而又艰苦的行业。因此在高考填报志愿时，包括园艺专业在内的涉农专业一度出现“门前冷落鞍马稀”的局面。另一方面，就读涉农专业大学生大多来自农村，经济条件较差、生活压力较大，为了缓解这一矛盾，建议教育主管部门考虑给予涉农学科一系列优先支持政策，包括推荐免试研究生、加大国家励志奖学金和助学金对改革试点专业学生倾斜力度等一系列政策和措施。具体来说，建议政府参照“免费师范生教育政策”，出台“高校农科人才免费教育政策”，给予涉农专业大学生免学费优惠，并适当降低高考录取线，鼓励和吸引学生将智慧和才华奉献于园艺行业。“高校农科人才免费教育政策”有利于在社会上形成重视三农、关注农业教育的氛围，促进农业工作成为全社会受尊重的事业，鼓励和吸引更多的优秀青年从事农业相关工作。应鼓励各级政府采取措施，对涉农免费教育采取免除学费、免缴住宿费并适当给予学校补助经费和对农科生的生活补助经费；对于符合条件的免费生在继续深造、攻读研究生等方面给予特殊政策等。

[1] 陈立文，陈书娜．学术型硕士研究生生源质量评价研究进展．继续教育研究，2011（10）：94–97.

3. 分类引导园艺专业大学生就业

高等教育体系多元化发展背景下，要坚持以多种形式发展园艺高等教育，走多样化发展之路，这既是实现园艺高等教育持续、健康发展的需要，也是构建现代园艺高等教育体系的需要。新时期，人们对于生活品质的要求持续提升，且大数据、人工智能技术等共同催生了“园艺疗法”“庭院园艺”以及“智慧园艺”等新的增长点。园艺学的教育和办学应该立足传统园艺，拓展现代园艺。以社会对园艺人才需求为导向，在现有的园艺及相关专业基础上，结合现代社会发展需要，与时俱进，增设新的园艺专业。学生就业时，学校应依据培养单位办学层次、类型和专业特色上的差别，以及学生自身特点和职业期望，分类引导就业。一是基于学校层次和定位的不同，重点农业大学应继续鼓励园艺专业毕业生保持较高的考研和出国率，为毕业生继续本学科领域深造提供政策及条件支持。非重点大学的园艺学科发展过程中应注重搭建校企合作、校地合作平台，为有针对性的就业实训以及明晰的就业流向奠定基础。同时，政府部门应积极制订农科学生到基层就业的激励性政策，提升待遇，健全发展通道，吸引毕业生服务地方经济建设主战场。二是依据学生自身特点，分类引导就业。引导学生做好学业规划、梳理明晰的职业意识，可以通过学团战线管理者及专家教授的指引做好学业发展规划及职业定向，明确学习生活的主要方向及目标，促进学生处理好学业发展与职业规划之间的关系，实现学业进步与职业定位间的双赢。①对于专业基础扎实且专业自信较强的园艺毕业生，持续强化其“知农、学农、爱农”情感和意识，培养大量“下得去、留得住、用得上、懂经营、善管理”的园艺人才。引导其从事园艺相关工作，运用所学专业知识贡献园艺产业发展与现实需求，促进专业知识的资本化及教育资源利用效益的最大化。②围绕园艺新兴产业引导学生就业。传统园艺产业在改造升级的过程中逐步产生了园艺体验、智慧园艺等新业态，高校可尝试开办“工匠班”，提升学生的相关技能和实践动手能力，促进其掌握市场发展规律及实际需求，逐步成为具有较强创新创业能力的园艺产业从业者或企业家。③大力倡导园艺专业毕业生自主创业。据调查，园艺相关涉农企业负责人主要是工学和商学专业背景，高校应大力倡导园艺专业毕业生自主创业，并通过创业课程和创业实训等方式，加强学生对于经营管理、创业技能等知识的掌握，增强其敢于突破和勇于创新的意识和能力，提升其创业意愿及创业成功率[1]。此外，还可以引导学生结合区域园艺产业发展实际，进行科学的职业定向。例如，浙江省园艺产业产值全国第一，面积全国第三，浙江农林大学通过订单培养方式，将观赏园艺专业毕业生输送到相关领域就业，受到行业和企业的欢迎；再如，广东省园艺产业以出口导向型观光园艺为主，华南农业大学等高校瞄准行业需求、注重职业技能培养，园艺专业毕业生绝大部分从事观赏园艺行业，社会评价为“好用、实用、耐用，愿干、能干、肯干”。

[1] 胡瑞，李忠云 . 我国园艺专业本科人才培养的现实困境与路径选择：基于对我国 42 所高校园艺本科专业的调查 . 中国农业教育，2016（4）：22–29.

（七）提升园艺高等教育国际化水平

推进国际化进程是建设世界一流学科的必由之路。从本质上看，高等教育国际化是高质量地将跨文化和全球性的相关要素和资源整合到学校办学全过程[1]。我国园艺高等教育要在"中国特色、世界水平"上下工夫，既要吸收世界先进办学经验，同时要结合我国高等教育发展历史及农科发展特色，提升园艺高等教育的国际化水平。然而，我国园艺学科建设及人才培养在国际化生源、国际化课程、全英文课程建设方面与世界一流涉农高校相比均有欠缺，在人才培养上也缺乏稳定、高质量的国际交流合作项目，园艺科学研究的国际合作程度也与科研成果产出及被引的领先程度不相称。我国园艺学科发展应坚持中国特色和国际视野并举，围绕园艺产业的重大需求，推进人才培养、科学研究、社会服务和文化传播的国际化水平。

1. 树立园艺高等教育国际化办学理念

我国园艺教育应力求"与世界各地的人们和院校合作，致力于促进文化理解，改善人类状况，深入研究宇宙奥秘，培养下一代世界领导人"[2]。要扩大国际化进程的惠及面，通过国际化办学全面服务于学校的人才培养、科学研究、社会服务、文化传承与创新等职能[3]。此外，要将"人类命运共同体"理念融入学科国际化进程当中。"人类生活在同一个地球村里，生活在历史和现实交汇的同一个时空里，越来越成为你中有我、我中有你的命运共同体"[4]。园艺学科的国际化发展进程中应开展世界领先的研究，解决人类面临的共同难题，通过卓越的教学、科研和社会服务为全人类做出贡献。

2. 加强园艺学科国际学分互认和学位互联互授

要做好这部分工作，需做到以下几点。一是强化制度建设。《国家中长期教育改革和发展规划纲要（2010—2020 年）》明确指出，要"支持中外大学间的教师互派、学生互换、学分互认和学位互授联授"。这一纲要有利于突破学生流动的制度性障碍，在跨境高等教育中起着重要的作用。我国已颁布了《中外合作办学条例》和《中外合作办学条例实施办法》等相关政策及实施办法，规定了"国务院教育行政部门负责全国中外合作办学工作的统筹规划、综合协调和宏观管理"[5]。在此基础上，园艺高等教育应从实际出发，修订不合时宜的条款，减少盲点，促进实效。二是我国高校园艺学科应基于国外相关培养单位制度、文化和教学的特点，持续固化和优化合作关系，持续减少学分互认、学位互授等制度推进中的潜在障碍。合作双方应通过签订合作协议的方式，将合作内容、方式、目标及效果等规范化，可以借鉴"欧洲高等教育区"等

---

［1］伍宸，宋永华．高等教育国际化内涵式发展的依据、维度及实现路径．中国高教研究，2018（8）：17-22.

［2］伍宸，宋永华．"双一流"建设背景下高等教育国际化办学价值取向及绩效评估体系建构．中国高教研究，2019（5）：6-12.

［3］同［1］.

［4］中央宣传部．习近平新时代中国特色社会主义思想学习纲要．北京：人民出版社，2019.

［5］曹泽南．中外高校间硕士学位互授问题研究．上海：华东师范大学，2017.

成功经验，积极签署双边、多边和次区域教育合作框架协议，扩大互认互授范围，逐步疏通教育合作交流政策性瓶颈，从而实现学分互认和学位互授联授，以此来提高园艺学科的择业价值和含金量，调动学生参与中外合作办学的热情和积极性。三是建立园艺学科国家资格框架，为学分互认和学位互联互授提供保障。国家资质认证体系的构建对提升行业人才培养质量、推动产业升级发展具有重大现实意义。要构建符合园艺人才成长规律以及园艺产业发展需求的园艺学科国家资格框架，既要满足学习者的需要，也要兼顾雇主、教育机构以及国家的利益[1]。国家资格框架的制订要体现本土化的特点，同时借鉴英国等发达国家的资格框架，建立统一的国家资格框架及认定标准，将我国园艺学科资格框架与国际接轨。充分发挥我国高校园艺学科的优势，与国外相关培养机构合作建立教育协同创新研究中心，构建双边、多边高层磋商制度，充分发挥国际平台的作用，全面推进园艺学科跨区域的全方位教育合作机制。

3. 建立国际化人才培养机制

国际化人才培养体系是世界一流涉农高校的典型特征，人才培养国际化对于高等教育的整体办学水平、科研质量以及国际影响力产生重要影响。

（1）扩大国际生源

优质国际生源匮乏是我国园艺高等教育国际化水平相对落后的突出表现之一，世界一流涉农高校在这一指标上表现突出。2015 年，瓦赫宁根大学招收的 4 790 名本科生中，国际学生占比 7%；同年招收的硕士生中，来自 150 多个国家的国际学生占比为 47%，博士生的这一数字达到 60%。德国的霍恩海姆大学不仅开设了大量英语教学专业，同时积极拓展国际交流合作项目。2014 年，霍恩海姆大学在国外学习课程和参与研究项目的学生分别占 39% 和 12%，有国外实习经历的学生比率达 50%。我国涉农高校应以“一带一路”倡议为引领，积极吸引优质国际生源就读园艺专业，完善国际学生招收培养管理、服务制度体系，优化国际生源结构，提高国际生源质量。积极拓展国际交流与合作，主动与国外高水平大学、科研机构和企业建立实质性联合，开展科学研究和人才培养方面的深度合作，加大宣传力度，吸引优质国际生源。

（2）建立多元化的联合培养机制

人才成长和知识创新有赖于知识交流和思想碰撞[2]，注重促进不同思想观点的交流和碰撞，使学生不断获取新知识，获得新灵感。要加大与国外高水平大学合作培养人才的力度，积极探索国内外共同培养高素质创新人才的有效途径，通过发掘内部蕴藏的丰富优质国际教育资源，实现“引进”和“输出”之间的双向互动，提升跨境教育的办学水平[3]。首先要鼓励与更多国家的优质教育开展跨境办学，促进园艺教育国

[1] 戴丽兰，吴刚．英国国家资质框架的发展历史及内涵研究．中国成人教育，2017（24）：110–116.

[2] 杨生斌，杨淑淋，郭凡．我国航空工业专业技术人才成长规律研究．西北工业大学学报（社会科学版），2017，37（1）：74–77.

[3] 江波，钟之阳，赵蓉．面向未来的高等教育国际化发展．高校教育管理，2017，11（4）：58–64.

际化格局的发展，继续推进全方位、多层次、宽领域发展态势，发挥我国园艺科学研究在国际同行中的引领作用，提升国际影响力。其次要搭建以园艺学科创新为导向的国际对话、交流、分享平台，积极引进国外优秀教育资源，支持学生积极参与国际交流与合作，开拓学生国际视野，提升学生参与国际农林业科技交流合作能力。稳步推进现有的园艺学科中外合作办学，加强双语教学，探索国际化教学，进一步提升中外合作办学水平。积极举办园艺学科国际学术会议，广泛宣传，吸引更多的国内外高层次人才参与其中，为园艺学生提供了解与接触国际前沿、学科前沿的机会。最后是推动中外优质教育模式互学互鉴，创新联合办学体制机制，加大校际访问学者和学生交流互换，积极推动优秀园艺研究生公派留学项目的设立及实施。搭建国际合作平台、培育国际合作项目，促进与国际知名机构开展实质性交流与合作，建立国际合作联合实验室、研究中心等，提升学科国际学术声誉。

4. 培养学生全球胜任力

全球胜任力培养已成为国际社会普遍关注的问题，培养园艺人才的全球胜任力首先要准确把握全球胜任力的内涵和维度，并在此基础上提出针对性改进策略。

（1）“全球胜任力”内涵

1973 年，哈佛大学教授戴维·麦克利兰（David C. McClelland）最早提出“胜任力”概念，并界定为将某一工作中有卓越成就者与普通工作者区分开来的个人的深层次特征。经合组织（OECD）从三个方面提出了“全球胜任力框架”：批判性分析全球和跨文化议题的能力；理解差异是如何影响个体观念的能力；与异文化个体有效的互动能力。1993 年，“全球胜任力”教育之父，美国学者理查德·兰伯特（Richard D. Lambert）提出，“全球胜任力”是知识、同理心、支持、外语能力、工作表现的总和。总而言之“全球胜任力”主要指个人在国际与多元文化环境中有效学习、工作和与人相处的能力，从企业管理的角度看，全球胜任力领导者的素质包括国际视野、国际化的知识结构、国际交往能力及民族自信心[1]。

（2）“全球胜任力”的维度

维度及要素的探索是全球胜任力研究朝着科学化道路发展的必然历程。“国际理解”与“国际视野”是全球胜任力的构成要素。国外学者对全球胜任力维度的分析较为系统，索科洛夫斯基（Soklowski）提出了“知识、技能与经历、态度”为核心的“三因素说”[2]，还有学者提出全球胜任力包括态度、领导、交互作用和文化理解 4 个维度，且不同维度的共性的胜任特征是能够激发组织变革、营造学习系统、激励个体趋向完善。OECD 的国际学生评估计划（PISA）提出了知识、技能、态度和价值观为核

[1] 赵曙明，杜娟．基于胜任力模型的人力资源管理研究．经济管理，2007（6）：16–22.

[2] SOKOLOWSKI M．Examining the General Global Competence of Students Enrolled in an International Dimension Course：An Attempt to Internationalize Undergraduate Education in a College of Agriculture//IEEE/ACIS International Conference on Software Engineering. IEEE，2015.

心的四维度要素理论体系，为全球胜任力评测、开发本土化的全球胜任力评价体系提供重要支撑。

（3）提升园艺人才的全球胜任力

2010 年 7 月，我国颁布了《国家中长期教育改革和发展纲要（2010—2020 年）》提出要培养大批能够胜任全球化挑战、具有国际化视野、熟悉国际交流规则的国际化高素质人才。2013 年“一带一路”倡议提出，农业科技人才肩负着促进我国及沿线国家的农业发展的历史使命。全球化背景下，园艺高层次人才在立足国内实际，专心科研的基础上，还需要不断增强全球化的意识，以具备国际视野、领先意识及不断总结先进的经验，特别是加强国际政治、经济、文化等问题的分析能力，熟悉国际规则，以适应多元化国际社会需求。

涉农高校要提出既符合国际认可的全球胜任力标准，又切合我国高校农业科技人才发展规律的具体措施，服务于教育对外开放、“一带一路”倡议等国家重大战略。具体来说，一要充分激发学生对国际政治、时事等内容的学习兴趣，调动老师参与国际意识培养的积极性；培养学生的国际竞争与合作意识，拓宽学生视野、激发创造力。二要加强国内各高校间的科研项目、科技平台与科研条件建设、成果转化以及联合培养等方面合作与交流，培养符合时代特征的园艺高层次人才；要建立全球胜任力的培养目标及课程体系，丰富课程教学内容，建设“微课程”资源；促进外语及人文课程学习，强化文化互动体验及跨学科学习。三要提升教师全球胜任力素养，发展海外办学模式及海外学习项目等。四要引导大学生积极参与国际学术交流及国际事务，促使其熟悉国际规则，提升全球胜任力。加大优秀毕业生到国际组织实习任职，鼓励优秀人才在国际组织、学术机构和国际期刊任职或兼职，积极参与国际事务、制订国际规则，在国际上引领学科领域发展方向，在制订国际标准中增强话语权和影响力，树立我国园艺人才国际形象。

（4）建立国际化人才培养保障机制

一是优化办学管理模式，完善教学配套设施。国际化办学不仅是学校外事管理部门的责任，各院系、学科、相关职能部门均需参与到国际化办学相关活动中来，根据不同机构的特征规定各自在国际化办学中所需担负的责任和相应的使命，构建全校联动的办学管理制度。同时，还应该为师生营造良好的外部环境，如针对园艺学科需要在户外教学的课程，应完善配套设施，保证教师能够应用先进的教学案例及教学手段开展课堂教学，将老师的特色教学最大限度地发挥出来。除此之外，应加大园艺教育国际化经费投入，由政府牵头给予引导和支持，关注资源引进等方面，加强国际化办学基础建设。二是为我国园艺科研工作者参与国际同行同台竞技提供条件。注重引入国际通行标准来衡量学术竞争力，并利用全球科技资源，汇聚国际一流科技人才，扩大科技对外影响，从而不仅服务于园艺学科的发展，也服务于大健康和大生态国家战略，创造高品质生活，建设美好家园，造福人类社会。三是完善质量评估与监控制度。高等教育国际化内涵式发展就是要保证国际人才培养的质量和国际科研合作的质量。要促进各部门、各层级的互相支持和配合，以保证质量监控过程的有效运行。与此同时，要建立起国际合作风险控制制度，以规避国际合作与交流面临复杂环境带来的潜在风险。要保证质量监控的全方位性，对于专业目标、培养过程、师资力量、课程建设和学生发展等方面建立起严格、系统的风险控制制度。

（八）深化与政府、企业、及科研院所协同合作

政、产、学、研协同合作是完善园艺高等教育人才培养模式的根本要求，也是园艺学科专业发展的现实需要，更是创新发展的特色之所在。园艺产业技术更新升级和战略性新兴产业发展壮大，以及区域经济所呈现的经济圈、产业带、集群化等多种经济组织形式，为高校园艺学科专业与区域内政府、科研院所和企业之间形成技术协同、服务协同、资金协同、体制机制协同等多元协同创新模式提供了明确的预期目标和行动愿景。加强园艺专业与农业产业、行业企业等联合培养或合作培养，加强与农业部门、农业技术推广站的联系，建立相对稳定的联系网，通过校企合作、校地合作来提升园艺学科专业服务社会的能力，是促进园艺学科发展的趋势。

1. 推进园艺产学研合作，全面服务行业企业科技进步与创新发展

从产学研合作主体的定位及职能分工上看，政府指引发展导向，可以统筹发展，提供政策支持；农业院校是园艺专业人才培养的根基，是育人主要场所；园艺企业拥有先进的技术和实训岗位，既是园艺科研成果转化、孵化场所，也是接受园艺专业学生就业的主体。因此，整合政府、院校和企业资源，是搭建产学研实训基地、培育高素质园艺专业人才的基础。通过园艺产学研合作，促进园艺科技成果产业化，可以有效解决企业技术需求；以联盟为基础，可以开展传统园艺产业关键技术升级与科技攻关，如与园艺种业公司等联合成立种业技术创新战略联盟，全面提升地区种业的核心竞争力，服务地区经济社会发展。最后，以联盟为支撑，提升地方园艺产业集群创新能力和竞争力。

2. 凝聚园艺学科办学优势，提升园艺产业科技攻关能力

要做好这部分工作需做到以下几点。一是建立对接地方产业集群的高校协同创新基地，校企共建研发机构，有针对性地开展行业科技服务，提高综合创新能力。二是凝聚创新合力，打造产学研合作新典范。部分涉农高校结合自身优势建立了产学研合作新模式，在解决企业关键技术问题及为企业提供管理咨询、规划、策划和信息发布等服务方面开辟了有效途径。三是成立园艺产业校企合作委员会，确保长期稳定的合作与科学发展。同时，涉农高校可根据企业生产实际问题，横向联合进行技术研发，达到“技术共研”。通过校企产学研实训基地的建设，以市场需要为导向，以生产应用为目的，和企业技术人员进行横向联合攻关，解决生产技术难题，既提高了教师的科技研发水平，也促进了科技成果的转化，提高了企业经济效益。

3. 校企共建产学研实训基地，全面培养高素质园艺专业人才

农业院校通过校企深度融合，合理配置校内资源，建设“开放性、模拟生产型产

学研”实训基地平台，为教师与学生教学科研、创新创业创造条件。一是基础性实训室。主要是满足课程基本实践教学的专用实训室，包括园艺植物生长与环境实训室、植物组织培养实训室、种子检验实训室、植物病虫害防治实训室等，主要进行理论及课程单项操作技能。二是智能温室。学生可以利用课内外时间到智能温室进行常见园艺植物的日常管理，并可以进行创新性试验设计，以培养学生生产项目专项技能和拓展能力，同时，智能温室也可作为学生小型创业孵化基地。三是校外生产农场。在专业教师指导下，学生进行实习基地的承包管理，既培养学生综合能力，也培养学生的创业能力。四是合作共建企业。根据专业人才培养方案要求和企业生产实际，企业应该成为学生“工学交替”“顶岗实习”的主要场所，同时也是校企联合进行技术研发的“主战场”。同时，通过开展教育、培训方面合作，共同为行业产业培养园艺产业专业人才。华中农业大学依托教育部重点实验室、大学科技园等，充分利用优势学科群与宜昌、赣州等地园艺产业的高度吻合性，形成了独特创新创业人才培养模式，培养了大批创新创业型人才。此外，聘请一些学术水平高、业务能力强的专家参与专业建设工作，吸收其对园艺专业建设和发展的意见和建议。通过校内外有机结合，课堂教学与生产实际有机结合，提高园艺专业人才培养质量，增强和提高毕业生的就业能力。完全依靠课堂传授的知识远远不能满足园艺专业人才培养的要求，因此可以开办第二课堂，举办一些知识覆盖面广或就某一方面知识做深入讨论的专业知识讲座，用多种形式向学生介绍与本专业相关的情况和知识。特别是针对本专业领域新的成果、新的理论，以及课本上没有涉及的相关内容，可以邀请一些专家、教授不定期地给学生讲课。可以邀请在生产一线的本专业的优秀技术人员来校做报告，介绍相关专业的具体工作内容，让学生体会本专业工作中的酸甜苦辣。结合地方经济发展优势，涉农高校应积极与企业合作，为大学生提供更多、更好的实习和实训平台。涉农高校应结合生产实践和社会需求向学生提供有针对性的创业指导，基于校企合作建立“种子基金”，鼓励有意愿和创造力的学生积极申请，促进学生将所学的专业知识融入实践锻炼当中，逐步成长为优秀的专业人才。

附录

附录 1　我国开设园艺专业的高校

区域	省（自治区、直辖市）	开设园艺专业的高校
华北	北京、天津、河北、山西、内蒙古	北京林业大学、北京农学院、中国农业大学、天津农学院、河北北方学院、河北工程大学、河北科技师范学院、河北农业大学、河北农业大学现代科技学院、唐山师范学院、山西农业大学、山西农业大学信息学院、山西师范大学、集宁师范学院、内蒙古农业大学、内蒙古大学、内蒙古民族大学
东北	辽宁、吉林、黑龙江	辽东学院、沈阳工学院、沈阳农业大学、白城师范学院、长春科技学院、吉林大学、吉林农业大学、吉林农业科技学院、延边大学、东北农业大学、黑龙江八一农垦大学、齐齐哈尔大学
华东	上海、江苏、浙江、安徽、福建、江西、山东	上海师范大学、上海应用技术大学、淮阴工学院、金陵科技学院、南京林业大学、南京农业大学、南京师范大学泰州学院、苏州大学、扬州大学、丽水学院、浙江大学、浙江农林大学、安徽科技学院、安徽农业大学、安徽师范大学、淮北师范大学、福建农林大学、华侨大学、武夷学院、赣南师范大学、江西农业大学、闽南师范大学、上饶师范学院、宜春学院、德州学院、菏泽学院、聊城大学、鲁东大学、青岛农业大学、青岛农业大学海都学院、山东农业大学、潍坊科技学院、临沂大学
华中	河南、湖北、湖南	河南财经政法大学、河南科技大学、河南科技学院、河南农业大学、商丘学院、信阳农林学院、长江大学、湖北工程学院、湖北民族大学、华中农业大学、江汉大学、江汉大学文理学院、武汉生物工程学院、湖南农业大学、湖南农业大学东方科技学院、中南林业科技大学
华南	广东、广西、海南	佛山科学技术学院、广东海洋大学、华南农业大学、韶关学院、仲恺农业工程学院、广西大学、玉林师范学院、海南大学、海南热带海洋学院
西南	重庆、四川、贵州、云南、西藏	长江师范学院、重庆三峡学院、西南大学、攀枝花学院、四川民族学院、四川农业大学、四川师范大学、西昌学院、贵州大学、贵州师范大学、凯里学院、楚雄师范学院、大理大学、昆明学院、西南科技大学、西南林业大学、云南大学、云南农业大学、云南师范大学文理学院、西藏大学、西藏农牧学院
西北	陕西、甘肃、青海、宁夏、新疆	西安文理学院、西北农林科技大学、甘肃农业大学、河西学院、陇东学院、青海大学、宁夏大学、新疆农业大学、石河子大学、塔里木大学

附录 2　卓越农林人才教育培养计划（拔尖创新型）试点专业覆盖人数

序号	学校名称	涉及专业	人数 / 年
1	北京工商大学	食品科学与工程、食品质量与安全	202
2	北京林业大学	园林、林学、水土保持与荒漠化防治、森林保护、园艺	414
3	中国农业大学	农学、动物科学、农业机械化及其自动化、植物保护、农业建筑与能源工程	700
4	中国人民大学	农林经济管理	67
5	河北农业大学	植物保护、食品科学与工程	240 ~ 270
6	山西农业大学	动物医学、农学、植物保护、动物科学	395
7	内蒙古农业大学	草业科学、动物科学、动物医学、食品科学与工程	120
8	沈阳农业大学	园艺、农学、农业资源与环境、植物保护	300
9	吉林大学	动物医学、动物科学	60
10	吉林农业大学	植物保护、动物医学、食品科学与工程、动物科学	455
11	东北农业大学	食品科学与工程、动物科学、动物医学、农林经济管理	436
12	东北林业大学	林学、野生动物与自然保护区管理、林产化工	240
13	上海海洋大学	水产养殖学、水族科学与技术	200
14	上海交通大学	植物科学与技术	64
15	江南大学	食品质量与安全	64
16	南京林业大学	林学、园林、森林保护	150
17	南京农业大学	农学、植物保护、农业资源与环境、农林经济管理	360
18	扬州大学	动物医学、动物科学、水产养殖学、食品质量与安全	315
19	宁波大学	水产养殖学	30
20	浙江大学	农学、动物科学、农业资源与环境、农业工程	203
21	浙江农林大学	林学、森林保护、木材科学与工程	205
22	安徽农业大学	茶学、应用生物科学、农学、农业资源与环境	300
23	福建农林大学	农学、植物保护、园艺、林学	150
24	江西农业大学	动物科学、动物医学、动物药学	240
25	山东农业大学	农学、动物科学、园艺、植物保护	483
26	中国海洋大学	水产养殖学、海洋渔业科学与技术	30 ~ 40
27	河南农业大学	农学、生物工程、农业建筑环境与能源工程、园林	475
28	长江大学	农学、植物保护、农业资源与环境、园艺	72
29	华中农业大学	农林经济管理、园艺、动物科学、农学	275 ~ 285
30	湖南农业大学	农学、植物保护、园艺、茶学	445
31	华南农业大学	农学、植物保护、园艺、林学	170

续表

序号	学校名称	涉及专业	人数 / 年
32	广西大学	动物科学、动物医学、水产养殖学	—
33	海南大学	农学、园艺、植物保护、农业资源与环境	—
34	西南大学	农学、园艺、植物保护、农业资源与环境	—
35	四川农业大学	农学、动物科学、动物医学、林学	574 ~ 665
36	贵州大学	植物保护	37
37	云南农业大学	植物保护、动植物检疫、农学、园艺	826
38	西北农林科技大学	植物保护、农林经济管理、动物科学、林学	670
39	甘肃农业大学	农学、种子科学与工程	150
40	兰州大学	草业科学	368
41	宁夏大学	草业科学、动物科学、动物医学、食品科学与工程	150
42	石河子大学	动物科学	70
43	新疆农业大学	草业科学	190

附录 3　卓越农林人才教育培养计划（复合应用型）试点专业覆盖人数

序号	学校名称	涉及专业	人数 / 年
1	北京林业大学	林业工程类、农林经济管理、野生动物与自然保护区管理、食品科学与工程、草业科学	321
2	北京农学院	园艺、动物医学、农林经济管理、食品科学与工程	220
3	中国农业大学	动物医学、农业水利工程、农林经济管理、葡萄与葡萄酒工程、园艺	350
4	中国人民大学	农村区域发展	80
5	天津农学院	农学、水产养殖学、园艺、动物医学	400
6	天津商业大学	食品科学与工程	60
7	河北科技师范学院	园艺、园林	180
8	河北农业大学	林学、森林保护、农学、农林经济管理	600
9	山西农业大学	园艺、林学、农业资源与环境、农业机械化及其自动化	560
10	内蒙古农业大学	农学、林学、农业机械化及其自动化、农业水利工程	120
11	大连工业大学	食品质量与安全	62
12	沈阳农业大学	农业机械化及其自动化、农业建筑环境与能源工程、农业水利工程、农业电气化	240
13	大连海洋大学	水产养殖学、海洋渔业科学与技术、水族科学与技术	210
14	北华大学	林学、园林	120

续表

序号	学校名称	涉及专业	人数 / 年
15	吉林大学	植物保护、动物科学、食品科学与工程、农林经济管理	160
16	吉林农业大学	农业资源与环境、农学、园艺、农林经济管理	90
17	延边大学	动物科学、动物医学	120
18	东北林业大学	森林保护、园林、森林工程、农林经济管理	373
19	东北农业大学	农学、园艺、农业水利工程、农业机械化及其自动化	240
20	黑龙江八一农垦大学	农学、植物保护、园艺、农业资源与环境	270
21	上海海洋大学	海洋渔业科学与技术、农林经济管理	173
22	上海交通大学	园林、动物科学	60
23	南京林业大学	林产化工、木材科学与工程、森林工程	226
24	南京农业大学	动物科学、动物医学、园艺、食品科学与工程	310
25	扬州大学	农学、园艺、植物保护、农村区域发展	290
26	浙江大学	园艺、植保、食品科学与工程、动物医学	156
27	浙江工商大学	食品科学与工程、食品质量与安全	170
28	浙江农林大学	园艺、农学、植物保护、食品科学与工程	210
29	安徽科技学院	动物科学、农学、农业资源与环境	240
30	安徽农业大学	农学、园艺学、农业机械化及其自动化、农林经济管理	300
31	福建农林大学	动物医学、园林、木材科学与工程、蜂学	357
32	集美大学	水产养殖学、食品科学与工程、海洋渔业科学与技术、动物科学	540
33	江西农业大学	林学、林产化工、园林	80
34	南昌大学	水产养殖学	78
35	聊城大学	园林	80
36	青岛农业大学	植物保护	160
37	山东农业大学	农业资源与环境、林学、农业机械化及其自动化、农林经济管理	423
38	华北水利水电大学	农业水利工程	150
39	河南工业大学	食品科学与工程	270
40	河南科技大学	农业机械化及其自动化、农业电气化、农学、动物医学	88
41	河南农业大学	林学、动物科学、农业机械化及其自动化、园艺	550
42	河南师范大学	水产养殖学	60
43	长江大学	水产养殖学、动物医学、食品科学与工程、园林	80
44	湖北民族大学	林学、园艺	244
45	华中农业大学	园林、农业资源与环境、水产养殖学、植物保护	540

续表

序号	学校名称	涉及专业	人数 / 年
46	武汉轻工大学	动物科学、水产养殖学、动物药学	150
47	湖南农业大学	动物科学、动物医学、动物药学、水产养殖学	132
48	吉首大学	园林	60
49	中南林业科技大学	木材科学与工程、林学、生态学、食品科学与工程	414
50	广东海洋大学	动物科学、水产养殖学、食品科学与工程、园艺	480
51	华南农业大学	动物科学、动物医学、食品科学与工程、农林经济管理	480
52	广西大学	农学、植物保护、林学、园林	315
53	海南大学	动物科学、动物医学、水产养殖学	45
54	重庆工商大学	食品科学与工程	45
55	重庆师范大学	食品质量与安全	203
56	西南大学	动物科学、动物医学、动物药学	500
57	西南民族大学	动物科学、动物医学、食品科学与工程	45
58	四川农业大学	农林经济管理、农业资源与环境、园艺、园林	1 160
59	贵州大学	林学	30
60	西南林业大学	林学、森林保护、园林、农林经济管理	365
61	云南农业大学	动物科学、动物医学	661
62	西藏大学（西藏农牧学院）	农学、林学	138
63	西北农林科技大学	农学、设施农业科学与工程、农业机械化及其自动化、动物医学	480
64	甘肃农业大学	动物医学	150
65	西北民族大学	动物医学、动物科学、食品科学与工程	330
66	青海大学	动物医学、草业科学	66
67	宁夏大学	农学、园艺、植物保护、农林经济管理	130
68	塔里木大学	园艺	96
69	石河子大学	农林经济管理、农学	200
70	新疆农业大学	农业水利工程、动物科学	300

附录 4　卓越农林人才教育培养计划（实用技能型）试点专业覆盖人数

序号	院校名称	涉及专业	人数 / 年
1	天津农学院	食品科学与工程	300
2	河北北方学院	农学、种子科学与工程、园艺、植物保护	40
3	沈阳工学院	园艺、农学、植物保护	90

续表

序号	院校名称	涉及专业	人数 / 年
4	吉林农业科技学院	动物医学	348
5	黑龙江八一农垦大学	农业机械化及其自动化、农业电气化、飞行技术	230
6	淮阴工学院	食品科学与工程、农学、园艺	155
7	湖州师范学院	水产养殖学	120 ~ 140
8	浙江海洋学院	海洋渔业科学与技术	40
9	安徽工程大学	食品科学与工程	80
10	阜阳师范学院	园林	100
11	黄山学院	林学、园林	450
12	南昌工程学院	园林、农业水利工程	20
13	宜春学院	动物科学	30
14	潍坊科技学院	园艺	320
15	河南科技学院	农学、园艺、植物保护、种子科学与工程	180
16	湖北工程学院	农学、园艺	70
17	仲恺农业工程学院	园林	165
18	重庆三峡学院	食品科学与工程	45
19	重庆文理学院	园林	80
20	西昌学院	农学、动物医学	108
21	西华师范大学	野生动物与自然保护区管理	30
22	铜仁学院	农村区域发展	40
23	普洱学院	园林	120
24	西藏农牧学院	动物科学、动物医学	160
25	安康学院	园林	50
26	榆林学院	植物科学与技术、动物科学、园林	–
27	河西学院	种子科学与工程	90

附录 5　卓越农林人才教育培养计划（拔尖创新型）试点专业人才培养模式

学校	主要特点
北京工商大学	通过“模块化”“微课堂”“微案例”等教学模式改革，着眼学生创新意识和创新能力的提升，为学科前沿领域研究培养优秀人才
北京林业大学	设立梁希实验班，大类招生，按类分层培养，以行业领军人才为目标，构建“厚基础、重创新、个性化、国际化”人才培养模式，培养具有高度社会责任心、创造力和国际竞争力拔尖创新人才

续表

学校	主要特点
中国农业大学	培养具有较强创新意识和科研能力，具有宽阔国际视野和国际交流与合作能力的拔尖创新型农业人才
中国人民大学	建设研究型学习制度体系，“3+1”或“7+1”培养模式，实施导师制，小班化、个性化、国际化教学，培育“国民表率、社会栋梁”
河北农业大学	“3+1”培养模式改革，创新实践教学模式
山西农业大学	以“强化基础，个性培养，择优分流，突出创新”为原则，统筹本研一体化人才“两段六级”培养模式
内蒙古农业大学	以学术研究为导向，以理论、知识与技术积累、研究、创新创造为主旨；以“专业强干 + 科研训练 + 创新实践”为内涵，培养品德优良、基础深厚、专业扎实，科研素质良好，具有较强的科研能力的拔尖创新型人才
沈阳农业大学	注重综合素质、实践能力和创新能力培养，将素质教育、创新教育贯穿全过程，为农业现代化和社会主义新农村建设培养高素质拔尖创新型人才
吉林大学	确立“人才培养理念创新、培养过程创新、制度机制创新”，构筑拔尖创新型人才培养“跨学院课程平台、高水平科研平台、本研贯通培养平台和广泛国际交流平台”，为学生成长提供广阔自由空间
吉林农业大学	本、硕、博、博士后连贯性人才培养体系和以学科整体资源为依托的模式，即“依托学科办专业”的理念，设置“英才班”和“实验班”人才培养新模式
东北林业大学	坚持“行业指导、改革创新、突出特色、分类实施”原则，按照“厚基础、重实践、强能力、促个性、敢担当”理念，培养基础扎实，有较强创新能力、管理能力和服务能力，能在农业现代化和社会主义新农村建设过程中发挥关键性作用的拔尖创新型人才
东北农业大学	“3+1”培养模式、“三个一”导师团队
上海海洋大学	与境外高校开展广泛合作，构建多类型、多层次拔尖创新型人才培养体系
上海交通大学	知识传授、能力建设和人格养成的“三位一体”的育人模式，融汇理、工、农课程体系，建立基础课程大培养体系，本、硕、博贯通培养
江南大学	以培养专业基础扎实、具有创新精神和工程实践能力、具有国际视野与国际竞争力为目标，实现“工程化”“国际化”“学术型”“创业型”四大类个性化、多元化人才培养
南京林业大学	培养具有国际视野、现代思维、本土行动，引领全国林学和森林保护方向，符合生态文明、林业现代化的高水平专业人才
南京农业大学	实行“3+X”培养模式，本硕博贯通，建立本科生嵌合型实践创新能力培养模式，校校合作，联合培养卓越人才
扬州大学	创建动物医学“创新实验班”、动物科学“焕文卓越班”
宁波大学	重视英语，提高实践能力，重视就业和升学能力培养
浙江大学	设立“卓越计划试验班”，坚持“以人为本，德育为先，能力为重，全面发展”，开展“优秀本科生一对一教师辅导计划”，领航研究方向，利用国际合作平台，实施“本科生海外科研训练计划”，培养急需的农林领域拔尖领军人才
浙江农林大学	“五有”培养目标，“五化”（小班化培养、个性化培养、国际化培养、合作化培养、导师引导化）培养方式，“五创”培养机制

续表

学校	主要特点
安徽农业大学	探索多元人才培养模式，促进全面和个性发展，培养一批思想敏锐、专业素质高、技术理论强，具有开拓精神和创新能力优秀人才
福建农林大学	依托“严家显创新班”，本硕贯通“4+2”培养模式
江西农业大学	围绕“厚基础”“善思维”“强能力”和“国际视野”，与知名企业联合成立“虚拟班级”，创新产学研合作模式
山东农业大学	设立齐鲁学堂，本硕博贯通培养
中国海洋大学	本硕贯通、导师制，核心课程采用国内外优质课程资源，引进原版教材，加强实践教学与科研训练，大力推进与国际著名学校进行本科生交流培养
河南农业大学	“3+3”“1+3+X”人才培养模式，“校地互动”“产学联合”“校企合作”
长江大学	“2+1+X”培养模式（X=0.5，提前毕业；X = 1，本科；X=4，本－硕连读；X=6，本－硕－博连读）
华中农业大学	本硕博一体人才培养体系，实施“硕彦计划”“硕果计划”
湖南农业大学	组建“隆平实验班”，本硕、本硕博贯通培养
华南农业大学	组建“丁颖创新班”，单独组班，国际化培养
四川农业大学	实施课程学习、科研训练、导师指导的“三贯通”培养机制
贵州大学	强化学生实践能力培养，本科生的导学和导研制度
云南农业大学	设立实验班
西北农林科技大学	创新实验班，“1+1+2”创新人才选拔模式，滚动管理
甘肃农业大学	“1+1+2”模式和个性化分类培养模式
兰州大学	校企联合，专兼结合，资源耦合、科教协同的拔尖创新人才培养模式
宁夏大学	本硕、硕博模式
石河子大学	本硕博或本硕连读模式
新疆农业大学	采取“循序渐进、立体模式、层层优选、精英培养”方式，培养“立足新疆、面向草业、引领前沿、突出特色”人才

附录 6　卓越农林人才教育培养计划（复合应用型）试点专业人才培养模式

学校	主要特点
北京林业大学	完善“平台＋模块”的课程体系，压缩“套餐”课程，增加“自助餐”课程比例。实施青年教师导师制，提升青年教师教学和科研水平
北京农学院	建立“3+1”校企联合培养模式。立足北京农业，服务首都发展，建设都市型现代农林业全产业链专业体系，打造都市型现代农林业课程体系
中国农业大学	打造大批高质量“双师型”师资队伍，青年教师必须带 2 次生产实习。实行“三阶段、三环节、三层次”的教学质量监控制度

续表

学校	主要特点
中国人民大学	成立了培养改革试点工作小组及秘书处。提高社会导师和专业导师“双导师”制度的规模和水平，将实践教育纳入教师成果评价体系。鼓励科研教师到生产和管理一线挂职锻炼
天津农学院	构建“三位一体”人才培养模式。构建了递进式实践教学平台。形成了多元化考评模式，形成了由四类实践教学考核方法组成的考核评价机制。建立了“4321”专业核心技能实践教学体系
天津商业大学	为学生提供农林人才创新创业实验平台，将科研成果移植转化为实训项目，将科研开发的研究平台转化为实验教学平台
河北科技师范学院	“3+1”校企联合培养模式。强调理实一体，强化工学交替；充分体现“双师”培养，实践教学系列化，实行项目教学法
河北农业大学	“3+1”校企联合培养模式，行校企结合双导师制精英管理人才培养，“精英班”中实行了 URP 计划，实行一对一导师制培养
山西农业大学	形成了“2–1–1”校所（企）联合人才培养方案、“4–2–1–1”复合应用型人才培养模式，突出培养学生的实践能力。形成了“以能力培养为主线”的实践教学体系和模式
内蒙古农业大学	制定学生选拔办法。根据复合应用型人才培养目标要求，每班 30 人，小班教学、个性化培养。进行了课程教学改革，有 29 门课程开展混合式教学
大连工业大学	实行“3+1”校企联合培养模式。执行“校企监控”机制，即学校和企业协作、分工监管的针对教学全过程的教学质量监控体系
大连海洋大学	建立水产类“3+1”校企联合培养模式，三年校内学习，一年校外实践学习。企业参与学生的考核，考核内容围绕企业资源展开
沈阳农业大学	探索出“动态化、个性化”的培养模式，实行青年教师“导师制”建设工程，对没有行业背景的青年教师采取半年以上的工程实践能力培训
北华大学	“基于需求导向的协同培养与个性化培养结合”的复合应用型人才培养模式
吉林大学	成立了组织和领导机构，制订人才培养方案，实行双导师制。建立开放式“散养”人才培养模式。建立教师企业实践制，每名教师每三年至少参加三个月的企业实践。确定 15 名学生为首届卓越班成员
吉林农业大学	成立了吉林农业大学园艺学院“学产研”联盟，切实做到理论与生产实际相结合。联盟企业面向学生全面开放，安排学生到联盟单位参加实习和锻炼，校外导师多从校外实践教学基地中选择，全面训练学生的基本实验技能和专业技术
延边大学	构建了“学校 + 企业 + 项目合作开发”的开放、互利、稳定的产学研合作培养模式。实行课程体系“模块化”。实行双导师制
东北林业大学	“双新”教育计划：特指做好新生第一学期教育工作，重在指引大学新生树立正确的价值观、学习观、成长观，明确学习目的和发展目标
东北农业大学	“3+1”校企联合培养模式。采用“3 段 2 双 1 扶”协调培养模式，“3 段”是全学程分 2 年课堂学习、1 年中心实训、1 年企业实践；2 双指双元制，学校与企业联合培养及双导师制。1 扶指扶持学生创业。形成了“一年看，二年干，三年边学边实践，四年岗前有锻炼”的不断线实践教学体系

续表

学校	主要特点
黑龙江八一农垦大学	制定了农学类专业复合应用型卓越农业人才培养方案。探索“三结合、两贯通、两强化”的卓越复合应用型人才培养模式，使人才培养由“知识本位”向“能力本位”转化，达到知识、能力、素质协调发展，实现卓越复合应用型人才培养目标
上海海洋大学	产、学、管、研相结合，学校与产业紧密结合的人才培养新模式
上海交通大学	制定“复合型、职业化、国际化”培养目标。实行本硕连读，采用夏令营自主招生。开展暑期国际交流实践活动
南京林业大学	完善质量评价体系，实行学校督导、学院督导、教师同行评价、学硕评教四位一体的校内质量评价体系。实行学校、学院、专业系三级教学质量考核监管体系，建立学院教学质量年度报告，第三方专业评估制度
南京农业大学	建立复合应用性人才培养质量评价体系，学业评价从原来单一的“GPA 评价”到“GPA+”“3+X”校企联合培养模式。引入“3+1+X”校企联合培养机制，3 年专业学习 +1 年企业实习 +2 年专硕或 3 年学硕
扬州大学	创办“张謇班”（农学、园艺、植保人才班），推行“校本 + 校企”人才培养模式，全面实施本科生导师制与课程研究性教学；创建张謇班（卓越农村区域发展人才班），为张家港、常熟、扬州等地委托培养专属专用人才，实施双班主任、校地联教、学绩考核、分配就业
浙江大学	调整专业培养方案，增设个性化课程，强化创新实践教学环节。强化四个协同体系，即“教学思政协同、教师学生协同、创新创业协同、学校企业协同”。探索“双导师”人才培养模式
浙江工商大学	通过推行“大地计划”，鼓励教师积极参加实践锻炼，提高教师队伍的应用型人才培养能力、产学研合作能力
浙江农林大学	建立“三三三”本科人才培养体系，1/3 为一专多能型，1/3 为创新创业型，1/3 为农业管理和技术研发领军人才。构建了“三结合、三阶段、双导师”的综合实践体系
安徽科技学院	构建了质量保障体系。成立“卓越农林人才教育培养计划”工作领导组和试点专业工作小组。制定了项目试点建设实施意见。成立督导办公室
安徽农业大学	制订“卓越农艺师计划”“卓越园艺师计划”“卓越农业工程师计划”“卓越经济师计划”“卓越农场主班计划”等，构建多类型复合应用型人才培养模式
福建农林大学	建设农科教合作人才培养基地模式，实行校内外导师相结合，双向选择。建设市场为导向的人才培养模式，将专业按市场需求分方向差异性培养。校企联合，企业参与人才培养方案和课程体系建设、实习实践等，将生产实习和毕业设计放在用人单位
集美大学	建立“3+1”校企联合培养模式，由企业参与培养目标和培养方案的制订，共同参与到培养的全过程。采用双导师制，建立校企“二元化”评价标准体系
江西农业大学	成立“虚拟班级”，创新产学研合作模式，与北京生泰尔、江西正邦、通威集团联合成立“专业虚拟班级”，搭建企业家进课堂平台
南昌大学	成立卓越班领导小组，制订实施方案细则，实行小班化和双导师制，每位导师不超过 3 名学生，设立卓越班“科研能力提升计划”，制订“通识教育 + 专业教育 + 技术与创新教育”课程模块。推免指标倾斜，优先支持出国交流

续表

学校	主要特点
聊城大学	设立园林专业学生创新创业训练基金项目。产学研结合，培养复合应用型园林人才。不断扩大“双师”型教师比例
青岛农业大学	“2321”人才培养模式，按学期分步骤培养。进行“模块化、分段式”人才培养，“模块化、分段式”主要包括基础与学科基础课、专业课、专业拓展课三大模块，分四个阶段完成教学
山东农业大学	构建“3+1”校企联合培养模式，三年校内学习，一年行业内实践实习。构建“双创四驱”工作模式，坚持专业驱动、项目驱动、平台驱动、机制驱动
河南工业大学	制订和完善了专业建设的质量标准，制定本科生“导师制”等
河南科技大学	“3+1”校企联合培养模式
河南农业大学	实施了“卓越500计划”，实施“3 + 3”人才培养模式，改变了传统的4年本科 +3 年研究生的人才培养模式
河南师范大学	建立“知识、能力、人格”三维培养体系标准，采用学分制，实行小班管理
长江大学	遴选产生了农学、植保、园艺3个卓越计划实验班，实行末位淘汰机制。实行“2+1+X”培养模式，提前毕业，或正常毕业，或本硕连读，或本硕博连读
湖北民族大学	构建了以学校和企事业单位联合培养并重的“职业定向式三阶段教育复合应用型农林人才校企联合培养模式”
华中农业大学	构建“两个三”“一个平台”实践教学体系，打造“从游”创业计划和学业计划，构建“海大班”“大北农班”“菁英班”，实施导师制、企业班主任制度
武汉轻工大学	开设校企合作班，实行订单式培养，如与正大集团合作开设的“正大班”、与深圳市金新农饲料股份有限公司合作开设的“金新农班”、与唐人神集团合作开设的“唐人神班”
湖南农业大学	“2+1+1”人才培养模式，采用“四双制”联合培养，“双导师”即校内导师和校外导师共同指导，“双管理”即学校与企业共同管理，“双考核”即学校与企业对学生共同考核，“双扶持”即学校和企业共同扶持学生就业与创业
吉首大学	“1+2+1”人才培养模式，构建了“54321”实践与创新创业能力培养体系；分层次、分阶段、按模块构建复合应用型卓越园林人才培养体系
中南林业科技大学	“通用素质培养—专业素质培养—创造素质培养”创新人才产学研协同培养模式，首次提出“感悟 + 介入 + 探究”协同教学理论，构建了“完善两个体系，搭建四个平台”的创新教育实践教学体系
广东海洋大学	“1+2+1”人才培养模式，实施个性化培养，每个学生配备1名导师，也实行“3+1”培养模式、“3+1”与“1+X”结合培养模式等
华南农业大学	“4+2+1”班级模式，“订单式”应用型人才培养新模式，建立双导师制
广西大学	建立“专业基础平台 + 方向模块”人才培养模式，推行“分类培养”模式，有针对性培养园林高素质人才，实行“双导师制”，校企联合培养
海南大学	加强实践探索及创新创业方面的能力训练，实行导师制培养方式

续表

学校	主要特点
重庆工商大学	建立和完善“从农田到餐桌”“工商融合”的卓越农林复合应用型人才培养体系，实行双师制
重庆师范大学	“3+1”校企联合培养模式，实行本科过程导师制
西南大学	采取校企联合培养的模式，针对不同专业分别实行创新创业型人才培养模式、创业型兽医人才培养模式、产学研相结合人才培养模式，建立“学校 + 地方 + 科研院所 + 企业”四位一体的特色育人方式
四川农业大学	实行人才分类培养制度，采用研究型教学、探究式学习的新理念，培养适应经济建设和社会发展需要的“宽口径、厚基础、强能力、高素质”的复合型人才
西南民族大学	组成“卓农班”，开展卓越农林教育相关学习，实行“双导师制”，实行“集中授课、分散实践”
贵州大学	“3+1”校企联合培养模式，实施双导师制
西南林业大学	选拔并单独组建卓越林业人才培养班级，与泰国农业大学林学院、浙江农林大学林业与生物技术学院建立了学生交换机制
云南农业大学	分层次培养模式，“研究型”以进一步提升学历、提高科研能力和创新能力为主要目标
西藏大学（西藏农牧学院）	采取“七位一体”复合集成的人才培养模式；结合国家和地方建设对林业应用型人才的需求，采取产学研管多部门联合培养模式
西北农林科技大学	采取“三个培养阶段、两条发展路径”人才培养模式：以个性化、全方位为特点，将本科培养过程划分为“通识教育”“专业教育”“个性教育”三个阶段和“学术研究”“复合应用”两条发展路径
甘肃农业大学	推行“3+1”校企人才培养模式：大学生前 3 年在校内完成通识和专业教育，大四阶段结合自己的学习兴趣和职业规划，进入企业接受 1 年的实训和实习
西北民族大学	多元化分类培养模式，搭建“厚基础、强能力、重素质”的人才培养方案的总体框架
青海大学	“3+1”校企联合培养模式，建立双导师团队制度
宁夏大学	基于服务“三农”目标的“生产导师 + 科研导师 + 基地”人才培养模式，农科类平台按类招生
石河子大学	采取多元化分类培养模式，以“学生为中心”，从关注“教”转变为关注“学”，实施本科生全程导师制
塔里木大学	以新疆区域经济需求为导向，培养具有社会适应能力、创新精神和创业能力，能够从事园艺技术生产、推广与应用、产业开发、产业经营与管理等工作的复合型农林人才
新疆农业大学	“3+1”校企联合培养模式，多元化分类培养模式，组建动科卓越班，构建了创新创业体系

附录 7　卓越农林人才教育培养计划（实用技能型）试点专业人才培养模式

学校	主要程度
天津农学院	分类培养，实施“工程化”教育教学改革（学生的工程化思想与工程化能力的培养，突出工程意识、工程能力和实践技能训练）
河北北方学院	“3+1”（学生到企业或科研单位实习时间与作物完整生长周期一致）
沈阳工学院	“4424”（4 个融合，4 化，2 合，4 个特征）和“3+1”（3 年在校理论学习 + 随季节安排 1 年顶岗实习）
吉林农业科技学院	“3+1”（前三年在学校学习基本理论和基本技能，同时利用寒暑假进行顶岗实习；第四年 1 年在企业完成毕业顶岗实习）
黑龙江八一农垦大学	“3+1+3”卓越农业人才培养模式，实现了本科生与研究生培养的有效衔接，“3+1”教育培养模式为核心，强化专业基础实践训练，突出专业实践分类指导，“2.5+1.5”“通识教育 + 专业基础理论 + 实践技能 + 执照 + 就业”的校企合作开放办学培养模式
淮阴工学院	“3+1”校企合作培养人才模式，构架了“全方位、立体化”的实验教学体系和课程体系
湖州师范学院	企业订单式（学校和企业共同制订人才培养计划，并在师资、技术、办学条件等方面进行紧密合作，双方共同负责人才培养和就业的全过程，学生毕业后直接到企业就业）
浙江海洋学院	“3+1”校企合作的模式，其中 3 年在校学习，1 年在涉渔企业、科研院所和管理单位学习、实践等
安徽工程大学	“3+1”学习模式（校内培养阶段 + 企业培养阶段）
阜阳师范学院	“1+1+2”进阶式教学，即 1 学年的专业基础课程教学与实习、1 学年的主干课程教学与生产实践、2 学年的规划 – 设计 – 工程实践与毕业设计
黄山学院	实验 – 实习 – 实训的“三实”实践教学体系
南昌工程学院	“2+1+1”“3+1”（3 年在校学习主要是理论课程，累计 1 年在企业实践和完成毕业设计）
宜春学院	“校企合作”和“课堂 + 课外”的人才培养模式
潍坊科技学院	教学、科研、生产、服务“四位联动”
河南科技学院	“3+1”，至少一年基层单位顶岗实习
湖北工程学院	“2.5+1+0.5”校企合作人才培养模式
仲恺农业工程学院	“2+1+1”三段式人才培养模式（“2”实现“厚基础”目标，即重点完成对学生基础知识、基本技能、基本素质的培养与学习；中间一个“1”实现“宽口径”目标，即专业内涵的外延与扩展；最后一个“1”实现“强实践”的目标，利用 1 年时间，建立与区域产业集群无缝对接的实践教学。）

续表

学校	主要程度
重庆三峡学院	“3+3+2”分类分层人才培养模式（第一个“3”是指第1至3学期：开设通识公共课和专业基础理论课；第二个“3”是指第4至6学期：开设专业课和专业实验实践课；最后一个“2”是指第7至8学期：为企业集中实习和毕业设计环节）
重庆文理学院	“1.5+1.5+1”递进式专业人才培养模式（第1–3学期为初级阶段，即用1.5年进行夯实基础；第4–6学期为进阶阶段，用1.5年时间实施工学交替提技能；第7–8学期为高阶阶段，用1年的时间进企业强应用）
西昌学院	校企合作“订单式培养”的教育模式，以学生为中心、职业为导向、能力为本位，培养面向生产一线的
西华师范大学	本科生导师制培养模式运行模式
铜仁学院	“3+1”人才培养模式，充分利用暑期时间，增设三门暑期特色实践课程：农业生产技术及推广实践（生产）、现代农业物流与运营实践（流通）、农业企业与合作社营销实践（销售）
普洱学院	“学校+政府+企业+科研机构”联合“3+1”（3年在校学习，1年时间的实习与完成毕业论文）
西藏农牧学院	“1+1+N”人才培养模式（在一个生产周期结束后，在每个小组成员选出若干个骨干学生，分别为小组组长或以导师身份，带领下一批次的科研小组成员，开展相关科研活动，实施滚动发展）
安康学院	目标定位职业化、应用能力规范化、专业核心能力培养集成化、实习内容模块化、实习方式实战化、基地建设一体化
河西学院	“四合一”（即校内学习+企业培养+科研训练+社会实践）的人才培养模式

附录8 园艺专业发展现状调查问卷

学校名称		所属院系	
教学院长（主任）	姓名：______办公电话：______手机：______ 电子邮箱：______传真：______		
专业责任人	姓名：______办公电话：______手机：______ 电子邮箱：______传真：______		
调查联系人	姓名：______办公电话：______手机：______ 电子邮箱：______传真：______		
通讯地址（邮编）			

<table>
<tr><td rowspan="8">专业设置及学科背景</td><td colspan="3">设置时间：__________年</td><td>专业近 5 年招生规模</td></tr>
<tr><td colspan="3">目前在校生数：__________人</td><td rowspan="3">2009 年：__________人
2010 年：__________人
2011 年：__________人
2012 年：__________人
2013 年：__________人</td></tr>
<tr><td colspan="3">累计毕业生数（1978 年后）：__________人</td></tr>
<tr><td colspan="3">扩招前招生规模（1998 年）：__________人</td></tr>
<tr><td>是否为一级学科硕士学位授予点</td><td>是；否</td><td colspan="2">若无一级学科硕士学位授予点，请列出相关硕士学位点：</td></tr>
<tr><td>是否为一级学科博士学位授予点</td><td>是；否</td><td colspan="2">若无一级学科博士学位授予点，请列出相关博士学位点：</td></tr>
<tr><td>是否有博后流动站</td><td>是；否</td><td colspan="2"></td></tr>
<tr><td colspan="2">依托重点学科（级别）</td><td colspan="2"></td></tr>
<tr><td rowspan="9">师资力量</td><td colspan="2">专业负责人</td><td colspan="2">姓名：______ 性别：______ 年龄：______ 职称：______</td></tr>
<tr><td colspan="2">首席教授（可不填）</td><td colspan="2">姓名：______ 性别：______ 年龄：______ 职称：______</td></tr>
<tr><td rowspan="7">专任教师</td><td>教师总量</td><td colspan="2">______人</td></tr>
<tr><td>职称结构</td><td colspan="2">教授：______人，副教授：______人</td></tr>
<tr><td>学历结构</td><td colspan="2">博士：______人，硕士：______人</td></tr>
<tr><td>年龄结构</td><td colspan="2">50 岁以上：______人，35 岁以下：______人</td></tr>
<tr><td>学缘结构</td><td colspan="2">同缘：_____人，异缘：_____人；有海外经历教师人数_____人</td></tr>
<tr><td>入选国家和省级各类人才计划情况（具体名单）</td><td colspan="2"></td></tr>
</table>

说明：1. 异缘：指在学历教育中至少一个阶段在外校完成；

2. 海外经历：指至少有 6 个月以上集中在海外学习或做访问学者。

<table>
<tr><td rowspan="3">培养模式</td><td>你们认为本专业学生应掌握的核心专业知识有：（10 个以内，按重要性从高到低排序）
1. ________ 2. ________ 3. ________ 4. ________ 5. ________
6. ________ 7. ________ 8. ________ 9. ________ 10. ________</td></tr>
<tr><td>你们认为本专业学生应掌握的核心专业技能有：（10 个以内，按重要性从高到低排序）
1. ________ 2. ________ 3. ________ 4. ________ 5. ________
6. ________ 7. ________ 8. ________ 9. ________ 10. ________</td></tr>
<tr><td>请提供本专业最近两轮培养方案（电子版）</td></tr>
</table>

<table>
<tr><td rowspan="9">实验室和实践基地</td><td rowspan="3">专业实验室建设</td><td>序号</td><td>实验室名称</td><td>面积（平方米）</td><td>承担实验课程</td></tr>
<tr><td></td><td></td><td></td><td></td></tr>
<tr><td></td><td></td><td></td><td></td></tr>
<tr><td rowspan="3">校内实习基地</td><td>序号</td><td>实验室名称</td><td>面积（平方米）</td><td>承担实验课程</td></tr>
<tr><td></td><td></td><td></td><td></td></tr>
<tr><td></td><td></td><td></td><td></td></tr>
<tr><td rowspan="3">校外实习基地</td><td>序号</td><td>实验室名称</td><td>面积（平方米）</td><td>承担实验课程</td></tr>
<tr><td></td><td></td><td></td><td></td></tr>
<tr><td></td><td></td><td></td><td></td></tr>
</table>

<table>
<tr><td rowspan="4">主编教材</td><td>序号</td><td>教材名称</td><td>出版单位</td><td>时间</td><td>主编姓名</td><td>是否国家规划教材</td><td>是否国家精品教材</td></tr>
<tr><td></td><td></td><td></td><td></td><td></td><td></td><td></td></tr>
<tr><td></td><td></td><td></td><td></td><td></td><td></td><td></td></tr>
<tr><td></td><td></td><td></td><td></td><td></td><td></td><td></td></tr>
</table>

<table>
<tr><td rowspan="10">教学改革与成果（与专业建设紧密相关）</td><td colspan="6">承担省部级以上教学研究项目统计（按对专业建设影响大小排序）</td></tr>
<tr><td>序号</td><td colspan="2">项目名称</td><td>立项时间</td><td>来源</td><td>负责人</td></tr>
<tr><td>1</td><td colspan="2"></td><td></td><td></td><td></td></tr>
<tr><td>2</td><td colspan="2"></td><td></td><td></td><td></td></tr>
<tr><td></td><td colspan="2"></td><td></td><td></td><td></td></tr>
<tr><td colspan="6">省部级以上教学成果获奖情况（请附成果总结电子版）</td></tr>
<tr><td>序号</td><td>名称</td><td>获奖时间</td><td>级别</td><td>授奖单位</td><td>负责人</td></tr>
<tr><td></td><td></td><td></td><td></td><td></td><td></td></tr>
<tr><td></td><td></td><td></td><td></td><td></td><td></td></tr>
</table>

<table>
<tr><td rowspan="8">学生成果</td><td colspan="7">近 5 年学生在省部级以上学科竞赛中获奖情况（限政府主办或教指委主办）</td></tr>
<tr><td colspan="2">学生姓名</td><td colspan="2">竞赛名称</td><td>主办单位</td><td colspan="2">获奖时间</td></tr>
<tr><td colspan="2"></td><td colspan="2"></td><td></td><td colspan="2"></td></tr>
<tr><td colspan="2"></td><td colspan="2"></td><td></td><td colspan="2"></td></tr>
<tr><td colspan="7">近 5 年学生公开发表论文（限 CSCD，EI，SCI 收录）</td></tr>
<tr><td colspan="2">学生姓名</td><td colspan="2">发表期刊</td><td>收录情况</td><td colspan="2">发表时间</td></tr>
<tr><td colspan="2"></td><td colspan="2"></td><td></td><td colspan="2"></td></tr>
<tr><td colspan="2"></td><td colspan="2"></td><td></td><td colspan="2"></td></tr>
<tr><td rowspan="6">生源情况</td><td colspan="2">年份</td><td colspan="2">专业第一志愿录取率</td><td>调剂至本专业学生比例</td><td colspan="2">农村学生比例</td></tr>
<tr><td colspan="2">2009</td><td colspan="2"></td><td></td><td colspan="2"></td></tr>
<tr><td colspan="2">2010</td><td colspan="2"></td><td></td><td colspan="2"></td></tr>
<tr><td colspan="2">2011</td><td colspan="2"></td><td></td><td colspan="2"></td></tr>
<tr><td colspan="2">2012</td><td colspan="2"></td><td></td><td colspan="2"></td></tr>
<tr><td colspan="2">2013</td><td colspan="2"></td><td></td><td colspan="2"></td></tr>
<tr><td rowspan="6">就业情况（就业率截至当年 9 月统计）</td><td>年份</td><td>毕业生总数</td><td>就业率 /%</td><td>对口行业就业率 /%</td><td>到县级以下基层就业率 /%</td><td>考研率 /%</td><td>出国率 /%</td></tr>
<tr><td>2009</td><td></td><td></td><td></td><td></td><td></td><td></td></tr>
<tr><td>2010</td><td></td><td></td><td></td><td></td><td></td><td></td></tr>
<tr><td>2011</td><td></td><td></td><td></td><td></td><td></td><td></td></tr>
<tr><td>2012</td><td></td><td></td><td></td><td></td><td></td><td></td></tr>
<tr><td>2013</td><td></td><td></td><td></td><td></td><td></td><td></td></tr>
<tr><td colspan="8">（贵校园艺专业建设的主要举措。可附页）</td></tr>
<tr><td colspan="8">（需要特别说明的情况，面临的突出问题，向教学指导委员会的建议等。可附页）</td></tr>
</table>

附录 9 2011—2015 年我国高校园艺硕士专业设置及人才培养情况

<table>
<tr><th>序号</th><th>院校</th><th>硕士开设专业</th><th>学术型学位（是 / 否）</th><th>开设时间</th><th>在读人数</th><th>2011—2015 年获学位人数</th></tr>
<tr><td rowspan="6">1</td><td rowspan="6">中国农业大学</td><td>果树学</td><td>是</td><td>1984</td><td>54</td><td>162</td></tr>
<tr><td>蔬菜学</td><td>是</td><td>1981</td><td>40</td><td>88</td></tr>
<tr><td>观赏园艺</td><td>是</td><td>1993</td><td>28</td><td>10</td></tr>
<tr><td>园林植物与观赏园艺</td><td>是</td><td>1993</td><td>14</td><td>90</td></tr>
<tr><td>园艺领域</td><td>否</td><td>1999</td><td>41</td><td>95</td></tr>
<tr><td>风景园林</td><td>否</td><td>2002</td><td>22</td><td>86</td></tr>
<tr><td rowspan="4">2</td><td rowspan="4">中国农业科学院</td><td>果树学</td><td>是</td><td>1986</td><td>14</td><td>23</td></tr>
<tr><td>蔬菜学</td><td>是</td><td>1984</td><td>63</td><td>106</td></tr>
<tr><td>茶学</td><td>是</td><td>1984</td><td>35</td><td>51</td></tr>
<tr><td>观赏园艺</td><td>是</td><td>2006</td><td>3</td><td>13</td></tr>
<tr><td rowspan="6">3</td><td rowspan="6">华中农业大学</td><td>果树学</td><td>是</td><td>1981</td><td>158</td><td>119</td></tr>
<tr><td>蔬菜学</td><td>是</td><td>2000</td><td>117</td><td>102</td></tr>
<tr><td>茶学</td><td>是</td><td>2000</td><td>30</td><td>47</td></tr>
<tr><td>园艺学</td><td>是</td><td>2000</td><td>2</td><td>64</td></tr>
<tr><td>设施园艺学</td><td>是</td><td>2011</td><td>19</td><td>37</td></tr>
<tr><td>观赏园艺学</td><td>是</td><td>2012</td><td>42</td><td></td></tr>
<tr><td rowspan="4">4</td><td rowspan="4">浙江大学</td><td>果树学</td><td>是</td><td>1981</td><td>35</td><td rowspan="3">152</td></tr>
<tr><td>蔬菜学</td><td>是</td><td>1981</td><td>45</td></tr>
<tr><td>茶学</td><td>是</td><td>1981</td><td>20</td></tr>
<tr><td>园艺</td><td>否</td><td>2009</td><td>82</td><td>90</td></tr>
<tr><td rowspan="4">5</td><td rowspan="4">西北农林科技大学</td><td>果树学</td><td>是</td><td>1981</td><td>168</td><td>235</td></tr>
<tr><td>蔬菜学</td><td>是</td><td>1984</td><td>93</td><td>150</td></tr>
<tr><td>茶学</td><td>是</td><td>2000</td><td>14</td><td>22</td></tr>
<tr><td>设施园艺学</td><td>是</td><td>2006</td><td>38</td><td>44</td></tr>
<tr><td rowspan="4">6</td><td rowspan="4">河北农业大学</td><td>果树学</td><td>是</td><td>1981</td><td>51</td><td>88</td></tr>
<tr><td>蔬菜学</td><td>是</td><td>1990</td><td>30</td><td>48</td></tr>
<tr><td>园艺产品质量与安全</td><td>是</td><td>2012</td><td>14</td><td>26</td></tr>
<tr><td>设施园艺与观赏园艺</td><td>是</td><td>2012</td><td>12</td><td>0</td></tr>
</table>

续表

序号	院校	硕士开设专业	学术型学位（是 / 否）	开设时间	在读人数	2011—2015 年获学位人数
7	沈阳农业大学	果树学	是	1984	62	56
		蔬菜学	是	1981	100	144
		观赏园艺学	是	2003	29	49
		设施园艺学	是	2003	23	33
		药用植物学	是	2006	4	16
		草坪资源学	是	2008	12	6
		园艺	否	—	28	30
		设施农业	否	—	7	7
8	安徽农业大学	蔬菜学	是	2003	59	51
		果树学	是	1996	48	41
9	华南农业大学	果树学	是	1981	66	91
		蔬菜学	是	1981	38	55
		观赏园艺	是	2005	46	114
		茶学	是	1990	16	26
		设施农业科学与工程	是	2014	6	0
10	西南大学	果树学	是	1984	44	69
		蔬菜学	是	1981	35	75
		观赏园艺学	是	2013	20	0
		茶学	是	1988	23	40
		花卉学	是	2003	—	55
11	四川农业大学	果树学	是	1994	—	—
		蔬菜学	是	2003	—	—
		茶学	是	2003	—	—
		园艺学	是	2006	164	173
12	甘肃农业大学	蔬菜学	是	2000	44	43
		果树学	是	1993	27	17
		设施作物	是	2004—2012	—	23
		设施园艺学	是	2012	10	0
		园艺	否	2002	41	42

续表

序号	院校	硕士开设专业	学术型学位（是 / 否）	开设时间	在读人数	2011—2015 年获学位人数
13	石河子大学	果树学	是	1994	15	27
		蔬菜学	是	1996	9	20
		设施园艺	是	2012	6	—
14	新疆农业大学	园艺（果树学）	是	1996	26	28
		园艺（蔬菜学）	是	1990	9	13
15	福建农林大学	园艺学	是	2005	320	332
16	江西农业大学	果树学	是	1998	23	30
		蔬菜学	是	2003	8	19
		园艺学	否	2010	11	13
17	青岛农业大学	果树学	是	1999	29	69
		蔬菜学	是	2004	11	34
		设施园艺学	是	2012	2	—
		茶学	是	2006	7	15
18	河南农业大学	果树学	是	2001	5	20
		蔬菜学	是	2001	7	28
		园艺学	是	2015	15	0
		园艺	否	2010	40	31
19	广西大学	园艺学	是	2011	52	64
20	海南大学	果树学	是	2002	12	30
		蔬菜学	是	2012	10	3
		观赏园艺	是	2013	16	0
		园艺	否	2012	52	15
21	塔里木大学	果树学	是	2003	31	20
22	云南农业大学	茶学	是	1996	27	45
		果树学	是	2001	11	16
		蔬菜学	是	2006	11	19
		观赏园艺学	是	2012	14	0
		设施栽培与环境	是	2012	11	0
		农业硕士（园艺）	否	2004	35	6

续表

序号	院校	硕士开设专业	学术型学位（是 / 否）	开设时间	在读人数	2011—2015 年获学位人数
23	北京农学院	果树学	是	2004	56	94
		蔬菜学	是	2007	23	48
		园艺领域	否	2008	75	143
24	吉林农业大学	蔬菜学	是	1981	26	27
		果树学	是	1986	14	19
		园艺	否	2005	25	33
25	贵州大学	果树学	是	2005	23	37
		园艺学	否	—	—	—
26	天津农学院	果树学	是	2006	41	19
27	东北农业大学	蔬菜学	是	1999	150	130
		果树学	是	1999	27	45
28	河南科技大学	果树学	是	2006	4	9
29	河南科技学院	蔬菜学	是	2006	9	20
		果树学	是	2010	4	—
		茶学	是	2010	2	—
		观赏园艺学	是	2010	4	—
		景观园艺学	是	2010	6	—
总计					3 550	4 725

附录 10　园艺一级学科发展国际比较调查问卷

一、基本情况

1. 您的性别：________　①男　　②女

2. 您的年龄：________　① 30 岁以下　② 30—45 岁　③ 46—59 岁　④ 60 岁及以上

3. 您的职称：________　①教授　②副教授　③讲师　④助教　⑤其他

4. 您所在的学校：______________________

5. 您所在的专业领域：________　①果树学　②蔬菜学　③设施园艺学　④观赏园艺学　⑤茶学　⑥园艺学其他学科

6. 您获得海外经历的方式：________　①留学　② 访学　③留学和访学

7. 您留学或访学期间是否参与或了解研究生教育？________　①是　②否

8. 您留学或访学的国家是：________

9. 您留学或访学的高校是：________

二、学科声誉与学科条件

请从“国际比较”的角度作答	非常不同意	不太同意	一般	比较同意	非常同意
我国园艺学科具有良好的声誉					
我国高校园艺学科师资队伍发展良好					
我国高校园艺学科外籍教师比率合理					
我国高校园艺学科招生量适应产业发展需求					
我国高校园艺学科获得了较好的资源投入					

三、学科环境及学科产出

请从“国际比较”的角度作答	非常不同意	不太同意	一般	比较同意	非常同意
我国园艺学科相关学科发展良好，营造了优良的学科生态					
我国园艺学科发展具有良好的历史积淀、精神文化及学术传承					
我国高校园艺学科的国际交流发展状况良好					
我国园艺学科研究者发表在国际期刊上的论文数量多					
我国园艺学科研究者发表在国际期刊上的论文质量高					
我国高校园艺学科获得专利情况良好					
我国高校园艺学科研发新品种情况良好					
我国园艺学科研究生论文选题价值高					
我国园艺学科研究生论文工作量大、质量高					
我国园艺学科研究生论文工作创新性强					
我国园艺学科研究生的国际期刊发表能力强					

续表

请从“国际比较”的角度作答	非常不同意	不太同意	一般	比较同意	非常同意
与国外相比，我国园艺所属专业的硕士毕业生质量高					
与国外相比，我国园艺所属专业的博士毕业生质量高					
我国高校园艺专业毕业生待遇高、职业发展好					
我国高校园艺学科专业的论文及成果对产业贡献突出					
我国高校园艺学科专业的论文及成果的社会影响力强					

后记

“零落成泥碾作尘，只有香如故”“两边枫作岸，数处橘为洲”，无论花卉还是果蔬都带给人们奇幻的世界，园艺坐拥“观乎天文，以察时变；观乎人文，以化成天下”之理。

最初对园艺的感受缘于儿时在新疆边陲小镇的成长经历，那里有戈壁、有风沙，有享誉中外的“天门”，更有此生挥之不去的瓜果飘香的记忆，哈密瓜、木纳格葡萄……都是人们茶余饭后的必需品。离开家乡来到内地几个城市求学，后来成为一名教师。每逢节假日、庆典场合等，以及走进超市，见繁花似锦、五彩缤纷的园艺产品，确有“散作乾坤万里春”之感。园艺已然超越其自然属性，表现出社会的属性，让我们感受美善、表达情感、体悟人生和了解社会。

笔者未曾对园艺专业进行系统的学习和研读，不失为一种遗憾。然而，在从事园艺教育研究的过程中，有机会向广大园艺专家求教，更有幸聆听了邓秀新院士的报告，让我感受到柑橘之色“金作皮”“肤白玉瓤”，柑橘之形挂“疏篱”似“悬金”，柑橘之意“橘实万家香”，以及柑橘研究及产业发展中的重大问题及其独到的解决路径。他曾说，园艺学是理论与实践结合特别紧密的学科，“穷理致知，反躬实践”“只有沾满泥土的双脚，才能充分汲取大地的力量”，园艺研究及其成果转化应是普惠人类的事业，园艺工作者不仅要让老百姓“吃得上、吃得好”，同时也应提升人们的审美“咀嚼”能力。

长期在“象牙塔”的我不禁反思，我的研究如何融入园艺学科发展之中？是机遇更是缘分，2013 年前后，我受邀参加高等园艺教育及园艺高层次人才培养方面的研究，这些年来，我借助承担的相关课题，围绕我国园艺高等教育的发展历程、基本状况、国际比较、趋势与策略等问题开展了相关研究。如今，将这些研究结果编撰出版，希望能达初心，为学科发展尽微薄之力。然而，付梓之际，倍感忐忑，正如著名哲学家罗素所言“一切的开端总归是粗糙的”，本书亦然是以“粗糙”的面貌问世。唯有希冀将来在园艺高等教育领域持续追求和积累，不断与园艺教育、科研和产业等领域专家学者对话，更多地走进园艺生产实践，提高对园艺产业、园艺教育本质的认识，才能完善本书，达到细腻和精致。

特别感谢邓秀新院士，他从哲学层面看待园艺、园艺产业及园艺学科，用“对立统一”“矛盾观”和“时空观”解读园艺作物的发生和发展规律；用经济学视角提出柑橘市场收益的节点；以科学家视角提出“逆境出品质”的观点；用生物学规律劝诫我们应成为顺境下的克制者和逆境下的坚韧者，这些思想对本书的编写乃至对本人的发展均颇有启发。没有他带领的团队给予我从事园艺教育研究的机会，我将只是一个忠实的园艺产品消费者，不会感知、了解和热爱这个研究领域；没有他深入浅出的阐释和醍醐灌顶的点拨，也将不会有此书的完成。

感谢第七届国务院学位委员会园艺学科评议组各位成员：华中农业大学郭文武教授、南京农业大学侯喜林教授、山东农业大学陈学森教授、甘肃农业大学郁继华教授、西南大学周志钦教授、中国农业大学韩振海教授、湖南农业大学刘仲华教授、西北农林科技大学王跃进教授、浙江大学王岳飞教授的热情帮助。感谢该学科评议组秘书，华中农业大学范金凤老师充满智慧和团队精神的合作研究。感谢华中农业大学园艺学院院长程运江教授、张宏荣书记、王春潮副院长、蔡江副书记和陈炉丹等老师给予的支持。感谢华中农业大学公共管理学院领导和同事们的帮助，硕士研究生朱黎、李爱丽、张焱、冯燕、朱伟静、周静怡、王一涵、赵紫睿、张慧杰均积极参与了相关课题研究，特别是李爱丽同学的硕士毕业论文《我国国艺高层次人才成长规律研究》，为本书第五章做出重要贡献。感谢高等教育出版社的鼎力支持和李光跃老师为这本书付出的辛勤工作。

园艺古老又现代，回首已越千年；园艺高等教育研究充满生命力，故地春风今又是，开遍了，满橙色。

胡瑞

2019 年 8 月

反盗版举报电话 （010）58581999 58582371 58582488

反盗版举报传真 （010）82086060

反盗版举报邮箱 dd@hep.com.cn

通信地址 北京市西城区德外大街4号 高等教育出版社法律事务与版权管理部

邮政编码 100120